普通高等教育"十一五"国家级规划教材
浙江省高等教育重点建设教材

网络设备配置与管理

曹永峰　戴万长　主　编
叶展翔　梅成才　副主编

浙江大学出版社

内容简介

本书是普通高等教育"十一五"国家级规划教材。

本书是浙江省高校重点建设教材。

本书共以工学结合目标、模拟真实工作案例对网络设备进行配置与管理,共设计了10个工作项目情景:网络设备互联及选型、网络设备IP规划与配置、局域网交换机的配置与管理、多区域网络互联路由器配置与管理、三层交换机与路由器互联配置与管理、园区网络安全配置与管理、路由器实现广域网接入验证、远程安全接入VPN配置与管理、中小企业网络设备综合配置、管理升级交换机和路由器。每个项目又分为若干个工作任务,每个工作任务由情境描述、知识储备、任务实施、归纳总结、任务思考5部分组成。由浅入深地对每个工作任务进行讲解,方便学生理解。

本书可作为高职高专院校计算机网络技术、计算机应用技术等计算机相关专业核心教材,可也作为网络工程技术人员及全国软考、各类培训、网络管理员等参考用书。

图书在版编目(CIP)数据

网络设备配置与管理 / 曹永峰,戴万长主编. —杭州:浙江大学出版社,2014.2(2023.1重印)
ISBN 978-7-308-12921-3

Ⅰ. ①网… Ⅱ. ①曹… ②戴… Ⅲ. ①网络设备—配置②网络设备—设备管理 Ⅳ. ①TP393

中国版本图书馆CIP数据核字(2014)第030125号

网络设备配置与管理
曹永峰　戴万长　主编

责任编辑	周卫群
封面设计	刘依群
出版发行	浙江大学出版社
	(杭州市天目山路148号　邮政编码310007)
	(网址:http://www.zjupress.com)
排　　版	杭州青翊图文设计有限公司
印　　刷	广东虎彩云印刷有限公司绍兴分公司
开　　本	787mm×1092mm　1/16
印　　张	19.5
字　　数	500千
版 印 次	2014年2月第1版　2023年1月第5次印刷
书　　号	ISBN 978-7-308-12921-3
定　　价	49.00元

版权所有　翻印必究　　印装差错　负责调换

浙江大学出版社市场运营中心联系方式:0571-88925591;http://zjdxcbs.tmall.com

前　言

《网络设备配置与管理》是为贯彻落实浙江省教育厅、浙江省财政厅《关于实施十一五期间全面提升高等教育办学质量和水平行动计划》，推进普通高校教材建设，及时更新教学内容，确保高质量教材进课堂，提高人才培养水平和质量的浙江省高校重点建设教材的研究成果，是中央财政支持重点建设专业（计算机网络技术专业）的建设成果。

本教材的编写充分体现高职教育的特殊要求，作者总结了多年的计算机网络工程实践及高职教学的经验，根据网络设备配置与管理实际工作过程中需要完成的典型工作任务进行分析，归纳出学生需要掌握的技术和操作能力，对技术和操作能力需要的知识点、技能点和素质点进行梳理。按照从易到难、由浅入深的认知规律，参照实际工作中进行网络设备配置与管理的典型工作过程和工作情境，进行教材的设计和规划，实现真正意义上的"教、学、做"一体化。

全书模拟企业完整项目进行网络设备配置与管理，共分为10个子项目，每个项目又分为多个任务进行展开，由浅入深地介绍了企业网络工程所涵盖的交换机、路由器与VPN的配置与管理。

项目一为网络设备互联及选型。主要包括3个任务：认识常用网络互联设备及功能、SOHO网络设备互联及选型、中小型企业网络设备互联及选型。

项目二为网络设备IP规划与配置。主要包括3个任务：家居办公网络IP地址规划及配置、小型企业办公网络IP地址规划及配置、大中型企业办公网络IP地址规划及配置。

项目三为局域网交换机的配置与管理。主要包括6个任务：通过Telnet远程管理交换机、交换机VLAN的划分、跨交换机实现相同VLAN访问、三层交换机实现VLAN之间通信、网络链路冗余——生成树、网络链路冗余——端口聚合。

项目四为多区域网络互联路由器配置与管理。主要包括5个任务：家居SOHO宽带路由器的配置与管理、通过Telnet远程管理路由器、静态路由实现网络互通、RIP动态路由实现全网互通、OSPF动态路由实现全网互通。

项目五为三层交换机与路由器互联配置与管理。主要包括3个任务：三层交换机与路由器互联静态路由、三层交换机与路由器互联动态RIP路由、三层交换机与路由器互联路由重分布。

项目六为园区网络安全配置与管理。主要包括7个任务：交换机端口安全、IP标准访问控制列表ACL、IP扩展访问控制列表ACL、基于时间的访问控制列表ACL、路由器静态NAT安全接入互联网、路由器静态NAPF安全接入互联网、路由器动态NAPT安全接入互联网。

项目七为路由器实现广域网接入验证。主要包括3个任务：PPP实现广域网协议封装、PAP实现广域网接入验证、CHAP实现广域网接入验证。

项目八为远程安全接入VPN配置与管理。主要包括2个任务：远程访问Access VPN虚拟接入、企业分部 Intranet VPN 虚拟接入。

  项目九为中小企业网络设备综合配置。主要包括 2 个任务：中小企业安全接入 Internet 典型案例、中型企业组建双核心（MSTP＋VRRP）网络。

  项目十为管理升级交换机和路由器。主要包括 3 个任务：利用 TFTP 备份和恢复交换机配置文件、利用 TFTP 升级路由器操作系统、利用 ROM 方式重写交换机操作系统。

  为了方便教师教学，本书配备了内容丰富的教学资源，包括课程标准、电子教案、模拟实验、任务思考、综合测试题等。有需要的教师和读者可以发送邮件到 ddwwcc@163.com 或者出版社网站直接索取。

  本书由温州科技职业技术学院副教授曹永峰、浙江东方职业技术学院网络高工戴万长主持编写，同时得到了温州职业技术学院叶展翔、浙江工贸职业技术学院梅成才、福建星网锐捷网络有限公司刘亮及神州数码科技有限公司毕俊华的大力支持并共同编写完成。

  由于计算机网络技术发展更新较快，加之作者水平有限，书中难免存在错误与不妥之处，恳请广大读者批评指正。

编　者
2013 年 12 月

目 录

项目一 网络设备互联及选型 ... 1
任务一 认识常用网络互联设备及功能 ... 1
一、情境描述 ... 1
二、知识储备 ... 2
三、任务实施 ... 4
四、归纳总结 ... 9
五、任务思考 ... 9
任务二 SOHO 网络设备互联及选型 ... 9
一、情境描述 ... 9
二、知识储备 ... 10
三、任务实施 ... 12
四、归纳总结 ... 15
五、任务思考 ... 15
任务三 中小型企业网络设备互联及选型 ... 16
一、情境描述 ... 16
二、知识储备 ... 16
三、任务实施 ... 26
四、归纳总结 ... 28
五、任务思考 ... 30

项目二 网络设备 IP 规划与配置 ... 31
任务一 家居办公网络 IP 地址规划及配置 ... 32
一、情境描述 ... 32
二、知识储备 ... 32
三、任务实施 ... 34
四、归纳总结 ... 39
五、任务思考 ... 40
任务二 小型企业办公网络 IP 地址规划及配置 ... 41
一、情境描述 ... 41
二、知识储备 ... 41

三、任务实施 ··· 43
　　四、归纳总结 ··· 45
　　五、任务思考 ··· 45
 任务三　大中型企业办公网络 IP 地址规划及配置 ······························ 48
　　一、情境描述 ··· 48
　　二、知识储备 ··· 48
　　三、任务实施 ··· 49
　　四、归纳总结 ··· 52
　　五、任务思考 ··· 52

项目三　局域网交换机的配置与管理 ·· 55
 任务一　通过 Telnet 远程管理交换机 ··· 55
　　一、情境描述 ··· 55
　　二、知识储备 ··· 56
　　三、任务实施 ··· 59
　　四、归纳总结 ··· 64
　　五、任务思考 ··· 64
 任务二　交换机 VLAN 的划分 ··· 64
　　一、情境描述 ··· 64
　　二、知识储备 ··· 65
　　三、任务实施 ··· 67
　　四、归纳总结 ··· 69
　　五、任务思考 ··· 69
 任务三　跨交换机实现相同 VLAN 访问 ·· 69
　　一、情境描述 ··· 69
　　二、知识储备 ··· 69
　　三、任务实施 ··· 70
　　四、归纳总结 ··· 75
　　五、任务思考 ··· 76
 任务四　三层交换机实现 VLAN 之间通信 ······································· 77
　　一、情境描述 ··· 77
　　二、知识储备 ··· 77
　　三、任务实施 ··· 78
　　四、归纳总结 ··· 83
　　五、任务思考 ··· 83
 任务五　网络链路冗余——生成树 ·· 83
　　一、情境描述 ··· 83
　　二、知识储备 ··· 83
　　三、任务实施 ··· 85
　　四、归纳总结 ··· 86

五、任务思考 …………………………………………………………………………………… 86
　任务六　网络链路冗余——端口聚合 ……………………………………………………… 87
　　　一、情境描述 …………………………………………………………………………………… 87
　　　二、知识储备 …………………………………………………………………………………… 87
　　　三、任务实施 …………………………………………………………………………………… 88
　　　四、归纳总结 …………………………………………………………………………………… 90
　　　五、任务思考 …………………………………………………………………………………… 90

项目四　多区域网络互联路由器配置与管理 …………………………………………… 91
　任务一　家居 SOHO 宽带路由器的配置与管理 ………………………………………… 91
　　　一、情境描述 …………………………………………………………………………………… 91
　　　二、知识储备 …………………………………………………………………………………… 92
　　　三、任务实施 …………………………………………………………………………………… 92
　　　四、归纳总结 ………………………………………………………………………………… 103
　　　五、任务思考 ………………………………………………………………………………… 103
　任务二　通过 Telnet 远程管理路由器 ………………………………………………… 103
　　　一、情境描述 ………………………………………………………………………………… 103
　　　二、知识储备 ………………………………………………………………………………… 104
　　　三、任务实施 ………………………………………………………………………………… 105
　　　四、归纳总结 ………………………………………………………………………………… 108
　　　五、任务思考 ………………………………………………………………………………… 108
　任务三　静态路由实现网络互通 ………………………………………………………… 108
　　　一、情境描述 ………………………………………………………………………………… 108
　　　二、知识储备 ………………………………………………………………………………… 109
　　　三、任务实施 ………………………………………………………………………………… 109
　　　四、归纳总结 ………………………………………………………………………………… 113
　　　五、任务思考 ………………………………………………………………………………… 113
　任务四　RIP 动态路由实现全网互通 …………………………………………………… 114
　　　一、情境描述 ………………………………………………………………………………… 114
　　　二、知识储备 ………………………………………………………………………………… 114
　　　三、任务实施 ………………………………………………………………………………… 115
　　　四、归纳总结 ………………………………………………………………………………… 118
　　　五、任务思考 ………………………………………………………………………………… 118
　任务五　OSPF 动态路由实现全网互通 ………………………………………………… 119
　　　一、情境描述 ………………………………………………………………………………… 119
　　　二、知识储备 ………………………………………………………………………………… 119
　　　三、任务实施 ………………………………………………………………………………… 120
　　　四、归纳总结 ………………………………………………………………………………… 125
　　　五、任务思考 ………………………………………………………………………………… 125

项目五　三层交换机与路由器互联配置与管理 … 127

任务一　三层交换机与路由器互联静态路由 … 127
一、情境描述 … 127
二、知识储备 … 128
三、任务实施 … 129
四、归纳总结 … 134
五、任务思考 … 134

任务二　三层交换机与路由器互联动态 RIP 路由 … 137
一、情境描述 … 137
二、知识储备 … 137
三、任务实施 … 138
四、归纳总结 … 143
五、任务思考 … 143

任务三　三层交换机与路由器互联路由重分布 … 145
一、情境描述 … 145
二、知识储备 … 145
三、任务实施 … 147
四、归纳总结 … 152
五、任务思考 … 152

项目六　园区网络安全配置与管理 … 158

任务一　配置交换机端口安全 … 159
一、情境描述 … 159
二、知识储备 … 159
三、任务实施 … 161
四、归纳总结 … 163
五、任务思考 … 165

任务二　IP 标准访问控制列表 ACL … 165
一、情境描述 … 165
二、知识储备 … 165
三、任务实施 … 168
四、归纳总结 … 172
五、任务思考 … 172

任务三　IP 扩展访问控制列表 ACL … 175
一、情境描述 … 175
二、知识储备 … 175
三、任务实施 … 177
四、归纳总结 … 180
五、任务思考 … 181

任务四　基于时间的访问控制列表 ACL … 183

一、情境描述 …………………………………………………………… 183
　　　二、知识储备 …………………………………………………………… 184
　　　三、任务实施 …………………………………………………………… 185
　　　四、归纳总结 …………………………………………………………… 187
　　　五、任务思考 …………………………………………………………… 187
　任务五　路由器静态 NAT 安全接入互联网 ……………………………… 188
　　　一、情境描述 …………………………………………………………… 188
　　　二、知识储备 …………………………………………………………… 188
　　　三、任务实施 …………………………………………………………… 190
　　　四、归纳总结 …………………………………………………………… 194
　　　五、任务思考 …………………………………………………………… 194
　任务六　路由器静态 NAPT 安全接入互联网 …………………………… 194
　　　一、情境描述 …………………………………………………………… 194
　　　二、知识储备 …………………………………………………………… 194
　　　三、任务实施 …………………………………………………………… 195
　　　四、归纳总结 …………………………………………………………… 199
　　　五、任务思考 …………………………………………………………… 199
　任务七　路由器动态 NAPT 安全接入互联网 …………………………… 199
　　　一、情境描述 …………………………………………………………… 199
　　　二、知识储备 …………………………………………………………… 200
　　　三、任务实施 …………………………………………………………… 201
　　　四、归纳总结 …………………………………………………………… 205
　　　五、任务思考 …………………………………………………………… 205

项目七　路由器实现广域网接入验证 ………………………………………… 208
　任务一　PPP 实现广域网协议封装 ………………………………………… 209
　　　一、情境描述 …………………………………………………………… 209
　　　二、知识储备 …………………………………………………………… 209
　　　三、任务实施 …………………………………………………………… 211
　　　四、归纳总结 …………………………………………………………… 215
　　　五、任务思考 …………………………………………………………… 215
　任务二　PAP 实现广域网接入验证 ………………………………………… 215
　　　一、情境描述 …………………………………………………………… 215
　　　二、知识储备 …………………………………………………………… 216
　　　三、任务实施 …………………………………………………………… 216
　　　四、归纳总结 …………………………………………………………… 220
　　　五、任务思考 …………………………………………………………… 220
　任务三　CHAP 实现广域网接入验证 ……………………………………… 220
　　　一、情境描述 …………………………………………………………… 220
　　　二、知识储备 …………………………………………………………… 221

　　　　三、任务实施 ·· 221
　　　　四、归纳总结 ·· 225
　　　　五、任务思考 ·· 225

项目八　远程安全接入 VPN 配置与管理 ··· 226
　　任务一　远程访问 Access VPN 虚拟接入 ·· 227
　　　　一、情境描述 ·· 227
　　　　二、知识储备 ·· 227
　　　　三、任务实施 ·· 228
　　　　四、归纳总结 ·· 241
　　　　五、任务思考 ·· 241
　　任务二　企业分部 Intranet VPN 虚拟接入 ··· 245
　　　　一、情境描述 ·· 245
　　　　二、知识储备 ·· 245
　　　　三、任务实施 ·· 246
　　　　四、归纳总结 ·· 258
　　　　五、任务思考 ·· 259

项目九　中小企业网络设备综合配置 ··· 264
　　任务一　中小企业安全接入 Internet 典型案例 ·· 265
　　　　一、情境描述 ·· 265
　　　　二、知识储备 ·· 265
　　　　三、任务实施 ·· 270
　　　　四、归纳总结 ·· 274
　　　　五、任务思考 ·· 275
　　任务二　中型企业组建双核心（MSTP＋VRRP）网络 ····································· 275
　　　　一、情境描述 ·· 275
　　　　二、知识储备 ·· 275
　　　　三、任务实施 ·· 276
　　　　四、归纳总结 ·· 282
　　　　五、任务思考 ·· 282

项目十　管理升级交换机和路由器 ··· 284
　　任务一　利用 TFTP 备份和恢复交换机配置文件 ··· 284
　　　　一、情境描述 ·· 284
　　　　二、知识储备 ·· 285
　　　　三、任务实施 ·· 286
　　　　四、归纳总结 ·· 290
　　　　五、任务思考 ·· 290
　　任务二　利用 TFTP 备份和恢复路由器配置文件 ··· 291

一、情境描述 ··· 291
　　二、知识储备 ··· 291
　　三、任务实施 ··· 293
　　四、归纳总结 ··· 295
　　五、任务思考 ··· 295
任务三　利用 ROM 方式重写交换机操作系统 ································· 295
　　一、情境描述 ··· 295
　　二、知识储备 ··· 295
　　三、任务实施 ··· 296
　　四、归纳总结 ··· 299
　　五、任务思考 ··· 300

项目一　网络设备互联及选型

中小企业主干网络平台不仅要满足高可靠性、安全、畅通等数据网络平台基本要求；更加重要的是必须提供强大的多业务承载能力，能够为语音、视频等多媒体信息的传输提供一个稳定、高效的传输平台；并且必须提供完善的 QoS 保障机制，以保障关键业务的高可用性及延迟敏感型数据的实时传递。除此之外，新建的主干网络系统除了必须具备技术先进性和高性能的优势，还必须拥有一套功能强大的集中化管理系统，并能够提供灵活的管理方式和手段，以充分发挥网络资源优势，保障各种应用系统的顺利运行。

本项目通过对网络互联设备的认识及功能介绍、SOHO 网络设备互联及选型和中小型企业网络设备互联及选型三个任务的实施，让我们对网络设备的了解、选购及互联有一个整体的认知，并能对中小型企业网络设备进行选购。

一、教学目标

最终目标：掌握网络主要设备互联及选型。

促成目标：

1. 了解网络互联设备的种类及其工作层次；
2. 理解交换机的组成及功能；
3. 理解路由器的组成及功能；
4. 掌握常用 SOHO 路由器及 SOHO 交换机如何选型及互联；
5. 掌握接入交换机、汇聚交换机与核心交换机如何选购；
6. 掌握路由器与防火墙如何选。

二、工作任务

1. 认识常用网络互联设备及功能；
2. SOHO 网络设备互联及选型；
3. 中小型企业网络设备互联及选型。

任务一　认识常用网络互联设备及功能

一、情境描述

你大学刚刚毕业，现你受聘于一家公司，公司要求你做网络管理员工作，公司让你首先熟悉网络产品,并对公司旧设备及新购设备进行功能分析,形成书面材料上交主管经理。

二、知识储备

OSI-RM　ISO/OSI Reference Model 模型是国际标准化组织(ISO)为网络通信制定的协议,根据网络通信的功能要求,它把通信过程分为七层,分别为物理层、数据链路层、网络层、传输层、会话层、表示层和应用层,每层都规定了完成的功能及相应的协议。网络七层协议及其转换关系如图 1-1 所示,网络七层各层所使用的网络互联设备如图 1-2 所示。

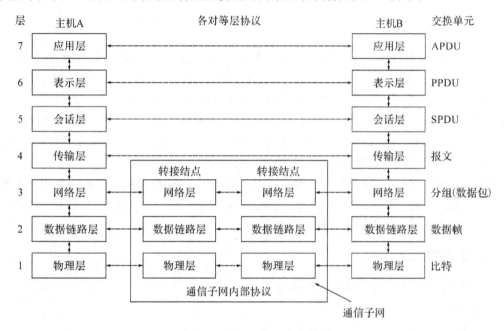

图 1-1　ISO/OSI RM 参考模型

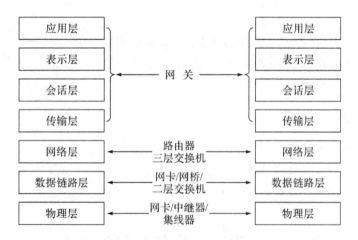

图 1-2　网络七层各层互联设备

1. 物理层——Physical Layer

这是整个 OSI 参考模型的最底层,它的任务就是提供网络的物理连接。所以,物理层是建立在物理介质上(而不是逻辑上的协议和会话),它提供的是机械和电气接口。主要包括电缆、物理端口和附属设备,如双绞线、同轴电缆、接线互联设备(如网卡、中继器、集线器等)、RJ-45接口、串口和并口等在网络中都是工作在这个层次的。物理层提供的服务包括:物理连接、物理服务数据单元顺序化(接收物理实体收到的比特顺序,与发送物理实体所发送的比特顺序相同)和数据电路标识。

2. 数据链路层——DataLink Layer

数据链路层是建立在物理传输能力的基础上,以帧为单位传输数据,它的主要任务就是进行数据封装和数据链接的建立。封装的数据信息中,地址段含有发送节点和接收节点的地址,控制段用来表示数据连接帧的类型,数据段包含实际要传输的数据,差错控制段用来检测传输中帧出现的错误。数据链路层可使用的协议有SLIP、PPP、X.25和帧中继等。常见的高档集线器和低档的交换机网络设备都是工作在这个层次上,Modem之类的拨号设备也是,网卡是同时工作在物理层和数据链路层之上的设备。工作在这个层次上的交换机俗称"第二层交换机"。具体讲,数据链路层的功能包括:数据链路连接的建立与释放、构成数据链路数据单元、数据链路连接的分裂、定界与同步、顺序和流量控制和差错的检测和恢复等方面。

3. 网络层——Network Layer

网络层属于OSI中的较高层次了,从它的名字可以看出,它解决的是网络与网络之间,即网际的通信问题,而不是同一网段内部的事。网络层的主要功能即是提供路由,即选择到达目标主机的最佳路径,并沿该路径传送数据包。除此之外,网络层还要能够消除网络拥挤,具有流量控制和拥挤控制的能力。网络边界中的路由器就工作在这个层次上,现在较高档的交换机也可直接工作在这个层次上,因此它们也提供了路由功能,俗称"第三层交换机"。网络层的功能包括:建立和拆除网络连接、路径选择和中继、网络连接多路复用、分段和组块、服务选择和流量控制。

4. 传输层——Transport Layer

传输层解决的是数据在网络之间的传输质量问题,它属于较高层次。传输层用于提高网络层服务质量,提供可靠的端到端的数据传输,如常说的QoS就是这一层的主要服务。这一层主要涉及的是网络传输协议,它提供的是一套网络数据传输标准,如TCP协议。传输层的功能包括:映象传输地址到网络地址、多路复用与分割、传输连接的建立与释放、分段与重新组装、组块与分块。

5. 会话层——Session Layer

会话层利用传输层来提供会话服务,会话可能是一个用户通过网络登录到一个主机,或一个正在建立的用于传输文件的会话。会话层的功能主要有:会话连接到传输连接的映射、数据传送、会话连接的恢复和释放、会话管理、令牌管理和活动管理。

6. 表示层——Presentation Layer

表示层用于数据管理的表示方式,如用于文本文件的ASCII和EBCDIC,用于表示数字的1S或2S补码表示形式。如果通信双方用不同的数据表示方法,他们就不能互相理解。表示层就是用于屏蔽这种不同之处。表示层的功能主要有:数据语法转换、语法表示、表示连接管理、数据加密和数据压缩。

7. 应用层——Application Layer

这是OSI参考模型的最高层,它解决的也是最高层次,即程序应用过程中的问题,它直接面对用户的具体应用。应用层包含用户应用程序执行通信任务所需要的协议和功能,如电子邮件和文件传输等,在这一层中 TCP/IP 协议中的 FTP、SMTP、POP 等协议得到了充分应用。

三、任务实施

1. 认识网卡

(1) 网卡功能

网卡是同时工作在物理层及数据链路层的网络互联设备,是局域网中连接计算机和传输介质的接口,不仅能实现与局域网传输介质之间的物理连接和电信号匹配,还涉及帧的发送与接收、帧的封装与拆封、介质访问控制、数据的编码与解码以及数据缓存的功能等。如图 1-3 所示。

图 1-3 各类型网卡(网络适配器)

(2) 网卡分类

根据网卡使用技术不同,网卡分类也有所不同,下面从不同角度分类

① 按主板总线接口类型分类

ISA 接口网卡、PCI 接口网卡、PCI-E 接口网卡、PCI-X 接口网卡(服务器使用)、PCMCIA 接口网卡(笔记本使用)、USB 接口网卡。

② 按网络接口类型分类

双绞线 RJ-45 接口网卡、光纤接口网卡(SC、ST 等)、USB 接口网卡、FDDI 接口网卡、ATM 接口网卡、粗缆 AUI 接口网卡和细缆 BNC 接口网卡(目前已淡出市场)。

③ 按带宽分类

10Mbit/s、100Mbit/s、10/100Mbit/s 自适应网卡、1000Mbit/s、10/100/1000Mbit/s 自适应网卡以及 10Gbit/s 网卡。目前主流为 10/100Mbit/s 自适应网卡、1000Mbit/s、10/100/1000Mbit/s 自适应网卡。

2. 认识中继器

中继器(REPEATER)是网络物理层上面的连接设备。适用于完全相同的两类网络的互联,主要功能是通过对数据信号的重新发送或者转发,来扩大网络传输的距离。它工作于 OSI(开放系统互联参考模型)参考模型第一层,即"物理层"设备。如图 1-4 所示(目前已淡出市场)。

3. 认识集线器

集线器的英文称为"Hub"。"Hub"是"中心"的意思,集线器的主要功能是对接收到的信号进行再生整形放大,以扩大网络的传输距离,同时把所有节点集中在以它为中心的节点上。它工作于 OSI(开放系统互联参考模型)参考模型第一层,即"物理层"设备,实际上是一个多口中继器。集线器与网卡、网线等传输介质一样,属于局域网中的基础设备,采用 CSMA/CD(一

图 1-4 中继器

种检测协议)访问方式。如图 1-5 所示(目前已淡出市场):

B-Link BL-   海联达Ai-H1000   FAST FH05   FAST FH08   B-Link BL-HB1

图 1-5 各类型集线器

依据 IEEE802.3 协议,集线器功能是随机选出某一端口的设备,并让它独占全部带宽,与集线器的上联设备(交换机、路由器或服务器等)进行通信。由此可以看出,集线器在工作时具有以下两个特点。

首先是 Hub 只是一个多端口的信号放大设备,工作中当一个端口接收到数据信号时,由于信号在从源端口到 Hub 的传输过程中已有了衰减,所以 Hub 便将该信号进行整形放大,使被衰减的信号再生(恢复)到发送时的状态,紧接着转发到其他所有处于工作状态的端口上。从 Hub 的工作方式可以看出,它在网络中只起到信号放大和重发作用,其目的是扩大网络的传输范围,而不具备信号的定向传送能力,是一个标准的共享式设备。因此有人称集线器为"傻 Hub"或"哑 Hub"。

其次是 Hub 只与它的上联设备(如上层 Hub、交换机或服务器)进行通信,同层的各端口之间不会直接进行通信,而是通过上联设备再将信息广播到所有端口上。由此可见,即使是在同一 Hub 的不同两个端口之间进行通信,都必须要经过两步操作:第一步是将信息上传到上联设备;第二步是上联设备再将该信息广播到所有端口上。

4. 认识网桥

网桥(Bridge)像一个聪明的中继器。中继器从一个网络电缆里接收信号,放大它们,将其送入下一个电缆。相比较而言,网桥对从关卡上传下来的信息更敏锐一些。网桥是一种对帧进行转发的技术,根据 MAC 分区块,可隔离碰撞。网桥将网络的多个网段在数据链路层连接起来。如图 1-6 所示。

网桥将两个相似的网络连接起来,并对网络数据的流通进行管理。它工作于数据链路层,不但能扩展网络的距离或范围,而且可提高网络的性能、可靠性和安全性。网络 1 和网络 2 通过网桥连接后,网桥接收网络 1 发送的数据包,检查数据包中的地址,如果地址属于网络 1,它就将其放弃,相反,如果是网络 2 的地址,它就继续发送给网络 2。这样可利用网桥隔离信息,

图 1-6 跨媒体网桥

将同一个网络号划分成多个网段(属于同一个网络号),隔离出安全网段,防止其他网段内的用户非法访问。由于网络的分段,各网段相对独立(属于同一个网络号),一个网段的故障不会影响到另一个网段的运行。

5. 认识交换机

交换机(Switch)原意是"开关",我国技术界在引入这个词汇时,翻译为"交换"。在英文中,动词"交换"和名词"交换机"是同一个词,是一种用于电信号转发的网络设备,工作在数据链路层。交换机拥有一条很高带宽的背部总线和内部交换矩阵。交换机的所有的端口都挂接在这条背部总线上,控制电路收到数据包以后,处理端口会查找内存中的地址对照表以确定目的 MAC(网卡的硬件地址)的 NIC(网卡)挂接在哪个端口上,通过内部交换矩阵迅速将数据包传送到目的端口,目的 MAC 若不存在,广播到所有的端口,接收端口回应后交换机会"学习"新的地址,并把它添加入内部 MAC 地址表中。使用交换机也可以把网络"分段",通过对照MAC 地址表,交换机只允许必要的网络流量通过交换机。通过交换机的过滤和转发,可以有效地减少冲突域,但它不能划分网络层广播,即广播域。交换机在同一时刻可进行多个端口对之间的数据传输。如图 1-7 所示。

图 1-7 锐捷 RG-S3760 交换机

(1)交换机的组成

交换机是网络上的一台特殊的通信计算机,包括硬件系统和软件系统,硬件系统包括CPU、RAM、ROM、FLASH 和接口(RJ-45 接口、光纤接口、Console 配置接口)。

(2) 交换机的基本功能
① 地址学习

以太网交换机能学习每一端口相连设备的 MAC 地址,并将地址同相连的端口映射起来存放在交换机缓存中的 MAC 地址表中。

② 转发/过滤

交换机根据目的 MAC 地址,通过查看 MAC 地址表,决定转发还是过滤。当一个数据帧的目的地址在 MAC 地址表中有映射时,它被转发到连接目的节点的端口而不是所有端口,如果目标 MAC 地址和源 MAC 地址在交换机的同一物理端口上,则过滤该帧。

③ 消除回路

当交换机包括一个冗余回路时,因冗余链路而让交换机构成环路,则数据会在交换机中无休止地循环,形成广播风暴。交换机通过生成树协议避免回路的产生,同时允许存在备份链路。

(3) 交换机信息转发方式
① 直通转发方式

直通方式的以太网交换机可以理解为在各端口间是纵横交叉的线路矩阵电话交换机。它在输入端口检测到一个数据包时,检查该包的包头,获取包的目的地址,启动内部的动态查找表转换成相应的输出端口,在输入与输出交叉处接通,把数据包直通到相应的端口,实现交换功能。由于不需要存储,延迟非常小、交换非常快,这是它的优点。它的缺点是,因为数据包内容并没有被以太网交换机保存下来,所以无法检查所传送的数据包是否有误,不能提供错误检测能力。由于没有缓存,不能将具有不同速率的输入/输出端口直接接通,而且容易丢包。

② 存储转发方式

存储转发方式是计算机网络领域应用最为广泛的方式。它把输入端口的数据包先存储起来,然后进行 CRC(循环冗余码校验)检查,在对错误包处理后才取出数据包的目的地址,通过查找表转换成输出端口送出包。正因如此,存储转发方式在数据处理时延时大,这是它的不足,但是它可以对进入交换机的数据包进行错误检测,有效地改善网络性能。尤其重要的是它可以支持不同速度的端口间的转换,保持高速端口与低速端口间的协同工作。

③ 碎片隔离方式

这是介于前两者之间的一种解决方案。它检查数据包的长度是否够 64 个字节,如果小于 64 字节,说明是假包,则丢弃该包;如果大于 64 字节,则发送该包。这种方式也不提供数据校验。它的数据处理速度比存储转发方式快,但比直通式慢。

6. 认识路由器

路由器(Router)是连接因特网中各局域网、广域网的设备,它会根据信道的情况自动选择和设定路由,以最佳路径,按前后顺序发送信号的设备。路由器是互联网络的枢纽、"交通警察"。目前路由器已经广泛应用于各行各业,各种不同档次的产品已成为实现各种骨干网内部连接、骨干网间互联和骨干网与互联网互联互通业务的主力军。路由和交换之间的主要区别就是交换发生在 OSI 参考模型第二层(数据链路层),而路由发生在第三层,即网络层。这一区别决定了路由和交换在移动信息的过程中需使用不同的控制信息,所以两者实现各自功能的方式是不同的。如图 1-8 所示。

(1) 路由器的组成

路由器也是网络上的一台特殊的通信计算机,与普通计算机一样,包括硬件系统和软件系

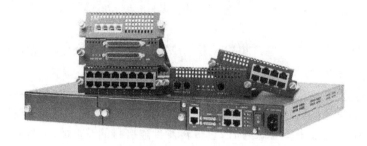

图 1-8 锐捷路由器和模块

统,硬件系统由三大部分组成:处理器 CPU、存储器、接口;软件系统主要指控制路由器的操作系统 IOS。

①路由器处理器 CPU

在路由器中,CPU 的能力直接影响路由器转发数据速度。中低端路由器 CPU 负责交换路由信息、查找路由表及转发数据包;高端路由器交换路由信息、查找路由表及转发数据包则由 ASIC 芯片硬件实现,CPU 只实现路由软件协议、生成并更新路由表功能。

②路由器存储器
- ROM(只读存储器):相当于 PC 机的 BIOS,存储路由器加电自检及相关引导程序等;
- FLASH(闪存):相当于 PC 机硬盘,存储路由器当前使用的操作系统 IOS;
- NVRAM(非易失性随机存储器):仅用于存储路由器启动的配置文件 Startup-Config;
- RAM(随机存储器):相当于 PC 机内存,暂时存储路由器正在运行的所有信息。

③路由器接口
- 配置接口:路由器的配置接口有两种,本地配置 CONSOLE 接口,使用配置线缆直接与 PC 机串口相连,通过超级终端进行登录路由器进行配置;远程拨号配置 AUX 接口,通过收发器与 Modem 进行连接。如图 1-9 所示。

图 1-9 锐捷路由器配置接口

- 局域网接口:常见的以太网接口主要有 AUI、BNC 和 RJ-45 接口,还有 FDDI、ATM、千兆以太网等都有相应的网络接口。
- 广域网接口:在路由器的广域网连接中,应用最多的端口还要算"高速同步串口" (SERIAL)了,如目前应用非常广泛的 DDN、帧中继(Frame Relay)、X.25、PSTN(模拟电话线路)等网络连接模式;异步串口(ASYNC)主要是用于 Modem 或 Modem 池的连接。如图 1-10、1-11、1-12、1-13 所示。

图 1-10　锐捷路由器高速同步串口(Serial)

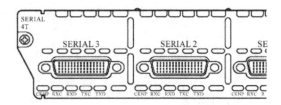

图 1-11　思科路由器高速同步串口(Serial)

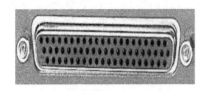

图 1-12　锐捷路由器导步串口(Serial)

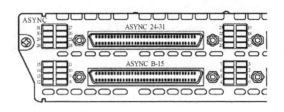

图 1-13　思科路由器导步串口(Serial)

(2) 路由器的基本功能

① 网络互连：路由器支持各种局域网和广域网接口，主要用于互联局域网和广域网，实现不同网络互相通告；

② 数据处理：提供包括分组过滤、分组转发、优先级、复用、加密、压缩和防火墙等功能；

③ 网络管理：路由器提供包括配置管理、性能管理、容错管理和流量控制等功能。

四、归纳总结

1. 交换机第一次配置时，必须采用 Console 配置口进行配置，Console 配置口管理交换机属于带外管理，可以配置交换机支持带内管理，带内管理方式主要有：Telnet、Web、SNMP 三种方式。Telnet 远程管理是通过远程登录管理、Web 方式是通过浏览器对交换机进行管理、SNMP 方式是通过网管软件进行管理。

2. 出于安全考虑，思科及锐捷交换机在配置远程 Telnet 登录时必须同时配置远程登录密码和特权密码，才可以实现远程登录。

3. 交换机的管理接口缺省是 Shutdown(关闭状态)，因此在配置了管理接口 VLAN 1 的 IP 地址后必须配置接口为 No Shutdown(开启状态)。

五、任务思考

1. 网络互联设备的种类及其工作层次。
2. 交换机的组成及功能。
3. 路由器的组成及功能。

任务二　SOHO 网络设备互联及选型

一、情境描述

你大学刚刚毕业，现你受聘于一家小型外贸公司，公司只有 5 台办公电脑，其中 3 台台式电脑,2 台笔记本电脑(带有无线网卡)。面积也只有 100 来平方米。公司为本公司员工在外面租了一套住房,安排 4 名员工住宿,现公司要求你为公司及公司住房组建网络,使得公司员工既能相互访问又能访问 Internet,为了方便员工回到住处也能与国外客户沟通,要求在住房也要能访问 Internet。

二、知识储备

1. SOHO 定义

SOHO,即 Small Office Home Office,家居办公,大多指那些专门的自由职业者:自由撰稿人、平面设计师、工艺品设计人员、艺术家、音乐创作、产品销售员、平面设计、广告制作、服装设计、商务代理、做期货、网站等等。

2. SOHO 网络互联设备品牌选择

目前来说,常用 SOHO 品牌有 TP-LINK,D-LINK,水星等,就市场占有率方面来讲,目前这三个品牌较高。

(1)TP-LINK 品牌

TP-LINK 全称是深圳市普联技术有限公司,成立于 1996 年,是专门从事网络与通信终端设备研发、制造和行销的业内主流厂商,也是国内少数几家拥有完全独立自主研发和制造能力的公司之一,创建了享誉全国的知名网络与通信品牌:TP-LINK。网址:http://www.tp-link.cn。如图 1-14 所示。

图 1-14 TP-LINK 家用 SOHO 品牌

(2)D-LINK 品牌

友讯集团(D-Link),成立于 1986 年,并于 1994 年 10 月在台湾证券交易所挂牌上市,为台湾第一家公开上市的网络公司,以自创 D-Link 品牌行销电脑网络产品遍及全世界 100 多个国家。网址:http://www.dlink.com.cn。产品如图 1-15 所示。

(3)水星(MERCURY)品牌

深圳市美科星通信技术有限公司(以下简称 MERCURY)成立于 2001 年,是一家专业的网络与通信产品解决方案提供商,创建知名的用户端网络与通信品牌"MERCURY(水星网络)",一直致力于无线网络、宽带路由、以太网领域的研发、生产和行销,现有产品线已覆盖无线、路由器、交换机、集线器、光纤收发器、网卡等系列网络产品。网址:http://www.mercurycom.com.cn。产品如图 1-16 所示。

3. 双绞线制作

EIA/TIA 定义了两个双绞线连接的标准:568A 和 568B,它们所定义的 RJ-45 连接头各引脚与双绞线各线对排列的线序如下:

(1)EIA/TIA 568A 标准:白绿/绿/白橙/蓝/白蓝/橙/白棕/棕(从左起);

图 1-15 D-LINK 家用 SOHO 品牌

图 1-16 水星家用 SOHO 品牌

(2) EIA/TIA 568B 标准:白橙/橙/白绿/蓝/白蓝/绿/白棕/棕(从左起);

(3) 直通线:双绞线两端均按照 568A 或 568B 标准制作;

(4) 交叉线:双绞线一端按照 568A 标准制作,另一端按照 568B 标准制作。

4. 设备互联

(1) 计算机与计算机直连采用交叉网线

由于两台计算机网卡都是 1、2 脚负责发送数据(TX+,TX−),而 3、6 脚负责接收数据(RX+,RX−),网卡没交叉,所以网线必须交叉。

(2) 计算机与交换机的直连使用直通网线

由于计算机网卡都是 1、2 脚负责发送数据,3、6 脚负责接收数据,而交换机上的普通接口正好相反,1、2 脚负责接收数据,3、6 脚负责发送数据,因为网卡接口与交换机的普通接口互为交叉口,所以网线只能用直通线。

(3) 交换机与交换机的级连

交换机的接口通常分两种:交叉(MDI-X)接口,MDI-X 接口是指交换机的普通端口;直连(MDI)接口是指交换机的级连端口(Up-Link),级连端口主要用于与上一级的交换机相连。

- MDI 接口:1、2 脚发送信号,3、6 脚接收信号,与网卡的相同。
- MDI-X 接口:1、2 脚接收信号,3、6 脚发送信号,与网卡的相反。
- 交换机两普通端口 MDI-X 级连:因为端口一样,所以网线必须交叉。
- 交换机两普通端口与级连端口(Up-Link)级连:因为端口交叉,所以网线必须直通。
- 目前智能型交换机已经支持软交叉和软直通,可以根据网线情况来实现端口自动翻转(SOHO 网络互联设备不支持自动翻转功能)。

(4) 交换机与路由器直连用直通线

- 交换机的普通端口为交叉(MDI-X)接口,而路由器的端口为直通口(与计算机上的接口一致),所以交换机与路由器直连用直通线。
- SOHO 路由器是集成了交换机的路由器,如图 1-17 所示。黄色端口是交换端口,与交换机普通端口一致,因此与交换机普通端口相连要用交叉线,与交换机级连端口相连用直通线。

图 1-17　SOHO 路由器接口

三、任务实施

【任务目的】

掌握 SOHO 网络设备互联及选型。

【任务设备】

SOHO 无线宽带路由器 2 台,8 端口 SOHO 交换机 1 台,ADSL 调制解调器 2 台,PC 机 9 台,直通线和交叉线若干。

【任务拓扑】

使用思科模拟软件 Packet Tracer5.3 模拟网络拓扑,网络拓扑结构图如图 1-18 所示。

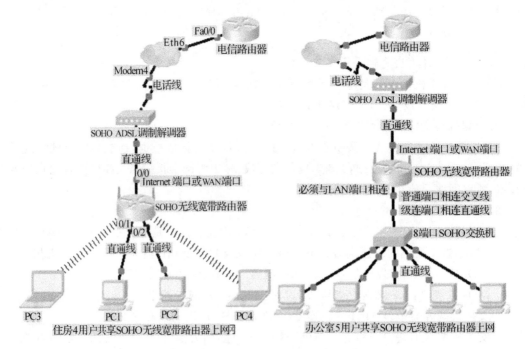

图 1-18　SOHO 网络设备互联与选型

【任务步骤】

1. 网卡选型

(1) 有线网卡的选型

目前,在有线网络工作站中通常是采用支持 10/100/1000Mbps 自适应速度的快速以太网网卡。有线以太网网卡的主机接口通常是 PCI 接口的;在网络接口方面,工作站网卡基本上都是采用双绞线作为传输介质的 RJ-45 接口。工作站以太网网卡在技术上基本没有太多考虑,只需选择普通的 10/100/1000Mbps 自适应速率的快速以太网网卡。目前在以太网网卡方面比较好的品牌有 3COM、IBM、Intel、D-LINK、TP-LINK 等。不过这仅是针对独立网卡而言的,现在的 PC 机主板上一般都集成了一块,甚至两块 10/100/1000Mbps 以太网网卡。

(2)无线网卡的选型

目前,在无线网络工作站建议选择 54Mbps 速率的 IEEE 802.11g 无线网卡产品,如果是同一品牌,建议选择 108Mbps 的 IEEE 802.11g+标准的无线网卡。无线网卡没有网络接口方面的选择。在台式机工作站中通常选用 PCI 或者 USB 接口的无线局域网网卡,而对于笔记本用户则可以选择 PCIMCIA 和 USB 两种接口类型的无线局域网网卡。

2. ADSL MODEM 调制解调器选型

对于 ADSL 宽带用户来说,选择一个好的质量可靠的 ADSL 猫是宽带上网的第一步,对于家庭用户来说,无论是实现有线上网还是无线上网,都要首先接入宽带到家中,也就是说要选择 ADSL 的终端产品,选购 ADSL 调制解调器需要注意如下几个问题。

(1)协议选择

ADSL 接入模式主要有 4 种类型,即桥接接入模式、IP 专线接入模式、PPPoE 接入模式和路由接入模式。SOHO 组网适合采用路由接入模式和桥接模式。ADSL MODEM 工作在桥接模式下,由宽带路由器来进行拨号功能,并承担路由的工作。根据需求分析的结果,本网络采用 ADSL 桥接模式,则须购买宽带路由器。对于家庭局域网,性价比较合适的是 TP-Link 和 D-Link。

(2)接口选择

USB、PCI 适用于家庭用户,性价比好,小巧、方便、实用;外置以太网口的只适用于企业和办公室的局域网,它可以带多台机器进行上网。有的以太网接口的 ADSL Modem 同时具有桥接和路由的功能,这样就可以省掉一个路由器。

3. 宽带路由器选型

根据需求分析,主机数量为 5 台,考虑扩展性,家庭用户的 PC 数量不会超过 253 台,C 类 IP 地址足够使用。局域网内的主机地址需设置为跟宽带路由器管理地址在同一网段,例如:宽带路由器 D-LINK DI-624+A 的默认管理地址为 192.168.0.1,则主机 IP 地址设置为 192.168.0.X。

(1)宽带路由器一般集成了多种实用的功能,如 DHCP 服务、防火墙、NAT、VPN 等,有些还集成了打印服务器功能。通过这些集成的功能,可以十分方便地在对等类型共享网络中实现自动 IP 地址分配、NAT 地址转换和防火墙保护等,而这些功能都是目前的应用热点,在许多领域均有需求。

(2)宽带路由器一般除了宽带接入的广域网接口外,通常还提供 4 个用于与局域网工作站用户连接的交换端口。有些宽带路由器,主要为一些中档以上的网吧型宽带路由器,提供了双 WAN 端口,通过对两条接入线路的汇聚,可以提高宽带路由器的广域网连接速率。

(3)宽带路由器的功能非常简单,性能要求不高,一般相对前面介绍的专用路由器来说在价格上要实惠许多,便宜的 SOHO 级宽带路由器在 200 元左右。正因如此,目前宽带路由器的应用非常广泛,无论家庭、SOHO 办公,还是企业因特网连接都选用了宽带路由器作为共享上网设备。通过一个宽带路由器就可以使网络中的各用户相互独立地使用一条因特网接入线路自由上网,而不受其他用户和设备的影响。这一点相对于网关型共享和代理服务器共享来说有着明显的优势。

(4)由于宽带路由器通常都带有 4 个局域网交换端口,所以对于 4 个以内用户主机的情况,还可以不用另外购买集线器或交换机,而直接用路由器的 4 个 LAN 端口连接。当然这主要对于家庭或者 SOHO 用户而言,对于小型企业用户来说,一般情况下不止 4 个用户了,所以通常还是需要先用集线器或交换机集中连接用户,然后再通过一条电缆与宽带路由器连接。

(5)对于无线上网用户来说,因为房屋面积一般都在 100 平方米左右,考虑到无线信号覆盖范围及信号强度等因素,在选择无线 SOHO 级宽带路由器时尽量考虑双频 300M 以上的无线 SOHO 级宽带路由器。

4. SOHO 交换机的选型

在家用交换机市场,因为不同品牌、不同端口数的交换机价格差距很大。所以在选购交换机之前,首先应该根据自己的实际情况来选择,比如选择的组网方式、承受的价格、品牌、喜欢的交换机外形等,另外还必须注意交换机的各项性能指标。

(1)组网方式

对于家庭或小型办公用户来说,可以采用"双机互联"和"局域网"两种方式:如果采用"双机互联"方式,就是直接将两台电脑通过网线连接起来,当然也就不需要使用交换机。如果采用"局域网"方式,就是将所有的电脑通过网线连接到交换机上。最简单的是两台电脑组建的局域网:一台主机、一台客户机,主机安装两块网卡,一块用于连接网络接入(如 ADSL Modem、Cable Modem 等),一块用于连接交换机。客户机安装一块网卡,直接与交换机相连接。

(2)价格

价格无疑是广大用户在选购交换机时考虑最多的问题,目前,适合家用或小型办公网络使用的交换机价格与即将"淘汰"的集线器(Hub)价格已经相差无几,比如 5 口的 10/100Mbps 自适应交换机价格大致在 150~300 元之间(国外的产品除外),与 8 口同类交换机价格相差无几。一般端口数量越多、速率越大、背板带宽越高、网管功能越强大的交换机产品的价格也越高。

(3)品牌

在国内市场上,低端交换机产品涵盖了从 3Com 等国外网络巨头到 D-Link(友讯网络)、TP-Link、顶星等众多国内品牌。在选购交换机时,要注意产品供应商的品牌知名度、用户的口碑、产品的售后服务以及质保情况。

(4)外形

低端交换机的外壳一般采用塑壳或铁壳包装,价格差别不大;外形通常采用小巧、迷你型,大家可以根据自己的喜好来选择。

5. SOHO 网络设备互连结构

一个完整的 SOHO 网络所需要的网络互联设备包括前置信号分离器、ADSL Modem 调制解调器、SOHO 宽带路由器、SOHO 交换机及电线线、直通线。现在 SOHO 设备为了方便用户都有二合一和三合一的 SOHO 宽带路由器包括 ADSL Modem 及 SOHO 交换机的功能了。SOHO 设备互联结构图如图 1-19 所示。

项目一 网络设备互联及选型 15

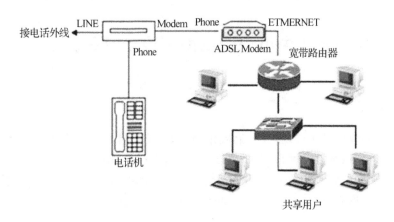

图 1-19 SOHO 网络设备互联结构

四、归纳总结

1. 宽带路由器一般集成了多种实用的功能，如 DHCP 服务、防火墙、NAT、VPN 等，有些还集成了打印服务器功能。通过这些集成的功能，可以十分方便地在对等类型共享网络中实现自动 IP 地址分配、NAT 地址转换和防火墙保护等，而这些功能都是目前的应用热点，在许多领域均有需求。

2. 宽带路由器一般除了宽带接入的广域网接口外，通常还提供 4 个用于与局域网工作站用户连接的交换端口。有些宽带路由器，主要为一些中档以上的网吧型宽带路由器，提供了双 WAN 端口，通过对两条接入线路的汇聚，可以提高宽带路由器的广域网连接速率。

3. 宽带路由器的功能非常简单，性能要求不高，一般相对前面介绍的专用路由器来说在价格上要实惠许多，便宜的 SOHO 级宽带路由器在 200 元左右。正因如此，目前宽带路由器的应用非常广泛，无论家庭、SOHO 办公，还是企业因特网连接都选用了宽带路由器作为共享上网设备。通过一个宽带路由器就可以使网络中的各用户相互独立地使用一条因特网接入线路自由上网，而不受其他用户和设备的影响。这一点相对于网关型共享和代理服务器共享来说有着明显的优势。

4. 由于宽带路由器通常都带有 4 个局域网交换端口，所以对于 4 个以内用户主机的情况，还可以不用另外购买集线器或交换机，而直接用路由器的 4 个 LAN 端口连接。当然这主要对于家庭或者 SOHO 用户而言，对于小型企业用户来说，一般情况下不止 4 个用户了，所以通常还是需要先用集线器或交换机集中连接用户，然后再通过一条电缆与宽带路由器连接。

5. 对于无线上网用户来说，因为房屋面积一般都在 100 平方米左右，考虑到无线信号覆盖范围及信号强度等因素，在选择无线 SOHO 级宽带路由器时尽量考虑双频 300M 以上的无线 SOHO 级宽带路由器。

五、任务思考

1. 常用 SOHO 路由器及 SOHO 交换机的品牌有哪些？
2. 常用 SOHO 路由器及 SOHO 交换机如何选型及互联？
3. 绘制组建 SOHO 网络拓扑结构图。

任务三　中小型企业网络设备互联及选型

一、情境描述

某市文化中心建设是集成现代化、集成化、多功能于一体的大型公益设施综合体，占地面积170亩，总建筑面积7万平方米，总投资8亿元，整个中心建设主要包括博物馆、文化广场、会展中心、剧院和城市展览馆。请你根据网络需求分析和扩展性要求，选择合适的网络设备，构建一个完整的以核心层、汇聚层和接入层为体系的三层网络结构。

二、知识储备

1. 交换机及其选型

（1）接入层交换机、汇聚层交换机和核心层交换机

典型的以太网拓扑结构：核心层、汇聚层、接入层三层树型结构。在构建满足中小型企业需求的局域网时，通常采用分层网络设计，以便于网络管理、网络扩展和网络故障排除。分层网络设计需要将网络分成相互分离的层，每层提供特定的功能，这些功能界定了该层在整个网络中扮演的角色。以太网网络三层结构（接入层、汇聚层、核心层）如图1-20所示。

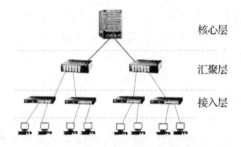

图1-20　以太网三层树型结构

①接入层交换机

部署在接入层的交换机就称为接入层交换机，也称工作组级交换机，通常为固定端口交换机，用于实现终端计算机的网络接入。接入层交换机可以选择拥有1~2个1000Base-T端口或GBIC、SFP插槽的交换机，用于实现与汇聚层交换机的连接。锐捷网络系列接入层交换机如图1-21所示。

RG-S2900系列　　RG-S2900G系列　　RG-S2924GT-PoE　　RG-S2600系列E/P型

图1-21　锐捷网络系列接入交换机

②汇聚层交换机

部署在汇聚层的交换机称为汇聚层交换机,也称骨干交换机、部门级交换机,是面向楼宇或部门接入的交换机。汇聚层交换机首先汇聚接入层交换机发送的数据,再将其传输给核心层,最终发送到目的地。汇聚层交换机可以是固定端口交换机,也可以是模块化交换机,一般配有光纤接口。与接入层交换机相比,汇聚层交换机通常全部采用1000Mbps端口或插槽,拥有网络管理的功能。锐捷网络系列汇聚层交换机如图1-22所示。

图1-22　锐捷网络系列汇聚交换机

③核心层交换机

部署在核心层的交换机称为核心层交换机,也称中心交换机、企业级交换机。核心层交换机属于高端交换机,一般全部采用模块化结构的可网管交换机,作为网络骨干构建高速局域网。锐捷网络系列核心层交换机如图1-23所示。详细了解参考锐捷网络官网 http://www.ruijie.com.cn。

图1-23　锐捷网络系列核心交换机

(2)交换机的选购性能指标

①转发速率

转发速率是交换机的一个非常重要的参数。转发速率通常以"Mpps"(Million Packet Per Second,每秒百万包数)来表示,即每秒能够处理的数据包的数量。其实决定包转发率的一个重要指标就是交换机的背板带宽,背板带宽标志了交换机总的数据交换能力。一台交换机的背板带宽越高,所能处理数据的能力就越强,也就是包转发率越高。

因为以太网的帧长度是可变的,从64Byte～1518Byte不等,一般以64字节长的数据包来计算包转发率。数据包在传输过程中会在每个包前面加上64个bit的preamble(前导符),在每个包之间会有96个bit的IFG(帧间隙),这样原本传输一个64个字节的数据包,虽只有64×8=512bit,实际需要传输512+64+96=672 bit,即一个数据包的实际长度为672bit,因此:

千兆端口线速包转发率=1000Mbps/672=1.4881Mpps

百兆端口线速包转发率=100Mbps/672=0.14881Mpps

②端口吞吐量

端口吞吐量反映交换机端口的分组转发能力,通常可以通过两个相同速率的端口进行测试,吞吐量是指在没有帧丢失的情况下,设备能够接受的最大速率。目前交换机一般都是全双

工的,因此:

$$吞吐量 = \sum 端口速率 \times 2(全双工)。$$

③ 背板带宽

背板带宽是交换机接口处理器或接口卡和数据总线间所能吞吐的最大数据量。背板带宽体现了交换机总的数据交换能力,单位为 Gbps,也叫交换带宽。一台交换机的背板带宽越高,所能处理数据的能力就越强,但同时设计成本也会越高。

例如一台以太网交换机有 24 个 10Mbps/100Mbps 固定端口,有两个扩展模块,最多可配置两个 1000Mbps 的光纤端口,则其交换机吞吐量 $=(24 \times 100 + 2 \times 1000) \times 2 = 8.8$Gbps,满配置端口的包转发率 $= 2 \times 1.4881 + 24 \times 0.14881 = 6.54764$Mpps,若该交换机的背板带宽不小于 8.8Gbps,包转发率不小于 6.54764Mpps,则可认为该交换机可达到线速交换。否则,用户有理由认为该交换机采用的是有阻塞的结构设计。

④ 端口种类

交换机按其所提供的端口种类不同主要包括三种类型的产品,它们分别是纯百兆端口交换机、百兆和千兆端口混和交换机、纯千兆端口交换机。每一种产品所应用的网络环境各不相同,核心骨干网络上最好选择千兆产品,上连汇聚骨干网络一般选择百兆/千兆混和交换机,边缘接入一般选择纯百兆交换机。

⑤ MAC 地址数量(一般 1024 个以上)

每台交换机都维护着一张 MAC 地址表,记录 MAC 地址与端口的对应关系,交换机就是根据 MAC 地址将访问请求直接转发到对应端口上的。存储的 MAC 地址数量越多,数据转发的速度和效率也就越高,抗 MAC 地址溢出供给能力也就越强。

⑥ 缓存大小

交换机的缓存用于暂时存储等待转发的数据。如果缓存容量较小,当并发访问量较大时,数据将被丢弃,从而导致网络通信失败。只有缓存容量较大,才可以在组播和广播流量很大的情况下,提供更佳的整体性能,同时保证最大可能的吞吐量。目前,几乎所有的廉价交换机都采用共享内存结构,由所有端口共享交换机内存,均衡网络负载并防止数据包丢失。

⑦ 支持网管类型

网管功能是指网络管理员通过网络管理程序对网络上的资源进行集中化管理的操作,包括配置管理、性能和记账管理、问题管理、操作管理和变化管理等。一台设备所支持的管理程度反映了该设备的可管理性及可操作性,现在交换机的管理通常是通过厂商提供的管理软件或通过满足第三方管理软件的管理来实现的。

⑧ VLAN 支持

一台交换机是否支持 VLAN 是衡量其性能好坏的一个重要指标。通过将局域网划分为虚拟网络 VLAN 网段,可以强化网络管理和网络安全,控制不必要的数据广播,减少广播风暴的产生。由于 VLAN 是基于逻辑上连接而不是物理上的连接,因此网络中工作组的划分可以突破共享网络中的地理位置限制,而完全根据管理功能来划分。目前,好的产品可提供功能较为细致丰富的虚网划分功能。

⑨ 支持的网络类型

一般情况下,固定配置式不带扩展槽的交换机仅支持一种类型的网络,机架式交换机和固定配置式带扩展槽的交换机则可以支持一种以上类型的网络,如支持以太网、快速以太网、千兆以太网、ATM、令牌环及 FDDI 等。一台交换机所支持的网络类型越多,其可用性、可扩展性越强。

⑩冗余支持

冗余强调了设备的可靠性,也就是当一个部件失效时,相应的冗余部件能够接替工作,使设备继续运转。冗余组件一般包括管理卡、交换结构、接口模块、电源、机箱风扇等。对于提供关键服务的管理引擎及交换结构模块,不仅要求冗余,还要求这些部件具有"自动切换"的特性,以保证设备冗余的完整性。

(3) 主流交换机品牌

目前,在中国交换机市场上流行的交换机品牌种类繁多,不同品牌的交换机又包含多种不同型号的产品。根据互联网消费调研中心所作的2011—2012年中国交换机市场研究年度报告可以看出,2011年中国交换机市场上品牌关注度较高的交换机品牌分别是H3C、思科、华为、TP-LINK和D-LINK,其品牌关注度均超过10%,明显领先于其他品牌。而NETGEAR、中兴、锐捷和腾达等品牌关注度虽然较为接近10%,但也与排名前四的品牌有一定差距,除以上品牌外,其他竞争者关注度均在1%以下。具体排名情况可参考中关村在线:http://www.zol.com.cn。

以下就以园区网(企业级)交换机主流品牌H3C、思科、华为、D-LINK、中兴、锐捷和神州数码做一下介绍。

①H3C交换机

H3C交换机产品覆盖园区交换机和数据中心交换机,从核心骨干到边缘接入,共有10多个系列上百款产品,全部通过3C认证。H3C园区网主要交换机系列产品如图1-24所示。详细型号参考官网:http://www.h3c.com.cn。

②Cisco(思科)交换机

Cisco的交换机产品以"Catalyst"为商标,包含1900、2800、2900、3500、4000、5000、5500、6000、8500等十多个系列。总的来说,这些交换机可以分为两类:一类是固定配置交换机,包括3500及以下的大部分型号,比如1924是24口10Mbps以太网交换机,带两个100Mbps上行端口,除了有限的软件升级之外,这些交换机不能扩展;另一类是模块化交换机,主要指4000及以上的机型,网络设计者可以根据网络需求,选择不同数目和型号的接口板、电源模块及相应的软件。详细型号参考官网:http://www.cisco.com/web/cn。

• 接入层交换机

Cisco典型的接入交换机产品主要是1900系列和2900系列。由于1900系列交换机仅能提供2个100M端口,因此接入层交换机逐渐被2900系列所取代。与1900相比,2900最大的特点是速度增加,其背板速度最高达3.2G,最多24个10/100Mbps自适应端口,所有端口均支持全双工通信,使桌面接入的速度大大提高。

• 汇聚层交换机

Cisco汇聚层交换机产品主要包括C3500系列、C3750系列、C4500系列、C4900系列。在Cisco中端交换机产品中,C3500系列和C3750系列最具代表性,使用也非常广泛。其中,比较常用的产品有C3560-24TS-S、C3560-24TS-E、C3560G-24PS-S、C3560-48TS-S、C3750-24TS-S、C3750G-24TS-E、C3750-24PS-S、C3750G-24T-S、C3750-48TS-S等。

• 核心层交换

Cisco的核心交换机产品主要用来满足园区主干网的高性能要求。目前,最为常用的是C6500系列和C8500系列。它们能够为园区网提供高性能、多层交换的解决方案,专门为需要

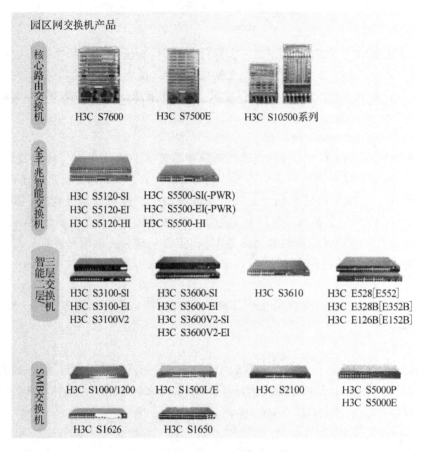

图 1-24　H3C 园区网交换机系列

千兆扩展、可用性高、多层交换的应用环境设计。Catalyst 6500 系列交换机具有 3 插槽、6 插槽、9 插槽和 13 插槽的机箱,Catalyst 8500 系列交换机具有 5 插槽或 13 插槽的机箱,这两个系列交换机都具有端口密度大、速度快、多层交换、容错性能好等特点。

③华为交换机

华为是全球领先的电信解决方案供应商。华为交换机主要包括 Quidway S2300、Quidway S2700、Quidway S3000、Quidway S3300、Quidway S3700、Quidway S5300、Quidway S5700、Quidway S9300 等系列。用户常用的华为交换机型号主要包括 S2326TP-EI、S2403H-HI、S2700-52P-EI-AC、S3328TP-EI(AC)、S3700-28TP-SI-AC、S5328C-EI-24S、S5700-24TP-SI-AC、S5700-28C-SI、S7802、S9306 等。

④D-LINK 交换机

友讯集团(D-LINK)是国际著名网络设备和解决方案提供商,主要致力于局域网、宽带网、无线网、语音网、网络安全、网络存储、网络监控及相关网络设备的研发、生产和行销,其交换机产品主要包括 DES-1000、DES-1100、DES-1200、DES-1500、DES-3000、DES-3200、DES-3400、DES-3500、DES-3600、DES-3800、DES-6500、DES-8500 等几个系列。

用户常用的 D-LINK 交换机型号主要包括 DES-1008D、DES-1016D、DES-1024D、DES-1226G、DIS-2024TG、DES-3326 SR、DES-3550、DES-3624I、DES-3828DC、DIS-5024T、DES-3528、DES-3828、DES-6500、DES-8510 等。

⑤中兴交换机

中兴通讯是全球领先的综合性通信制造业上市公司和全球通信解决方案提供商之一。中兴通讯的产品涵盖核心网、无线产品、承载、业务产品、终端产品等五大产品领域。其交换机产品主要包括接入层 ZXR10 2800A 系列二层以太网交换机、ZXR10 2800S 系列千兆以太网交换机、ZXR10 2900 系列智能以太网交换机、ZXR10 2600 系列接入以太网交换机；汇聚层的 ZXR10 5000 系列全千兆以太网交换机、ZXR10 5100 系列全千兆以太网交换机；核心层的 ZXR10 6900 系列万兆路由交换机、ZXR10 8900 系列万兆路由交换机等。

用户常用的中兴交换机型号主要包括 ZXR10 2800A 系列二层以太网交换机、ZXR10 2800S 系列、ZXR10 5000 系列全千兆以太网交换机、ZXR10 5100 系列全千兆以太网交换机、ZXR10 6900 系列万兆路由交换机、ZXR10 8900 系列万兆路由交换机等。

⑥锐捷交换机

锐捷网络是业界领先的网络设备及解决方案的专业化网络厂商，其网络产品线覆盖交换、路由、软件、安全、无线、存储等多个应用领域。锐捷网络的交换机产品主要包括 RG-S1800、RG-S1900、RG-S2000、RG-S2100、RG-S2300、RG-S2600、RG-S2900、RG-S3200、RG-S3500、RG-S3700、RG-S5700、RG-S6500、RG-S6800、RG-S7600、RG-S7800、RG-S8600、RG-S9600、RG-S18000 等几个系列。其中，S1～S2 为接入交换机，S3～S5 为汇聚交换机，S6 及以后为核心路由交换机。

用户常用的锐捷交换机型号主要包括 RG-S1850G、RG-S1926S＋、RG-S1926S、RG-S2026F、RG-S2352G、RG-S2724G、RG-S3760-12SFP/GT、RG-S5750-24GT/12SFP、RG-S6506、RG-S6810E、RG-S8610、RG-S9620 等。

⑦神码交换机

神州数码网络(DCN)是国内领先的数据通信设备制造商和服务提供商，为客户提供业界领先的以太网交换机、路由器、网络安全、应用交付、无线网络、IP 融合通信、网络管理等产品。DCN 的交换机产品主要包括 DCS-1000、DCS-3600、DCS-4500、DCRS-5950、DCRS-6800 等几个系列。

用户常用的神码交换机型号主要包括 DCS-1008D＋、DCS-1024＋(R2)、DCS-1024G＋(R2)、DCS-3600-26C、DCS-4500-26T、DCRS-5950-28T-L(R3)、DCRS-6804、DCRS-6808 等。

2. 路由器及其选型

(1) 骨干级路由器、企业级路由器和接入级路由器

①骨干级路由器

骨干级路由器是实现企业级网络互连的关键设备，其数据吞吐量较大，在企业网络系统中起着非常重要的作用。对骨干级路由器的基本性能要求是高速度和高可靠性。为了获得高可靠性，网络系统普遍采用诸如热备份、双电源、双数据通路等传统冗余技术，从而使得骨干路由器的可靠性一般不成问题。骨干级路由器的主要瓶颈在于如何快速地通过路由表查找某条路由信息，通常是将一些访问频率较高的目的端口放到 Cache 中，从而达到提高路由查找效率的目的。

②企业级路由器

企业或校园级路由器连接许多终端系统，连接对象较多，但系统相对简单，且数据流量较小，对这类路由器的要求是以尽量方便的方法实现尽可能多的端点互连，同时还要求能够支持不同的服务质量。使用路由器连接的网络系统因能够将机器分成多个广播域，所以可以方便

地控制一个网络的大小。此外,路由器还可以支持一定的服务等级(服务的优先级别)。由于路由器的每端口造价相对较贵,在使用之前还要求用户进行大量的配置工作,因此,企业级路由器的成败就在于是否可提供一定数量的低价端口、是否容易配置、是否支持 QoS、是否支持广播和组播等多项功能。

③接入级路由器

接入级路由器主要应用于连接家庭或 ISP 内的小型企业客户群体。接入路由器要求能够支持多种异构的高速端口,并能在各个端口上运行多种协议。

(2)路由器的选购性能指标

①吞吐量

吞吐量是核心路由器的数据包转发能力。吞吐量与路由器的端口数量、端口速率、数据包长度、数据包类型、路由计算模式(分布或集中)以及测试方法有关,一般泛指处理器处理数据包的能力,高速路由器的数据包转发能力至少能够达到 20Mpps 以上。吞吐量包括整机吞吐量和端口吞吐量两个方面,整机吞吐量通常小于核心路由器所有端口吞吐量之和。

②路由表能力

路由器通常依靠所建立及维护的路由表来决定包的转发。路由表能力是指路由表内所容纳路由表项数量的极限。由于在 Internet 上执行 BGP 协议的核心路由器通常拥有数十万条路由表项,所以该项目也是路由器能力的重要体现。一般而言,高速核心路由器应该能够支持至少 25 万条路由,平均每个目的地址至少提供 2 条路径,系统必须支持至少 25 个 BGP 对等以及至少 50 个 IGP 邻居。

③背板能力

背板指的是输入与输出端口间的物理通路,背板能力通常是指路由器背板容量或者总线带宽能力,这个性能对于保证整个网络之间的连接速度是非常重要的。如果所连接的两个网络速率都较快,而由于路由器的带宽限制,这将直接影响整个网络之间的通信速度。所以一般来说如果是连接两个较大的网络,且网络流量较大,此时,就应格外注意一下路由器的背板容量,但如果是在小型企业网之间,一般来说这个参数就不太重要了,因为一般来说路由器在这方面都能满足小型企业网之间的通信带宽要求。

④丢包率

丢包率是指核心路由器在稳定的持续负荷下,由于资源缺少而不能转发的数据包在应该转发的数据包中所占的比例。丢包率通常用作衡量路由器在超负荷工作时核心路由器的性能。丢包率与数据包长度以及包发送频率相关,在一些环境下,可以加上路由抖动或大量路由后进行测试模拟。

⑤时延

时延是指数据包第一个比特进入路由器到最后一个比特从核心路由器输出的时间间隔。该时间间隔是存储转发方式工作的核心路由器的处理时间。时延与数据包的长度以及链路速率都有关系,通常是在路由器端口吞吐量范围内进行测试。时延对网络性能影响较大,作为高速路由器,在最差的情况下,要求对 1518 字节及以下的 IP 包时延必须小于 1ms。

⑥时延抖动

时延抖动是指时延变化。数据业务对时延抖动不敏感,所以该指标通常不作为衡量高速核心路由器的重要指标。当网络上需要传输语音、视频等数据量较大的业务时,该指标才有测试的必要性。

⑦背靠背帧数

背靠背帧数是指以最小帧间隔发送最多数据包不引起丢包时的数据包数量。该指标用于测试核心路由器的缓存能力。具有线速全双工转发能力的核心路由器,该指标值无限大。

⑧服务质量能力

服务质量能力包括队列管理控制机制和端口硬件队列数两项指标。其中:队列管理控制机制是指路由器拥塞管理机制及其队列调度算法。常见的方法有 RED、WRED、WRR、DRR、WFQ、WF2Q 等。端口硬件队列数指的是路由器所支持的优先级是由端口硬件队列来保证的,而每个队列中的优先级又是由队列调度算法进行控制的。

⑨网络管理能力

网络管理是指网络管理员通过网络管理程序对网络上资源进行集中化管理的操作,包括配置管理、计账管理、性能管理、差错管理和安全管理。设备所支持的网管程度体现设备的可管理性与可维护性,通常使用 SNMPv2 协议进行管理。网管力度指示路由器管理的精细程度,如管理到端口、到网段、到 IP 地址、到 MAC 地址等,管理力度可能会影响路由器的转发能力。

(3)主流路由器品牌

2011 年,中国企业路由器市场的竞争较为激烈。D-LINK 以 30.7% 的关注份额夺魁,成为了企业路由器市场最受关注的品牌,H3C 紧随其后,关注份额为 25.0%,华为和飞鱼星分列第三、第四,其他品牌关注份额均不足 5%。观察可以看出,榜单上各品牌的关注份额之间差距较大。2011—2012 年中国企业路由器市场研究年度报告如图 1-25 所示。

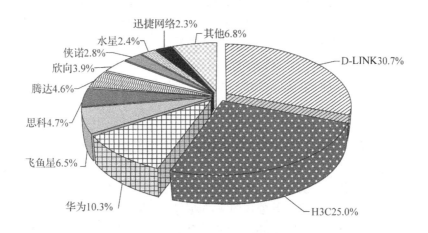

图 1-25　2011 年中国企业路由器市场品牌关注度分布

由于市场竞争的品牌较多,竞争的激烈程度在不断加剧。对比 2010 年和 2011 年品牌关注榜的榜单可以看出,各品牌的关注份额和排名变化均较大。其中,曾经夺魁的 TP-LINK 在 2011 年跌出了前十名;D-LINK 关注份额大涨 18 个百分点,一跃成为品牌榜的冠军;H3C、华为、飞鱼星等品牌的关注份额和排名均有不小的提高,而思科、腾达等品牌则相反。各品牌在市场中进行竞争就犹如逆水行舟,不进则退。

3. 防火墙及其选型

（1）包过滤技术防火墙、状态检测防火墙和应用代理防火墙

防火墙按其所采用的技术进行分类可分为包过滤防火墙、状态检测防火墙和应用代理防火墙。

① 包过滤防火墙

包过滤技术防火墙工作在 OSI 网络参考模型的网络层和传输层，它根据数据报文中的源地址、目的地址、端口号和协议类型等标志确定是否允许通过。只有满足过滤条件的报文才被转发到相应的目的地，其余报文则被从数据流中丢弃。

在整个防火墙技术的发展过程中，包过滤技术出现了两种不同版本，称为"第一代静态包过滤"和"第二代动态包过滤"。

- 第一代静态包过滤防火墙

这类防火墙几乎是与路由器同时产生的，它是根据定义好的过滤规则审查每个数据报文，以便确定其是否与某一条包过滤规则相匹配。过滤规则基于数据包的报头信息进行制订，报头信息中包括 IP 源地址、IP 目标地址、传输协议（TCP、UDP、ICMP 等）、TCP/UDP 目标端口、ICMP 消息类型等。包过滤类型的防火墙要遵循的一条基本原则是"最小特权原则"，即明确允许那些管理员希望通过的数据包，禁止其他的数据包。

- 第二代动态包过滤防火墙

这类防火墙采用动态设置包过滤规则的方法，避免了静态包过滤所存在的问题。动态包过滤功能在保持原有静态包过滤技术和过滤规则的基础上，会对已经成功与计算机连接的报文传输进行跟踪，并且判断该连接发送的数据包是否会对系统构成威胁，一旦触发其判断机制，防火墙就会自动产生新的临时过滤规则或者把已经存在的过滤规则进行修改，从而阻止该有害数据的继续传输。现代的包过滤防火墙均为动态包过滤防火墙。

基于包过滤技术的防火墙是依据过滤规则的实施来实现包过滤的，不能满足建立精细规则的要求，而且只能工作于网络层和传输层，不能判断高层协议里的数据是否有害，但价格廉价，容易实现。

② 状态检测防火墙

状态监视技术是继"包过滤"技术和"应用代理"技术后发展的防火墙技术，这种防火墙技术通过一种被称为"状态监视"的模块，在不影响网络安全正常工作的前提下采用抽取相关数据的方法对网络通信的各个层次实行监测，并根据各种过滤规则作出安全决策。

状态监视技术在保留了对每个数据包的头部、协议、地址、端口、类型等信息进行分析的基础上，进一步发展了"会话过滤"功能，在每个连接建立时，防火墙会为这个连接构造一个会话状态，里面包含了这个连接数据包的所有信息，以后这个连接都基于这个状态信息进行，这种检测的高明之处是能对每个数据包的内容进行监视，一旦建立了一个会话状态，则此后的数据传输都要以此会话状态作为依据。状态监视可以对数据包的内容进行分析，从而摆脱了传统防火墙仅局限于几个包头部信息的检测弱点，而且这种防火墙不必开放过多端口，进一步杜绝了可能因为开放端口过多而带来的安全隐患。

③ 应用代理防火墙

由于包过滤技术无法提供完善的数据保护措施，而且一些特殊的报文攻击仅仅使用过滤的方法并不能消除危害（如 SYN 攻击、ICMP 洪水等），因此人们需要一种更全面的防火墙保护技术，这就是采用"应用代理"（Application Proxy）技术的防火墙。

应用代理型防火墙是工作在OSI的最高层,即应用层。其特点是完全"阻隔"了网络通信流,通过对每种应用服务编制专门的代理程序,实现监视和控制应用层通信流的作用。

应用代理防火墙也叫应用层网关(Application Gateway)防火墙。这种防火墙通过一种代理(Proxy)技术参与到一个TCP连接的全过程,从内部发出的数据包经过这样的防火墙处理后,就好像是源于防火墙外部网卡一样,从而可以达到隐藏内部网结构的作用,它的核心技术就是代理服务器技术。

所谓代理服务器,是指代表客户在服务器上处理用户连接请求的程序。当代理服务器收到一个客户的连接请求时,服务器将核实该客户请求,并经过特定的安全化的Proxy应用程序处理连接请求,将处理后的请求传递到真实的服务器上,然后接收服务器应答,并做进一步处理后,将答复交给发出请求的最终客户。

在代理型防火墙技术的发展过程中,它也经历了两个不同的版本,即:第一代应用网关型代理防火墙和第二代自适应代理防火墙。

代理型防火墙的最突出的优点就是安全。由于每一个内外网络之间的连接都要通过Proxy的介入和转换,通过专门为特定的服务如Http编写的安全化的应用程序进行处理,然后由防火墙本身提交请求和应答,没有给内外网络的计算机以任何直接会话的机会,从而避免了入侵者使用数据驱动类型的攻击方式入侵内部网。

(2)选购防火墙的基本原则

①首先明确防火墙的防范范围,亦即允许哪些应用要求允许通过,哪些应用要求不允许通过。

②其次要明确想要达到什么级别的监测和控制。根据网络用户的实际需要,建立相应的风险级别,随之便可形成一个需要监测、允许、禁止的清单。

③第三就是费用问题。防火墙的售价极为悬殊,安全性越高,实现越复杂,费用也相应的越高,反之费用较低。可以根据现有经济条件尽可能科学地配置各种防御措施,使防火墙充分发挥作用。

(3)选购防火墙的基本技巧

选购防火墙重点应把握住品牌、性能、价格和服务等四个基本要素。

①品牌:品质的保证。作为企业信息安全保护最基础的硬件,防火墙在企业网络整体防范体系中占据着重要的地位。一款反应和处理能力不高的防火墙,不但保护不了企业的信息安全,甚至会成为安全的最大隐患,许多黑客就是重点对防火墙进行攻击的,一旦攻击得逞,就可以在整个系统内为所欲为。因此,选购防火墙需要谨慎,应购买具有品牌优势,质量信得过的产品。目前市场上的防火墙产品虽然众多,但有品牌优势的并不多。大致说来,国外的主要品牌有思科、赛门铁克、诺基亚等,国内的主流厂商则有天融信、启明星辰、联想网御、清华得实、瑞星等。最近几年,国内防火墙技术发展非常迅速,已具备一定实力,特别在行业低端应用上,与国外不相上下,而价格与服务上明显优于国外。对于在高端功能应用不多的中小企业来说,选择国内品牌,性价比更高。

②性能:只选适合不选最高。面对市场上标榜自己技术最先进、功能最强大的各种防火墙,用户往往有点无从选择的感觉。其实,一款适合企业自身应用的防火墙,不一定是技术最高超的,而应是最能满足企业需要的。在选择的过程中,应从下面几个方面综合考虑。产品本身应该安全可靠,许多用户把视线集中在防火墙的功能上,却忽略它本身的安全问题,这很容易使防火墙成为黑客攻击的突破口;产品应有良好的扩展性与适应性,黑客攻击与反攻击的斗

争在不断持续和升级,网络随时都面临新攻击的威胁,而新的危险来临时,防火墙需要采用新的对策,这就要求它必须具有良好的可扩展性与适应性;对防火墙的基本性能,如效率与安全防护能力、网络吞吐量、提供专业代理的数量以及与其他信息安全产品的联动等,当然也必须好好考虑,原则是在预算范围内,选择最好的。

③价格:并非越贵越好。目前市场上的防火墙产品众多,而价格从几百元到几百万元不等。不同价格的防火墙,带来的自然是安全程度的不同。如:100~500PC用户数量区间的企业网络、ISP、ASP、数据中心等部门,在这个区间的防火墙应当较多考虑高容量、高速度、低延迟、高可靠性以及防火墙本身的健壮性等特点。这个区间的防火墙报价一般在20万元左右,成交价格是公开报价2~3折,实际的成交价格一般仅在数万元,甚至更低。同时单一的防火墙与整套防火墙解决方案的安全保护能力不同,价格相差更加悬殊,对于有条件的企业来说,最好选择整套企业级的防火墙解决方案。目前国外产品集中在行业高端市场,价格都比较昂贵。对于规模较小的企业来说,可以选择国内的产品,同样能获得比较完整的安全防范解决方案,而在价格上只需几万元,比国外品牌同类产品低很多。

(4)服务:应该细致周到。好的防火墙,应该是企业整体网络的保护者,能弥补其他操作系统的不足,并支持多种平台。而防火墙在恒久的使用过程中,可能出现一些技术问题,需要有专人进行维修和维护。同时,由于攻击手段的层出不穷,与防病毒软件一样,防火墙也需要不断地进行升级和完善。因此用户在选择防火墙时,除了考虑性能与价格外,还应考虑厂商提供的售后服务。

三、任务实施

【任务目的】
掌握中小型企业网络设备互联及选型。

【任务设备】
交换机选型:核心交换机S6及以上系列2台;汇聚交换机S3及以上系列5台;接入交换机S2及以上系列若干台

路由器的选型:路由型核心交换机S6及以上系列2台;路由型防火墙1台

传输设备:单模光纤若干;多模光纤若干;双绞线

【任务拓扑】
使用亿图工具绘制本案例文化中心的交换网络三层拓扑结构如图1-26所示。

【任务步骤】

1. 接入交换机的选型(以锐捷交换机为例)

(1)全千兆接入

在越来越多的应用成为带宽杀手的时代,百兆带宽日益吃紧,难以满足未来5年需要。锐捷RG-S2900-E系列提供全千兆接入,充分匹配当前PC标准配置的千兆网卡,实现全千兆接入,满足互联网信息爆炸以及带宽提升需求。

(2)接入安全深度控制

接入交换机是用户进入网络的入口,所谓"病从口入",接入交换机的安全控制,是全网安全控制的核心。RG-S2900-E系列作为全千兆接入设备,提供从端口安全到防ARP欺骗,到ACL各个层面的安全控制。确保接入安全。

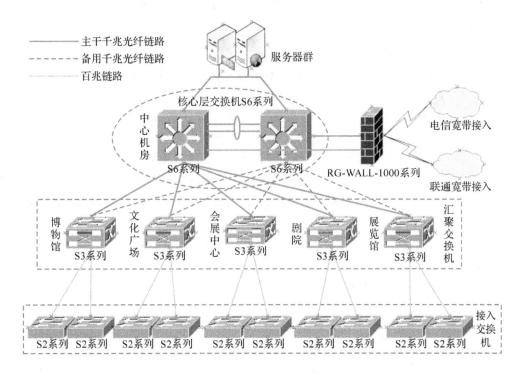

图 1-26 文化中心三层网络拓扑结构

（3）灵活安全身份认证

RG-S2900-E 系列提供 802.1X 和 Web Protal 两种认证方式，更灵活更方便。对于需要高安全控制的用户采用 802.1X 认证方式，对于弱安全，强调认证方便的用户采用 Web Protal 的认证方式。

（4）绿色静音节能

RG-S2900-E 系列作为全千兆接入交换机，24 口型号 RG-S2928G-E 功耗 31.5W，48 口型号 RG-S2952G-E 功耗 55.4W，在业内同档次产品中，功耗最低。RG-S2928G-E 是业内同档次产品中，唯一采用无风扇静音设计的产品。

综合以上性能因素，本方案建议采用 RG-S2952G-E 交换机。如果考虑网络规模及成本等情况，可以选择锐捷 RG-S2100 系列或者其他 RG-S2 系列。

2. 汇聚交换机的选型（以锐捷交换机为例）

汇聚层，是多台接入层交换机的汇聚点，它必须能够处理来自接入层设备的所有通信量，并提供到核心层的上行链路，因此汇聚层交换机与接入层交换机比较，需要更高的性能，更少的接口和更高的交换速率。这一层的功能主要是实现以下一些策略：

（1）路由（即文件在网络中传输的最佳路径）；

（2）访问表，包过滤和排序，网络安全如防火墙等；

（3）重新分配路由协议，包括静态路由；

（4）在 vlan 之间进行路由，以及其他工作组所支持的功能；

（5）定义组播域和广播域。这一层主要是实现策略的地方。

锐捷网络汇聚层交换机产品主要有 RG-S3250E 系列、RG-S3760E 系列、RG-S5750 系列、

RG-S5750-S 系列、RG-S5750-L 系列和 RG-S5750-E 系列。根据本网络规模及成本情况,可以考虑选购 RG-S3250E 系列和 RG-S3760E 系列。

3. 核心交换机的选型(以锐捷交换机为例)

核心层:位于顶层,主要负责可靠和迅速的传输大量的数据流。用户的数据是在分配层进行处理的,如果需要的话,汇聚层会将请求发送到核心层。如果这一层出现了故障将会影响到每一个用户,所以容错也比较重要。所以在这一层不要做任何影响通信流量的事情,如访问表,vlan 和包过滤等。也不要在这一层接入工作组。当网络扩展时(比如添加路由器),应该避免扩充核心层。但是如果核心层的性能成了问题,就应该直接升级而不是扩充。在设计这一层时应该着重考虑传输速率,所以最好使用比较优秀的技术,如 FDDI,千兆以太网,甚至是 ATM。最后一点是要选择收敛时间短的路由协议,否则快速和有冗余的数据链路连接就没有意义。这一层的功能主要是实现以下一些策略:

(1) 第 3 层支持;
(2) 极高的转发速率;
(3) 千兆以太网/万兆以太网;
(4) 冗余组件;
(5) 链路聚;
(6) 服务质量(QoS)。

锐捷网络核心层交换机产品主要有 RG-S6800 系列、RG-S7600 系列、RG-S7800 系列、RG-S8600 系列和 RG-S9600。根据本网络规模及成本情况,可以考虑选购 RG-S6800E 系列和 RG-S7800E 系列。

4. 防火墙的选型(以锐捷防火墙为例)

防火墙指的是一个由软件和硬件设备组合而成、在内部网和外部网之间、专用网与公共网之间的界面上构造的保护屏障。是一种获取安全性方法的形象说法,它是一种计算机硬件和软件的结合,使 Internet 与 Intranet 之间建立起一个安全网关(Security Gateway),从而保护内部网免受非法用户的侵入,防火墙主要由服务访问规则、验证工具、包过滤和应用网关 4 个部分组成,防火墙就是一个位于计算机和它所连接的网络之间的软件或硬件。该计算机流入流出的所有网络通信和数据包均要经过此防火墙。

锐捷网络在安全产品方面已经拥有 RG-WALL 防火墙系列、RG-WG 系列锐捷 WebGuard 应用保护系统、RG-IDP 系列入侵检测防御系统、RG-DBS 系列数据库安全审计系统等产品,能够为客户提供完整的端到端安全解决方案。根据本网络规模及成本情况,可以考虑选购 RG-WALL 1600 系列和 RG-WALL 160 系列。

四、归纳总结

1. 选择交换机的基本原则

(1) 适用性与先进性相结合的原则:不同品牌的交换机产品价格差异较大,功能也不一样,因此选择时不能只看品牌或追求高价,也不能只看价钱低的,应该根据应用的实际情况,选择性能价格比高,既能满足目前需要,又能适应未来几年网络发展的交换机。

(2) 选择市场主流产品的原则:选择交换机时,应选择在国内市场上有相当的份额,具有高性能、高可靠性、高安全性、高可扩展性、高可维护性的产品,如中兴、3Com、华为的产品市场份额较大。

(3) 安全可靠的原则：交换机的安全决定了网络系统的安全，选择交换机时这一点是非常重要的，交换机的安全主要表现在 VLAN 的划分、交换机的过滤技术。

(4) 产品与服务相结合的原则：选择交换机时，既要看产品的品牌又要看生产厂商和销售商品是否有强大的技术支持、良好的售后服务，否则买回的交换机出现故障时既没有技术支持又没有产品服务，使企业蒙受损失。

2. 选择路由器的基本原则

(1) 实用性原则：采用成熟的、经实践证明其实用性的技术。这能满足现行业务的管理，又能适应 3～5 年的业务发展的要求；

(2) 可靠性原则：设计详细的故障处理及紧急事故处理方案，保证系统运行的稳定性和可靠性；

(3) 标准性和开放性原则：网络系统的设计符合国际标准和工业标准，采用开放式系统体系结构；

(4) 先进性原则：所使用的设备应支持 VLAN 划分技术、HSRP（热备份路由协议）技术、OSPF 等协议，保证网络的传输性能和路由快速改敛性，抑制局域网内广播风暴，减少数据传输延时；

(5) 安全性原则：系统具有多层次的安全保护措施，可以满足用户身份鉴别、访问控制、数据完整性、可审核性和保密性传输等要求；

(6) 扩展性原则：在业务不断发展的情况下，路由系统可以不断升级和扩充，并保证系统的稳定运行；

(7) 性价比：不盲目追求高性能产品，要购买适合自身需求的产品。

3. 选择防火墙的基本原则

(1) 总拥有成本和价格：防火墙产品作为网络系统的安全屏障，其总拥有的成本不应该超过受保护网络系统可能遭受最大损失的成本。防火墙的最终功能将是管理的结果，而非工程上的决策。

(2) 明确系统需求：即用户需要什么样的网络监视、冗余度以及控制水平。可以列出一个必须监测怎样的传输、必须允许怎样的传输流通行，以及应当拒绝什么传输的清单。

(3) 应满足企业特殊要求：企业安全政策中的某些特殊需求并不是每种防火墙都能提供的，这常会成为选择防火墙时需考虑的因素之一，比如：加密控制标准，访问控制，特殊防御功能等。

(4) 防火墙的安全性：防火墙产品最难评估的方面是防火墙的安全性能，普通用户通常无法判断。用户在选择防火墙产品时，应该尽量选择占市场份额较大同时又通过了国家权威认证机构认证测试的产品。

(5) 防火墙产品主要需求：企业级用户对防火墙产品主要需求是：内网安全性需求，细度访问控制能力需求，VPN 需求，统计、计费功能需求，带宽管理能力需求等，这些都是选择防火墙时侧重考虑的方面。

(6) 管理与培训：管理和培训是评价一个防火墙好坏的重要方面。人员的培训和日常维护费用通常会占据较大的比例。一家优秀的安全产品供应商必须为其用户提供良好的培训和售后服务。

(7)可扩充性：网络的扩容和网络应用都有可能随着新技术的出现而增加，网络的风险成本也会急剧上升，因此便需要增加具有更高安全性的防火墙产品。

五、任务思考

1. 交换机、路由器和防火墙的品牌有哪些？
2. 接入交换机、汇聚交换机与核心交换机如何选购？
3. 路由器与防火墙如何选购？

项目二 网络设备 IP 规划与配置

某公司分为总部、销售与配送部门、零售店 3 层结构。公司总部网络组成为：市场部 100 人之内，总经办在 7~12 人之间，工程部 32~60 人，财务部 4~6 人，后勤部 22~30 人，人事处 3~4 人。总部在全国 30 个地区都有销售部与和配送部门，每个部门通过 2 条链路与总部的主干路由器连接。每个销售与配送部门均有管理处、市场处、工程处、财务处、后勤处、人事处 6 个处室，其人数均在 30 之内。每个地区还有多个与公司总部级联的下属零售店（不超过 100 个），每个零售店有 1 个 LAN，最多连接 14 台计算机。请给出合理的 IP 地址分配方案，满足所有部门的需求并尽量节约 IP 地址资源，给出每个部门子网的子网地址和子网掩码。

该公司网络拓扑结构如图 2-1 所示。

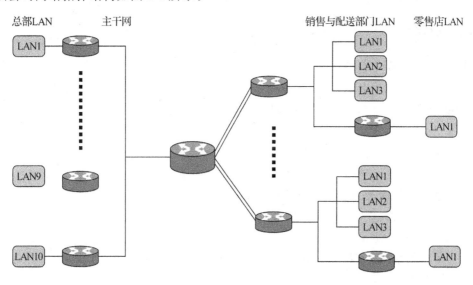

图 2-1　某公司网络拓扑结构

一、教学目标

最终目标：通过对中小型企业 IP 地址划分与规划，理解 IP 地址分类及作用，掌握 IP 地址的分配原则，掌握如何划分中小型企业的 IP 规划与子网划分。

促成目标：

1. 了解 IP 地址分类；
2. 掌握了网划分原则及方法；
3. 理解 VLSM 和 CIDR 原理；

4. 掌握 IP 子网地址的划分和应用。

二、工作任务

1. 家居办公网络 IP 地址规划及配置；
2. 小型企业办公网络 IP 地址规划及配置；
3. 大中型企业办公网络 IP 地址规划及配置。

任务一　家居办公网络 IP 地址规划及配置

一、情境描述

随着 ADSL 的普及,为了共享上网,SOHO 宽带路由器也开始走入千家万户了,可是很多人对这个时髦的东西不会使用,经常会出现上不了网或者网速很慢,而且 PC 很容易中病毒等现象。而随着无线 SOHO 路由器的使用,经常会发现有人蹭网,并且利用无线网络进行攻击局域网 PC,根据这些情况,作为 SOHO 宽带路由器使用者,你将通过配置路由器,关闭路由器 DHCP 功能,每台 PC 机的 TCP/IP 地址手工配置解决上述这些问题。

二、知识储备

1. IP_V4 地址定义及表示

所谓 IP 地址就是给每个连接在 Internet 上的主机分配的一个 32bit(4 字节)地址。IP 地址就好像电话号码:有了某人的电话号码,你就能与他通话了。同样,有了某台主机的 IP 地址,你就能与这台主机通信了。

(1)IP 网络中每台主机都必须有一个惟一的 IP 地址；
(2)IP 地址是一个逻辑地址；(与 MAC 地址比较一下)；
(3)因特网上的 IP 地址具有全球唯一性；
(4)32 位,4 个字节,常用点分的十进制标记法；如 11001000.10101000.00000000.00000001 记为 192.168.0.1。
(5)IP 地址的结构:网络号(netid)＋主机号(hostid),如 192.168.1.10 表示如下：

- 网络号:192.168.1
- 网络地址:192.168.1.0
- 主机号:10
- 主机地址:192.168.1.10
- 广播地址:192.168.1.255

(6)主机号的所有位全为"0"或全为"1"的 IP 地址不用于表示单个主机,主机号的所有位全为"0"是网络地址,如 192.168.1.0；主机号的所有位全为"1"是广播地址,如 192.168.1.255。

2. IP_V4 地址分类

IP 地址分为五类,A 类保留给政府机构,B 类分配给中等规模的公司,C 类分配给任何需要的人，D 类用于组播，E 类用于实验，各类可容纳的地址数目不同。如图 2-2 所示。

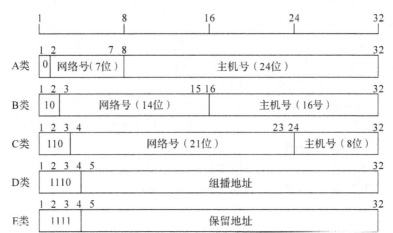

图 2-2　IPv4 分类

1) A 类地址：第 1 个字节代表网络号，后 3 个代表主机，范围是 0xxxxxxx，即 0～127，其中 0 和 127 保留，所以实际使用的只是 1～126。A 类地址的范围：1.0.0.1～126.255.255.254。

2) B 类地址：前 2 个字节代表网络号，后 2 个代表主机位，范围是 10xxxxxx，即 128～191。B 类地址的范围：128.0.0.1～191.255.255.254。

3) C 类地址：前 3 个字节代表网络号，后 1 个代表主机位，范围是 110xxxxx，即 192～223。C 类地址的范围：192.0.0.1～223.255.255.254。

4) D 类地址：多播地址，范围是 224 到 239。

5) E 类地址：保留用作实验的地址，范围是 240 到 255。

3. 子网掩码

子网掩码用来判断任意两个 IP 地址是否属于同一子网络，只有在同一子网的计算机才能直接通信。子网掩码中用二进制的 1 表示网络位，0 表示主机位，默认 A 类、B 类和 C 类 3 种主类地址的子网掩码分别为 255.0.0.0(/8)、255.255.0.0(/16) 和 255.255.255.0(/24)。子网掩码必须由连续的 1 位或者连续的 0 位构成，1 中间不能空 0 出现，如图 2-3 所示。

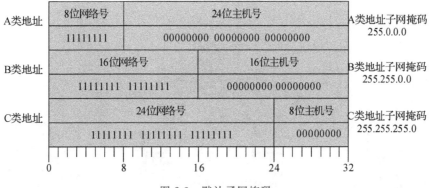

图 2-3　默认子网掩码

4. IP$_V$4 特殊的 IP 地址

(1)本地回环(loopback)测试地址 127.0.0.1。

(2)本地广播地址 255.255.255.255。路由器不转发此广播数据包到其他网段。

(3)代表任何网络 0.0.0.0。多用于默认路由。

(4)网络号全为 0 代表本网络所有主机。

(5)主机位全为 0 代表某个网段的任何主机地址,即网络地址。如:192.168.1.0。

(6)主机位全为 1 代表该网段的所有主机,即直接广播地址。如:192.168.1.255。路由器转发本网段的数据包到其他网段。

(7)169.254.X.X 是保留地址。如果你的 IP 地址是自动获取 IP 地址,而你在网络上又没有找到可用的 DHCP 服务器,就会得到其中一个 IP。如 169.254.1.1。

5. 私有 IP$_V$4 地址

IP$_V$4 中为了节约 IP 地址空间,增加网络的安全性,保留了一些 IP 地址段作为私网的 IP 地址。私有 IP 地址不能在 Internet 上使用,处于私有 IP 地址的网络称为内网或私网。局域网主要使用私有地址,要与 Internet 进行通信时,必须通过网络地址转换(NAT)。

私有 IP$_V$4 规定:只能用于局域网,不可以用于广域网,范围如下:

(1)A 类地址中:10,只有一个网段。

(2)B 类地址中:172.16.到 172.31,有 16 个网段。

(3)C 类地址中:192.168.0 到 192.168.255,有 256 个网段。

6. 网关和 DNS 服务服务器

(1)网关就是本局域网 PC 与路由器直接相连的路由器接口 IP 地址。

(2)DNS 服务器 IP 地址就是你装宽带所在网络运营商 ISP 提供的 DNS 服务器的 IP 地址,除非你单位已经拥有 DNS 服务器,家居办公网 SOHO 路由器使用网络运营商 ISP 的 DNS 服务器 IP 地址。

三、任务实施

1. 网络拓扑结构

家居办公网 SOHO 路由器 1 台,无线网卡笔记本 2 台,有线网卡 PC 机 2 台。如图 2-4 所示。

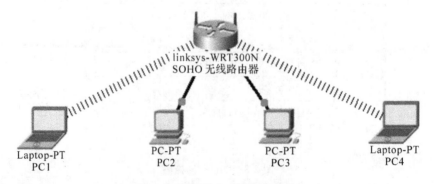

图 2-4 SOHO 办公网拓扑结构

2. TCP/IP 基本配置

(1)将线路连好,wan 口(本模拟器称为 Inetrnet 口)接外网(即 ADSL 或别的宽带),LAN 口接内网即你的电脑网卡；

(2)每个路由器都有默认的 LAN 口 IP 地址,看看说明书就知道,本模拟器是 192.168.0.1；

(3)配置静态 IP 地址：将自己的电脑 IP 配置为 192.168.0.x(本模拟器使用 192.168.0.2,必须与 LAN 口在同一网段),网关 192.168.0.1(就是路由器 LAN 口 IP 地址)和 DNS 服务器地址 61.153.177.196(你装宽带所在网络运营商 ISP 提供的 DNS 服务器的 IP 地址)；(真实环境如图 2-5 所示,模拟环境如图 2-6 所示)

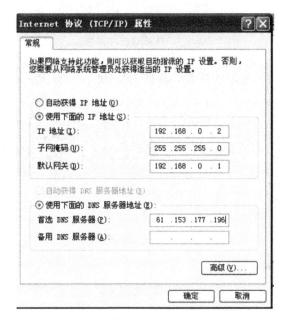

图 2-5　真实环境 PC 的 TCP/IP 设置

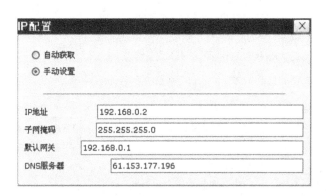

图 2-6　模拟环境 PC 的 TCP/IP 设置

(4)打开电脑上的 Internet Explorer,输入 http://192.168.0.1/,输入用户名和密码,出厂默认均为 admin(如图 2-7 所示),进入路由器的配置界面(如图 2-8 所示)；

(5)配置动态 IP 地址：配置路由器 DHCP 服务器并开启。如图 2-9 所示。PC2 自动获取 IP 地址如图 2-10 所示。

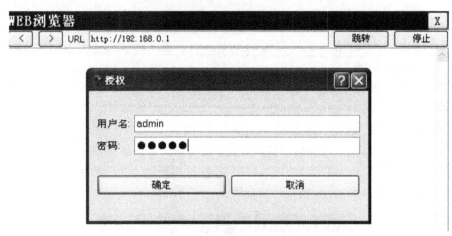

图 2-7　登录对话框设置

图 2-8　路由器配置界面

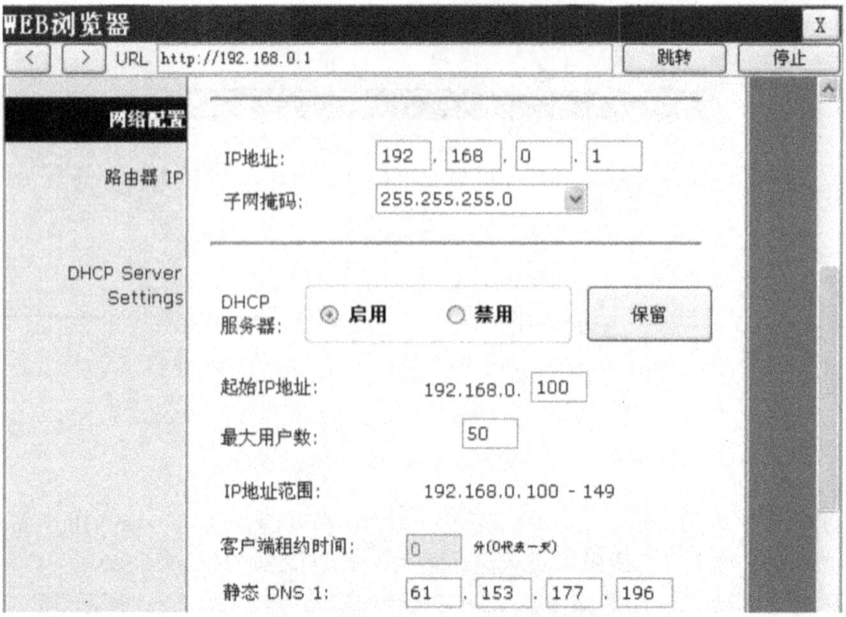

图 2-9　路由器 DHCP 配置界面

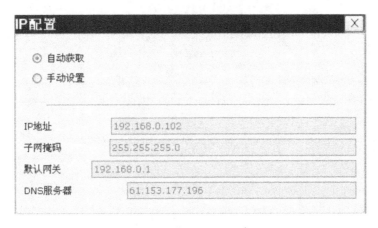

图 2-10　动态获取 IP 地址界面

3.IP 地址、MAC 地址和端口绑定

(1)在 PC 上进行绑定：局域网中采用静态 IP 地址分配，并用代理服务器接入 Internet，在服务器端可用以下命令绑定 IP 地址和 MAC 地址：ARP-s IP 地址 MAC 地址。如图 2-11 所示。

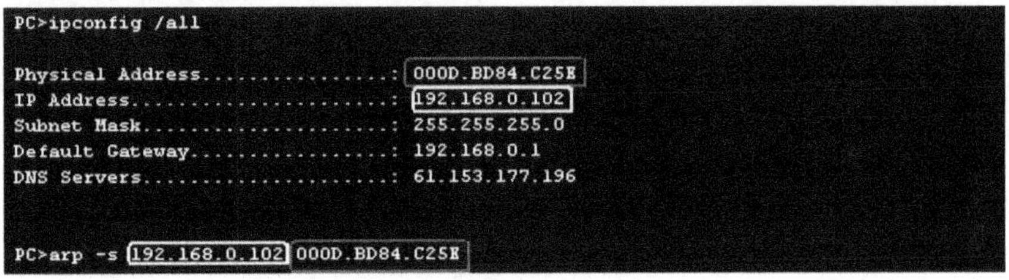

图 2-11　PC 上用命令绑定 IP 和 MAC

(2)通过路由器 DHCP 服务器绑定：局域网中，如果是动态分配 IP 地址，可在 DHCP 服务器中实现 IP 地址和 MAC 地址的绑定。在如图 2-12 左侧菜单中选择"静态地址分配"选项显示所示对话框，可以在本页中设置绑定局域网计算机的 IP 地址，前提是要通过 ipconfig、nbtstat 等命令获取局域网计算机网卡的 MAC 地址，这样就为局域网中的计算机绑定静态 IP 地址。

4.无线接入安全

(1)禁用 DHCP 功能

DHCP 是 Dynamic HostConfiguration Protocol(动态主机分配协议)缩写，主要功能就是帮助用户随机分配 IP 地址，省去了用户手动设置 IP 地址、子网掩码以及其他所需要的 TCP/IP 参数的麻烦。这本来是方便用户的功能，但却被很多别有用心的人利用。一般的路由器 DHCP 功能是默认开启的，这样所有在信号范围内的无线设备都能自动分配到 IP 地址，这就留下了极大的安全隐患。攻击者可以通过分配的 IP 地址轻易得到很多你的路由器的相关信息，所以禁用 DHCP 功能非常必要。如图 2-13 所示。

(2)采用 WPA 加密而不采用 WEP 加密

现在很多的无线路由器都拥有了无线加密功能，这是无线路由器的重要保护措施，通过对无线电波中的数据加密来保证传输数据信息的安全。一般的无线路由器或 AP 都具有 WEP

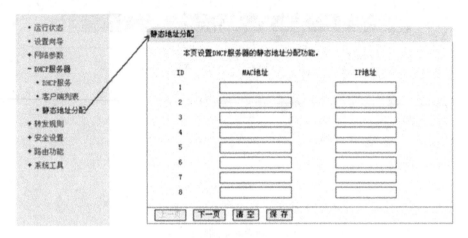

图 2-12　路由器 DHCP 服务器绑定 IP 和 MAC

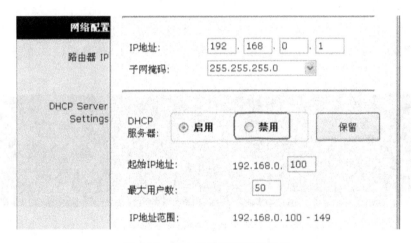

图 2-13　路由器禁用 DHCP 功能

加密和 WPA 加密功能，WEP 一般包括 64 位和 128 位两种加密类型，只要分别输入 10 个或 26 个 16 进制的字符串作为加密密码就可以保护无线网络。WEP 协议是对在两台设备间无线传输的数据进行加密的方式，用以防止非法用户窃听或侵入无线网络，但 WEP 密钥一般是是保存在 Flash 中，所以有些黑客可以利用你网络中的漏洞轻松进入你的网络。WEP 加密出现的较早，现在基本上都已升级为 WPA 加密，WPA 是一种基于标准的可互操作的 WLAN 安全性增强解决方案，可大大增强现有无线局域网系统的数据保护和访问控制水平；WPA 加强了生成加密密钥的算法，黑客即便收集到分组信息并对其进行解析，也几乎无法计算出通用密钥。WPA 的出现使得网络传输更加的安全可靠。如图 2-14 所示。

（3）关闭 SSID 广播

简单来说，SSID 便是你给自己的无线网络所取的名字。在搜索无线网络时，你的网络名字就会显示在搜索结果中。一旦攻击者利用通用的初始化字符串来连接无线网络，极容易入侵到你的无线网络中来，所以笔者强烈建议你关闭 SSID 广播。还要注意，由于特定型号的访问点或路由器的缺省 SSID 在网上很容易就能搜索到，比如"netgear，linksys 等"，因此一定要尽快更换掉。对于一般家庭来说选择差别较大的命名即可。关闭 SSID 后再搜索无线网络你会发现由于没有进行 SSID 广播，该无线网络被无线网卡忽略了，尤其是在使用 Windows XP

管理无线网络时,可以达到"掩人耳目"的目的,使无线网络不被发现。不过关闭 SSID 会使网络效率稍有降低,但安全性会大大提高,因此关闭 SSID 广播还是非常值得的。如图 2-15 所示。

图 2-14　路由器选择 WPA 加密

图 2-15　路由器关闭 SSID 广播

(4)IP 过滤和 MAC 地址过滤列表

由于每个网卡的 MAC 地址是唯一的,所以可以通过设置 MAC 地址列表来提高安全性。在启用了 IP 地址过滤功能后,只有 IP 地址在 MAC 列表中的用户才能正常访问无线网络,其他的不在列表中的就自然无法连入网络了。另外需要注意在"过滤规则"中一定要选择"仅允许已设 MAC 地址列表中已生效的 MAC 地址访问无线网络"选项,要不无线路由器就会阻止所有用户连入网络。对于家庭用户来说这个方法非常实用,家中有几台电脑就在列表中添加几台即可,这样既可以避免邻居"蹭网"也可以防止攻击者的入侵。如图 2-16 所示。

四、归纳总结

1. IP 地址的结构:网络号(netid)+主机号(hostid)。

(1)网络号标识了该主机(网络设备)所属的物理网络;

(2)主机号则是该主机在所属网络中的具体地址。

2. IP 地址划分为五类:A－E 类,常用的为 A、B、C 类,D 类地址为组播地址,E 类地址为

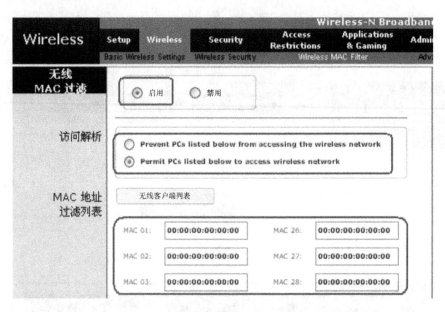

图 2-16 路由器 MAC 地址过滤列表

将来使用的保留地址。

(1)A 类地址的范围:1.0.0.1～126.255.255.254;

(2)B 类地址的范围:1.0.0.1～126.255.255.254;

(3)C 类地址的范围:1.0.0.1～126.255.255.254。

3.主机号的所有位全为"0"或全为"1"的 IP 地址不用于表示单个主机。

(1)主机号的所有位全为"0"是网络地址,用于标识一个网络,如 106.0.0.0 指明网络号为 106 的一个 A 类网络;

(2)主机号的所有位全为"1"是广播地址,如 106.255.255.255 用于向位于 106.0.0.0 网络上的所有主机广播。

4.私有地址,只能用于局域网,不可以用于广域网。

(1)A 类 10.0.0.0 — 10.255.255.255(大中型企业私有网络分配);

(2)B 类 169.254.0.0 —169.254.255.255(DHCP 自动获取 IP 获取不到时分配);

  172.16.0.0 - 172.31.255.255(中小型企业私有网络分配);

(3)C 类 192.168.0.0 - 192.168.255.255(小型企业私有网络分配)。

五、任务思考

1.在 SOHO 路由器配置中可采取什么措施制止 IP 地址冲突和 IP 地址盗用的现象发生?

2.有哪些措施可以防止 SOHO 无线网络接入安全?

3.某公司采用代理服务器接入 Internet,网络拓扑结构如图 2-17 所示。

在 host1 的 DOS 命令窗口中,运行 route print 命令显示其路由信息,得到的结果如图 2-18 所示。

(1) 主机 host1 网卡的 IP 地址、子网掩码、网关如何设置?

(2) 代理服务器网卡接口 2 的 IP 地址、子网掩码、网关如何设置?

(3) 代理服务器网卡接口 3 的 IP 地址、子网掩码、网关如何设置?

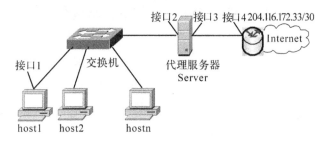

图 2-17　某公司网络拓扑结构

Active Routes

Network Destination	Netmask	Gateway	Interface	Metric
0.0.0.0	0.0.0.0	118.165.3.190	118.165.3.178	20
118.165.3.128	255.255.255.192	118.165.3.178	118.165.3.178	20
118.165.3.178	255.255.255.255	127.0.0.1	127.0.0.1	20
118.255.255.255	255.255.255.255	118.165.3.178	118.165.3.178	20
127.0.0.0	255.0.0.0	127.0.0.1	127.0.0.1	1
224.0.0.0	240.0.0.0	118.165.3.178	118.165.3.178	20
255.255.255.255	255.255.255.255	118.165.3.178	118.165.3.178	1

图 2-18　运行 route print 命令显示其路由信息

任务二　小型企业办公网络 IP 地址规划及配置

一、情境描述

假设你是某企业分公司的网络管理员，该企业为你们分公司分配了一个 C 类地址块 192.168.1.0/24。公司部门组成为：市场部 100 人之内，总经办在 7～12 人之间，工程部 32～60 人，财务部 4～6 人，后勤部 22～30 人，人事处 3～4 人。请你给出合理的 IP 地址分配方案，满足所有部门的需求并尽量节约 IP 地址资源，给出每个部门子网的子网地址和子网掩码。

二、知识储备

1. IP_V4 子网划分

(1)子网划分的原因：两级 IP 地址不够灵活，IP 地址空间没有全部利用。

(2)子网划分是把 IP 地址中的主机号划分成子网号和主机号两部分，从而把一个大型网络划分成许多较小的子网(subnet)。

(3)默认 IP 地址的结构：网络号＋主机号，如 192.168.1.100/24 表示如下：

- 网络号：192.168.1
- 网络地址：192.168.1.0
- 主机号：100
- 主机地址：192.168.1.100
- 广播地址：192.168.1.255

(4) 子网划分后的 IP 地址结构:网络号+子网号+主机号,如 192.168.1.100/27 表示如下:
- 子网号:96
- 子网地址:192.168.1.96
- 子网掩码:255.255.255.224
- (子网)主机号:4
- (子网)广播地址:192.168.1.127

(5) 子网划分是采用变子网掩码位来实现的,注意变子网掩码必须是连续的 1 位或者连续的 0 位。确定子网号,首先必须给定子网掩码。

例如:C 类地址 192.168.1.100

默认子网掩码:192.168.1.100/24

     11111111. 11111111. 11111111. 00000000=255.255.255.0

可借 1 位主机:192.168.1.100/25

     11111111. 11111111. 11111111. 10000000=255.255.255.128

可借 2 位主机:192.168.1.100/26

     11111111. 11111111. 11111111. 11000000=255.255.255.192

可借 3 位主机:192.168.1.100/27

     11111111. 11111111. 11111111. 11100000=255.255.255.224

可借 4 位主机:192.168.1.100/28

     11111111. 11111111. 11111111. 11110000=255.255.255.240

可借 5 位主机:192.168.1.100/29

     11111111. 11111111. 11111111. 11111000=255.255.255.248

可借 6 位主机:192.168.1.100/30

     11111111. 11111111. 11111111. 11111100=255.255.255.252

注:各类网络可以用来再划分子网的位数为主机的位数:A 类有 24 位可以借,B 类有 16 位可以借,C 类有 8 位可以借。然而实际上不可以让主机位全部都借出来,因为 IP 地址中必须要有主机位的部分,而且主机位部分剩下一位是没有意义的,所以在实际中可以借的位数是主机位数再减去 2。也就是说:A 类有 24-2=22 位可以借,B 类有 16-2=14 位可以借,C 类有 8-2=6 位可以借。

其中:IP 地址 192.168.1.100 与子网掩码 255.255.255.224 相与

 11000000. 10101000. 00000001. 01100100
 11111111. 11111111. 11111111. 11100000
 11000000. 10101000. 00000001. 01100000

解答:首先根据 IP 地址,确定 192.168.1.100/27 这是 C 类地址的子网划分,它在最后 8 位的原主机位借了 3 位为网络号,共 27 位掩码位。共划分为 $2^3=8$ 个子网,去掉全 0 和全 1 子网,有效子网 6 个,每个子网的主机位还剩下 5 位,因此每个子网主机数为 $2^5=32$(包括网络地址和广播地址),那么具有这种掩码的网络地址一定是 32 的倍数。而网络地址是该子网 IP 地址的开始,广播地址是子网 IP 地址的结束,因此网络地址是比主机地址小的最大的 32 的倍数的数。比 100 小的 32 的倍数的最大数是 96,所以网络地址是 192.168.1.96。而广播地址就是下一个网络的网络地址减 1。而下一个 32 的倍数是 128,因此可以得到广播地址为

192.168.1.127。所以192.168.1.100/27的网络范围为192.168.1.96～192.168.1.127。

192.168.1.100/27子网划分具体情况如表2-1所示：

表2-1 192.168.1.100/27子网划分情况

子网掩码借3位主机	IP主机范围	所在子网	主机范围
111 00000=224	192.168.1.0～31	000 00000	000 00000～000 11111(0～31)
111 00000=224	192.168.1.32～63	001 00000	001 00000～001 11111(32～63)
111 00000=224	192.168.1.64～95	010 00000	010 00000～010 11111(64～95)
111 00000=224	192.168.1.96～127	011 00000	011 00000～011 11111(95～127)
111 00000=224	192.168.1.128～159	100 00000	100 00000～100 11111(128～159)
111 00000=224	192.168.1.160～191	101 00000	101 00000～101 11111(160～191)
111 00000=224	192.168.1.192～223	110 00000	110 00000～110 11111(192～223)
111 00000=224	192.168.1.224～255	111 00000	111 00000～111 11111(224～255)

2. IP地址规划原则

(1)唯一性：一个IP网络中不能有两个主机采用相同的IP地址。

(2)简单性：地址分配应简单易于管理，降低网络扩展的复杂性，简化路由表的款项。

(3)连续性：连续地址在层次结构网络中易于进行路由汇总，大大缩减路由表，提高路由算法的效率。

(4)可扩展性：地址分配在每一层次上都要留有余量，在网络规模扩展时能保证地址总结所需的连续性

(5)灵活性：地址分配应具有灵活性，可借助可变长子网掩码技术(VLSM)，以满足多种路由策略的优化，充分利用地址空间

三、任务实施

1. 子网划分举例

某个单位分配了一个C类地址：200.100.10.0。根据本单位情况，假设需要5个子网，每个子网有25台主机。请问应该如何划分：

(1)对于子网划分，首先要确定子网号，要从最后8位中分出几位作为子网地址。
- 本题中根据要求需要5个子网，假设子网号n位
- 因为$2^n \geqslant 5$，所以$n \geqslant 3$(n可取值3,4,5,6,7)

(2)其次是确定每个子网的主机数，检查剩余的位数能否满足每个子网中主机台数的要求
- 本题中要求每个子网有25台主机。因为当子网位为n(n可取值3,4,5,6,7)时
- 每个子网的主机数为$2^{(8-n)}-2$
- 因此$2^{(8-n)}-2 \geqslant 25$，所以$n \leqslant 3$(n可取值1,2,3)。

(3)综合上面两个必要条件
- 首先满足子网数限制$n \geqslant 3$
- 同时满足主机数限制$n \leqslant 3$
- 所以$n=3$(n必须等于3)

- 子网掩码为 11111111.11111111.11111111.11100000000＝255.255.255.224

（4）子网地址可在 32、64、96、128、160、192 共 6 个子网上任意选择 5 个子网。

- 200.100.10.32～200.100.10.63
- 200.100.10.64～200.100.10.95
- 200.100.10.96～200.100.10.127
- 200.100.10.128～200.100.10.159
- 200.100.10.160～200.100.10.191
- 200.100.10.192～200.100.10.223

2．任务解析

假设你是某企业分公司的网络管理员，该企业为你们分公司分配了一个 C 类地址块 192.168.1.0/24。公司部门组成为：市场部 100 人之内，总经办在 7～12 人之间，工程部 32～60 人，财务部 4～6 人，后勤部 22～30 人，人事处 3～4 人。请你给出合理的 IP 地址分配方案，满足所有部门的需求并尽量节约 IP 地址资源，给出每个部门子网的子网地址和子网掩码。

第一步：计算公司需要 IP 地址数与分配的 IP 地址数是否够分配，分公司总共获得地址范围是 192.168.1.1～192.168.1.254 总计 254 个可用地址。公司需求最大的 IP 地址数为：

100＋12＋60＋6＋30＋4＝212＜254－12＝242　！此处证明地址还是够分配的

注：254－12 是因为公司有 6 个部门，每个部门是一个子网地址和一个广播地址 2×6＝12。

第二步：每个部门需要的 IP 地址数分析，计算需要的子网位和主机位，图表 2-2 所示。

表 2-2　计算需要的子网位和主机位

市场部：100 人之内	$2^{(8-n)}-2\geq100, n=1$	子网号：1 位	新主机号：7 位
总经办：7－12	$2^{(8-n)}-2\geq12, n=4$	子网号：4 位	新主机号：4 位
工程部：32－60 人	$2^{(8-n)}-2\geq60, n=2$	子网号：2 位	新主机号：6 位
财务部：4－6 人	$2^{(8-n)}-2\geq6, n=5$	子网号：5 位	新主机号：3 位
后勤部：22－30 人	$2^{(8-n)}-2\geq30, n=3$	子网号：3 位	新主机号：5 位
人事部：3－4 人	$2^{(8-n)}-2\geq4, n=5$	子网号：5 位	新主机号：3 位

第三步：确定 IP 分配方案，为避免 IP 的重复分配现象。一个简单的方法就是从大的子网到小的子网的 IP 地址分配原则来分配。如表 2-3 所示。

表 2-3　IP 分配方案

部　门	子网号	划分的子网	主机号
市场部	10000000	0～127,128～255	192.168.1.0～127
工程部	11000000	0～63,64～127,128～191,192～255	192.168.1.128～191
后勤部	11100000	0～31,32～63,64～95,96～127,128～159,160～191,192～223,224～255	192.168.1.192～223
总经办	11110000	0～15,16～31,32～47,48～63,64～79,80～95,96～111,112～127,128～143,144～159,160～175,176～191192～207,208～223,224～239,240～255	192.168.1.1224～239

续表

部门	子网号	划分的子网	主机号
财务部	11111000	0～7,8～15,16～23,24～31,32～39,40～47,48～55,56～6364～71,72～79,80～87,88～9596～103,104～111,112～119,120～127128～135,136～143,144～151,152～159160～167,168～175,176～183,184～191192～199,200～207,208～215,216～223224～231,232～239,240～247,248	192.168.1.240～247
人事部	11111000	～255	192.168.1.248～255

第四步:列出规划结果,如表 2-4 所示。

表 2-4 IP 规划结果

部门	子网地址	地址范围	子网掩码
市场部	192.168.1.0	192.168.1.0～192.168.1.127	255.255.255.128
工程部	192.168.1.128	192.168.1.128～192.168.1.191	255.255.255.192
后勤部	192.168.1.192	192.168.1.192～192.168.1.223	255.255.255.224
总经办	192.168.1.224	192.168.1.224～192.168.1.239	255.255.255.240
财务部	192.168.1.240	192.168.1.240～192.168.1.247	255.255.255.248
人事部	192.168.1.248	192.168.1.248～192.168.1.255	255.255.255.248

四、归纳总结

1. C 类地址均衡子网划分总结

(1)给定一个 C 类地址:24 位网络号＋8 位主机号,如:192.168.1.100/24。

(2)进行子网划分:

- 网络号不变:24 位,如:192.168.1。
- 原主机号＝子网号＋新的主机号＝8 位,如:192.168.1.100/27。

(3)假设子网号 n 位,则新的主机号$(8-n)$位,则对应的子网数目为:2^n 个,每个子网的 IP 地址数为 $2^{(8-n)}$,每个子网可用的 IP 地址数为 $2^{(8-n)}-2$。

(4)原 C 类地址空间＝子网数×每个子网的 IP 地址数,即 $256=2n \times 2^{(8-n)}=256$。

(5)原 C 类地址空间＝256＝子网掩码的最后一字节的值＋子网的 IP 地址数。

2. IP 地址规划的步骤

(1)获得网络最大子网数量与最大主机数;

(2)设计基本网络地址结构;

(3)计算子网络掩码;

(4)计算网络地址、广播地址与主机地址。

五、任务思考

1. 某网络地址块 192.168.4.0 中有 A、B、C、D 和 E 共计 5 台主机,IP 地址及掩码如表 2-5 所示。

表 2-5

主　机	IP 地址	子网掩码
A	192.168.4.112	255.255.255.224
B	192.168.4.120	255.255.255.224
C	192.168.4.161	255.255.255.224
D	192.168.4.176	255.255.255.224
E	192.168.4.222	255.255.255.224

1) 5 台主机 A、B、C、D、E 分属几个网段？哪些主机位于同一网段？
2) 主机 D 的网络地址为多少？
3) 若要加入第六台主机 F，使它能与主机 E 属于同一网段，其 IP 地址范围是多少？
4) 若要使主机 A、B、C、D、E 在这个网上都能直接相互通信，可采取什么办法？
5) 不改变 A 主机的物理位置，将其 IP 地址改为 192.155.12.168，试问它的直接广播地址和本地广播地址各是多少？若使用本地广播地址发送信息，请问哪些主机能够收到？

2. 校园网在进行 IP 地址部署时，给某基层单位分配了一个 C 类地址块 192.168.110.0/24，该单位的计算机数量分布如表 2-6 所示。要求各部门处于不同的网段，请将表 2-7 中的 (1)~(8) 处空缺的主机地址(或范围)和子网掩码填写完整，写出解答步骤。

表 2-6

部　门	主机数量
教师机房	100 台
教研室 A	32 台
教研室 B	20 台
教研室 C	25 台

表 2-7

部　门	可分配的地址范围	子网掩码
教师机房	192.168.110.1~(1)	(5)
教研室 A	(2)	(6)
教研室 B	(3)	(7)
教研室 C	(4)	(8)

参考答案：
(1) 192.168.110.126
组合 1：
(2) 192.168.110.129－192.168.110.190
(3) 192.168.110.193－192.168.110.222
(4) 192.168.110.225－192.168.110.254
组合 2：

(2)192.168.110.129—192.168.110.190
(3)192.168.110.225—192.168.110.254
(4)192.168.110.193—192.168.110.222
组合 3：
(2)192.168.110.193—192.168.110.254
(3)192.168.110.129—192.168.110.158
(4)192.168.110.161—192.168.110.190
组合 4：
(2)192.168.110.193—192.168.110.254
(3)192.168.110.161—192.168.110.190
(4)192.168.110.129—192.168.110.158
(5)255.255.255.128
(6)255.255.255.192
(7)255.255.255.224
(8)255.255.255.224

3.某公司有人力资源部和销售部两个部门，各有 26 台主机需接入 Internet，其中销售部同时在线用户数通常小于 15。ISP 为公司分配的网段为 200.101.110.128/26，公司人力资源部采用固定 IP 地址、销售部采用动态 IP 地址分配策略，将人力资源部和销售部划归不同的网段，连接方式如图 2-19 所示。

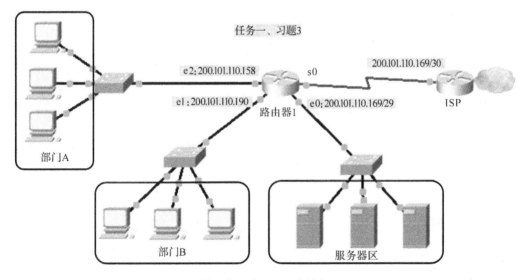

图 2-19　某公司网络结构

(1)为服务器区的某台服务器配置 IP 地址、子网掩码、网关，总共可以有几台服务器？
(2)人力资源部是部门 A 还是部门 B？
(3)为人力资源部的某台 PC 配置 IP 地址、子网掩码、网关。
(4)为路由器 1 的 s0 口配置 IP 地址、子网掩码。
(5)销售部能动态分配的 IP 地址区间是多少？

任务三 大中型企业办公网络 IP 地址规划及配置

一、情境描述

某跨省公司分为总部、销售与配送部门、零售店 3 层结构。公司总部网络组成为：市场部 100 人之内，总经办在 7~12 人之间，工程部 32~60 人，财务部 4~6 人，后勤部 22~30 人，人事处 3~4 人。总部在全国 30 个地区都有销售部与和配送部门，每个部门通过 2 条链路与总部的主干路由器连接。每个销售与配送部门均有管理处、市场处、工程处、财务处、后勤处、人事处 6 个处室，其人数均在 30 之内。每个地区还有多个与公司总部级联的下属零售店（不超过 100 个），每个零售店有 1 个 LAN，最多连接 14 台计算机。请给出合理的 IP 地址分配方案，满足所有部门的需求并尽量节约 IP 地址资源，给出每个部门子网的子网地址和子网掩码。

该公司网络拓扑结构如图 2-20 所示。

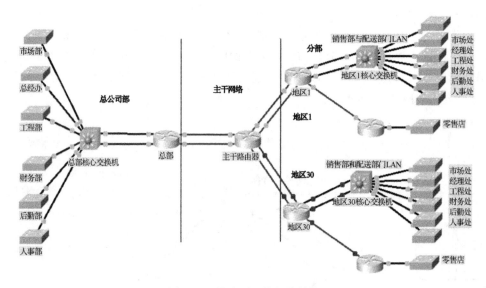

图 2-20 该公司网络拓扑结构

二、知识储备

1. VLSM 的原理

VLSM（Variable Length Subnetwork Mask 变长子网掩码）：其实就是相对于有类的 IP 地址来说的。A 类的第一段是网络号（前 8 位），B 类地址的前两段是网络号（前 16 位），C 类的前三段是网络号（前 24 位）。而 VLSM 的作用就是在有类的 IP 地址的基础上，从他们的主机号部分借出相应的位数来做子网位，也就是增加网络号的位数。各类网络可以用来再划分子网的位数为主机的位数：A 类有 24 位可以借，B 类有 16 位可以借，C 类有 8 位可以借。然而实际上不可以让主机位全部都借出来，因为 IP 地址中必须要有主机位的部分，而且主机位部分剩下一位是没有意义的，所以在实际中可以借的位数是主机位数再减去 2。也就是说：A 类有 24－2＝22 位可以借，B 类有 16－2＝14 位可以借，C 类有 8－2＝6 位可以借。

2. CIDR 的原理

CIDR(Classless Inter. Domain Routing 无类别域间路由)：IP 地址在路由器里面分为有类(A,B,C,D,E)和无类。比方说 A 类为/8 掩码，B 类为/16 掩码，C 类为/24 掩码等等，这些就是有类的概念。而无类别域间路由(路由汇总)是什么意思呢？简单地说就是把多个小网段汇聚成一个大网段来表示，比方说，192.168.0.0/24 到 192.168.255.0/24 的 256 个 C 类网段，可以汇聚成 192.168.0.0/16 这样的一大块 B 类网段来表示，这就是路由汇总的概念。如果路由器支持 CIDR，在汇总的时候子网掩码是可以不受"类"的限制的，这样的好处是在汇总网段时可以把网络划分更细更多的块，支持 CIDR 的路由器在汇总路由网段时，可以把 192.168.0.0/24 到 192.168.3.0/24 的网段汇总成 192.168.0.0/22 来表示，而/22 这样的子网掩码是不属于 ABC 类里面的任何一类的，这就是无类路由汇总的概念。

3. VLSM 和 CID 区别

(1) VLSM 是把一个有类网络分成几个小型无类网络(子网划分)，CIDR 是把几个有类网络合成一个超大的网络(超网合并)。

(2) VLSM 是把有类子网掩码往右边移了，CIDR 是把有类子网掩码向左边移了。如图 2-21 所示：

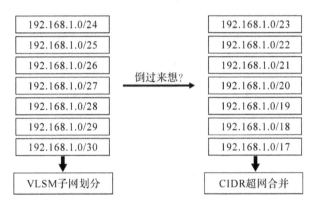

图 2-21 VLSM 和 CIDR 区别

三、任务实施

1. 总体设计

根据情境描述进行需求分析，可得出如下总体设计。

(1) 从情境描述已知，整体网络架构采用"总部—分部—零售店"的 3 级地址结构。

(2) 从情境描述已知，大中型网络应该采用 A 类 CIDR 地址块 10.0.0.0～10.255.255.255.255，可分配的地址总长度为 24 位。

(3) 从情境描述已知，每个子网主机数都不超过 250(考虑每个子网路由器应该占用的 IP 地址)，所以采用 VLSM 定长子网掩码为 255.255.255.0。

(4) 从情境描述已知，该公司网络系统中的子网数多于其主机数，所以 32 位 VLSM 地址结构为：32 位地址＝8 位网络号＋16 位子网号＋8 位主机号。

(5) 考虑 IP 地址规划原则：连续性、可扩展性、灵活性，采用 VLSM 和 CIDR 相结合技术。

2. 地址规划

(1) 由于该跨省公司为企业内部专网,因此广域网中所有的网络设备及互连的 IP 地址可以全部采用私网 IP 地址,若采用变长子网掩码(VLSM)分配 A 类无类域间路由 CIDR 地址块 10.0.0.0～10.255.255.255,并按 10.D.S.H/24(D 为地区序号,S 地区各部门子网序号,H 为各子网中的主机号)的模式进行相关的 IP 地址分配,公司总部 IP 规划如表所示(D=0 表示总部,S=1～n 表示总部内各子网,H=1～254 表示总部各子网中可使用的主机数)。IP 分配如表 2-8 所示。

表 2-8 总部 IP 分配

市场部 LAN1	10.0.1.1～10.0.1.254	人事部 LAN6	10.0.6.1～10.0.6.254
总经办 LAN2	10.0.2.1～10.0.2.254	扩展 LAN7	10.0.7.1～10.0.7.254
工程部 LAN3	10.0.2.1～10.0.2.254	扩展 LAN8	10.0.8.1～10.0.8.254
财务部 LAN4	10.0.4.1～10.0.4.254	扩展 LAN9	10.0.9.1～10.0.9.254
后勤部 LAN5	10.0.5.1～10.0.5.254.	扩展 LAN10	10.0.10.1～10.0.10.254

(2) 公司总部到销售与配送部门的 IP 分配方案。如表 2-9 所示(D=101、201 表示路由器相连地区为 1 为两条链路,S=0、1 表示路由器通过两个网段相连,H=1～2 表示路由器相连的 IP 地址)。

表 2-9 总部到销售与配送部门 IP 分配

总部—地区 1	10.101.0.1～10.101.0.2 10.201.1.1～10.201.1.2
总部—地区 2	10.102.0.1～10.102.0.2 10.202.1.1～10.202.1.2
……	……
总部—地区 29	10.129.0.1～10.129.0.2 10.229.1.1～10.229.1.2
总部—地区 30	10.130.0.1～10.130.0.2 10.230.1.1～10.230.1.2

(3) 销售与配送部门的 LAN 地址,各个地区的销售与配送部门的 D 不同,其中三个 LAN (两个分别用于销售管理和配送管理,还有一个连接公司总部及零售店),如表 2-10 所示。

表 2-10 销售与配送部门的 LANIP 规划

地区 1	市场处 LAN1 经理处 LAN2 工程处 LAN3 ……	10.1.255.1～10.1.255.1.254 10.1.254.1～10.1.254.254 10.1.252.1～10.1.252.254 ……
地区 2	市场处 LAN1 经理处 LAN2 工程处 LAN3 ……	10.2.255.1～10.2.255.254 10.2.254.1～10.2.254.254 10.2.252.1～10.2.252.254 ……
……	……	……

续表

地区		
地区 29	市场处 LAN1 经理处 LAN2 工程处 LAN3 ……	10.29.255.1～10.29.255.254 10.29.254.1～10.29.254.254 10.29.252.1～10.29.1.254 ……
地区 30	市场处 LAN1 经理处 LAN2 工程处 LAN3 ……	10.30.255.1～10.30.255.254 10.30.254.1～10.30.254.254 10.30.252.1～10.30.252.254 ……

(4) 销售与配送部门到相应零售店的连接地址，销售与配送部门分别到相应零售店的连接地址为 10.100+D.S.1 与 10.100+D.S.2，如表 2-11 所示。

表 2-11 销售与配送部门到相应零售店的地址分配

地 区	零售店	分部到零售店连接地址
地区 1	零售店 1 零售店 2 …… 零售店 239 零售店 240	10.101.1.1～10.101.1.2 10.101.2.1～10.101.2.2 …… 10.101.239.1～10.101.239.2 10.101.240.1～10.101.240.1.2
地区 2	零售店 1 零售店 2 …… 零售店 239 零售店 240	10.102.1.1～10.102.1.2 10.102.2.1～10.102.2.2 …… 10.102.239.1～10.102.239.2 10.102.240.1～10.102.240.2
……	……	……
地区 29	零售店 1 零售店 2 …… 零售店 239 零售店 240	10.129.1.1～10.129.1.2 10.129.2.1～10.129.2.2. …… 10.129.239.1～10.129.239.2 10.129.240.1～10.129.240.
地区 30	零售店 1 零售店 2 …… 零售店 239 零售店 240	10.130.1.1～10.130.1.2 10.130.2.1～10.130.2.2 …… 10.130.239.1～10.130.239.2 10.130.240.1～10.130.240.

(5) 零售店地址分配如表 2-12 所示。

表 2-12 零售店地址分配

地 区	零售店	零售店地址
地区 1	零售店 1 零售店 2 …… 零售店 239 零售店 240	10.1.1.1～10.1.1.254 10.1.2.1～10.1.2.254 …… 10.1.239.1～10.1.239.254 10.1.240.1～10.1.240.254
地区 2	零售店 1 零售店 2 …… 零售店 239 零售店 240	10.2.1.1～10.2.1.254 10.2.2.1～10.2.2.254 …… 10.2.239.1～10.2.239.254 10.2.240.1～10.2.240.254
……	……	……
地区 29	零售店 1 零售店 2 …… 零售店 239 零售店 240	10.29.1.1～10.29.1.254 10.29.2.1～10.29.2.254 …… 10.29.239.1～10.29.239.254 10.29.240.1～10.29.240.254
地区 30	零售店 1 零售店 2 …… 零售店 239 零售店 240	10.30.1.1～10.30.1.254 10.30.2.1～10.30.2.254 …… 10.30.239.1～10.30.239.254 10.30.240.1～10.30.240.254

四、归纳总结

该公司地址结构规划为：

(1)总部的 LAN：10.0.1.H～10.0.10.H，其中 H=1～254。

(2)总部到分部的连接：10.10D.S.0 与 10.20D.S.0，其中 D=1～30，S=0～1，H=1～254。

(3)分部的 LAN：10.D.255.0、10.D.254.0、10.D.252.0。地址空间为 10.D.255.1～10.D.255.254、10.D.254.1～10.D.254.254、10.D.252.1～10.D.252.254。其中 D=1～30。

(4)分部到零售店的连接：10.10D.S.1 与 10.10D.S.2，其中 D=1～30，S=1～240。

(5)零售店的 LAN：10.D.S.0，其可分配的地址空间为 10.D.S.1～10.D.S.254，其中 D=1～30，S=1～240。

五、任务思考

某跨国集团公司，在中国多个城市设立分公司。需要建立数据通信网络将中国的各分公司互连起来，实现信息共享、数据传输、语音通信及视频会议等应用。网络拓扑结构如图 2-22 所示。

(1)各大区分公司管辖的子公司如下：

深圳管辖子公司：广州、福州、南昌

北京管辖子公司：大连、济南、西安

上海管辖子公司：南京、杭州、合肥

重庆管辖子公司:成都、南宁、昆明
(2)各分公司人数情况如下：

北京:300人,上海:400人,深圳:450人,重庆:280人,杭州:50人,南京:90人,合肥:45人,西安:45人,济南:40人,南昌:55人,广州:80人,福州:95人,南宁:38人,成都:75人,昆明:55人,每个公司人数预计在5后可能增长至130人以上,200人以内。

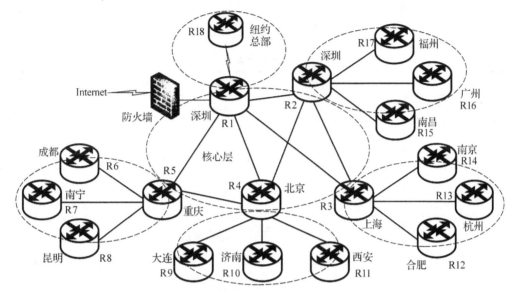

图 2-22　某跨国集团公司网络结构

在进行该公司广域网 IP 地址设计时,建设方要求能从一个 IP 地址块的某个字节中明显地区分出不同的大区分公司所管辖的子公司,并能为每个分公司网络扩展预留出一定的地址分配空间。要求采用 VLSM 技术,并按 10.m.n.h/8 的模式进行相关的 IP 地址分配表,其中 m 为各大区分公司的序号,n 为各大区分公司所管辖的子公司序号。若要求尽可能少的 IP 地址消耗量,并按子网序号顺序分配网络地址,请将表 2-13 中的空缺内容填写完整。

表 2-13　某跨国集团公司 IP 规划表

地　区		分配的地址空间	子网掩码	子网内最大可用地址数	用户数
网络互连链路		10.0.0.0/25	255.255.255.128	64	22 条
深圳分公司					
北京分公司					
上海分公司					
重庆分公司					
深圳管辖	广州				
	福州				
	南昌				

续表

地区		分配的地址空间	子网掩码	子网内最大可用地址数	用户数
北京管辖	大连				
	济南				
	西安				

其他子公司 IP 分配方案同上

参考答案

地区		分配的地址空间	子网掩码	子网内最大可用地址数	用户数
网络互连链路		10.0.0.0/25	255.255.255.128	64	22 条
深圳分公司		10.1.0.0/23	255.255.254.0	510	450
北京分公司		10.2.0.0/23	255.255.254.0	510	300
上海分公司		10.3.0.0/23	255.255.254.0	510	400
重庆分公司		10.4.0.0/23	255.255.254.0	510	280
深圳管辖	广州	10.5.0.0/24	255.255.255.0	254	80
	福州	10.5.1.0/24	255.255.255.0	254	90
	南昌	10.5.2.0/24	255.255.255.0	254	55
北京管辖	大连	10.6.0.0/24	255.255.255.0	254	66
	济南	10.6.1.0/24	255.255.255.0	254	36
	西安	10.6.2.0/24	255.255.255.0	254	45
上海管辖	南京	10.7.0.0/24	255.255.255.0	254	90
	杭州	10.7.1.0/24	255.255.255.0	254	55
	合肥	10.7.2.0/24	255.255.255.0	254	45
重庆管辖	成都	10.8.0.0/24	255.255.255.0	254	75
	南宁	10.8.1.0/24	255.255.255.0	254	38
	昆明	10.8.2.0/24	255.255.255.0	254	55

项目三 局域网交换机的配置与管理

本项目以思科模拟软件实验环境及锐捷真实网络实训环境为目标,介绍交换机的原理及配置步骤,让大家了解交换机的主要分类与性能特点,掌握交换机的远程管理、VLAN 划分、SVI 技术、链路冗余原理及配置,并通过六个任务的实际练习让大家掌握交换机的配置与配置管理方法。

一、教学目标

最终目标:掌握交换机的基本配置。
促成目标:
1. 掌握通过 Telnet 远程管理交换机;
2. 掌握 VLAN 实现虚拟局域网划分;
3. 掌握跨交换机 VLAN 划分;
4. 掌握 SVI 实现 VLAN 全网互通;
5. 掌握生成树实现交换机链路冗余;
6. 掌握链路聚合实现交换机链路冗余。

二、工作任务

1. 配置通过 Telnet 远程管理交换机;
2. 配置单个交换机实现 VLAN 划分;
3. 配置跨交换机实现 VLAN 划分;
4. 配置三层交换机 SVI 实现 VLAN 之间通信;
5. 配置生成树实现交换机链路冗余;
6. 配置链路聚合实现交换机链路冗余。

任务一 通过 Telnet 远程管理交换机

一、情境描述

假设你是某公司的网络管理员,你希望在以后工作中能在办公室或者出差时远程管理公司的交换机,你需要对公司的交换机配置远程管理功能,为了远程管理安全,你需要配置远程登录密码为"start",还需要配置进入特权用户模式密码为"123456"。

二、知识储备

1. 认识锐捷 S21 系列交换机前后面板

Switch21 系列网管交换机的前面板包括 Console、24(48 个)个 10Base-T/100Base-TX RJ45 端口、LED 指示灯。前后面板示意图如图 3-1、3-2 所示。

(1) Console 端口

可使用产品附带的 9 芯串口线将 Console 端口与计算机的串口连接对交换机进行管理。

(2) 24(48 个)个 10Base-T/100Base-TX RJ45 端口

这些端口支持 10Mbps 或 100Mbps 带宽的连接设备,均具有自协商能力。在交换机管理中,需要对端口名、端口速率、双工模式、端口流量控制、广播风暴控制与安全控制等进行设置。

(3) LED 指示灯

电源指示灯、10Base-T/100Base-TX RJ45 端口状态指示、扩展模块状态指示灯(可参看 LED 功能表)。

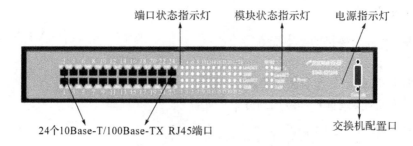

图 3-1 锐捷系列交换机前面板

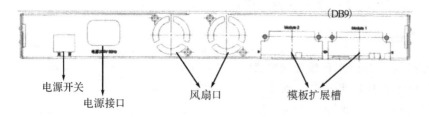

图 3-2 锐捷系列交换机后面板

2. 交换机常用六种命令行配置模式

(1) 普通用户模式

进入交换机后得到的第一个操作模式,该模式下可以简单查看交换机的软、硬件版信息,并进行简单的测试。

用户模式提示符为:Switch>

(2) 特权用户模式

由用户模式进入的下一级模式,该模式下可以对交换机的配置文件进行管理,查看交换机的配置信息,进行网络的测试和调试等。

特权用户模式提示符为:switch#

（3）全局配置模式

属于特权模式的下一级模式，该模式下可以配置交换机的全局性参数。在该模式下可以进入下一级的配置模式，对交换机具体的功能进行配置。

全局配置模式提示符为：switch(config)#

（4）全局配置模式下的端口模式

属于全局模式的子模式，该模式下可以对交换机的端口进行参数配置。

端口模式提示符为：switch(config-if)#

（5）VLAN配置模式

属于全局模式的子模式，该模式下可以对交换机进行VLAN划分。

VLAN配置模式提示符为：Switch(config-vlan)#

（6）线程配置模式

属于全局模式的子模式，该模式下可以配置交换机的远程管理。

线程配置模式提示符为：Switch(config-line)#

3. 命令行操作模式的切换具体操作

```
switch>enable                              ！进入特权模式
switch#
switch#configure terminal                  ！进入全局配置模式
switch(config)#
switch(config)#interface fastethernet 0/5  ！进入交换机F0/5的端口模式
switch(config-if)#
switch(config-if)#exit                     ！退回到上一级操作模式
switch(config)#
switch(config)#vlan 10                     ！进入vlan 10 或者创建vlan 10 模式
switch(config-vlan)#
switch(config-if)#exit                     ！退回到上一级操作模式
switch(config)#
switch(config)#line vty 0 4                ！进入远程虚拟终端线程配置模式
switch(config-line)#
switch(config-if)#end                      ！直接退回到特权模式等同Ctrl+Z组合键
switch#
```

4. 简化命令行操作的方法

（1）帮助命令（?）

使用"?"列出每个命令模式支持的命令，也可以列出相同开头的命令关键字或者每个命令的参数信息。

例如：

```
Switch# di?
   dir disable              ！此处显示视交换机品牌和型号而定，此处为锐捷交换机Switch21系列
```

（2）命令补全命令（Tab键）

只需要输入命令关键字的一部分字符，后按Tab键可命令补全。

例如：

```
Switch#configure terminal
```

可简写为:

```
Switch#con     ! 后按 Tab 键可命令补全
```

(3) 简写操作命令

只需要输入命令关键字的一部分字符,只要这部分字符足够识别唯一的命令关键字。

例如:

```
Switch#configure terminal
```

可简写为:

```
Switch#con t
```

(4) 使用历史命令

系统提供了用户曾经输入命令的记录。该特性在重新输入长而且复杂的命令时将十分有用。使用访求如表 3-1 所示。

表 3-1 输入命令的记录操作

操 作	结 果
Ctrl-P 或上方向键	在历史命令表中浏览前一条命令。从最近的一条记录开始,重复使用该操作可以查询更早的记录。
Ctrl-N 或下方向键	在使用了 Ctrl-P 或上方向键操作之后,使用 该操作在历史命令表中回到更近的一条命令。重复使用该操作可以查询更近的记录。

例如:

```
Switch#configure terminal
```

使用历史命令为:

```
Switch#        ! 直接按 Ctrl+P 或者上方向键可显示使用过的 configure terminal
```

(5) 使用 no 命令执行相反操作

几乎所有命令都有 no 选项。通常,使用 no 选项来禁止某个特性或功能,或者执行与命令本身相反的操作。

例如:

```
Switch(config-vlan)#vlan 10            ! 创建 vlan 10
Switch(config-vlan)#no vlan 10         ! 删除 vlan 10
```

5. 锐捷系列交换机有四种配置方式

使用一个终端(或者仿终端软件)连接到 Console 口,通过终端来访问交换机的命令行端口。

使用 Telnet 管理交换机。

使用 SNMP 管理软件管理交换机。

使用 Web 浏览器如 IE 来管理交换机

三、任务实施

1. 思科模拟实验环境(使用思科模拟软件 Packet Tracer5.3)

【任务目的】
掌握交换机的管理特性,学会配置交换机支持 Telnet 远程管理。

【任务设备】
交换机选择:工作组级交换机思科 Catalyst 2960 系列交换机(2960-24TT)一台
PC 机选择:有以太网口及 RS232 串口的 PC 机一台
传输设备:配置线连接 PC 机 RS232 串口与交换机的 Console 口,直通线一条

【任务拓扑】
网络拓扑结构图如下图 3-3 所示。

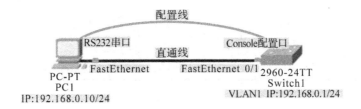

图 3-3　交换网络拓扑结构

【任务步骤】
第 1 步:配置交换机的管理 IP 地址

```
switch＞enable                              ！进入特权模式
Switch#configure terminal                  ！进入全局配置模式
Enter configuration commands, one per line.  End with CNTL/Z.   ！系统显示信息
Switch(config)#interface vlan 1             ！进入 vlan 1 配置模式
Switch(config-if)#ip address 192.168.0.1 255.255.255.0   ！配置 vlan 1 管理 ip 地址
Switch(config-if)#no shutdown               ！开启交换机管理端口
```

第 2 步:配置交换机的远程虚拟终端登录密码

```
Switch(config-if)#exit                      ！退出 vlan 1 配置模式到全局配置模式
Switch(config)#line vty 0                   ！进入线程模式允许 1 个线程远程登录
Switch(config-line)#login                   ！允许登录
Switch(config-line)#password start          ！配置远程登录明文密码为"start"
Switch(config-line)#exit                    ！退出线程配置模式
```

第 3 步:配置交换机特权模式密码

```
Switch(config)#enable secret 123456         ！配置远程登录特权用户密文密码为"123456"
```

第 4 步:验证测试
PC1 的配置页面如图 3-4 所示:选择"IP 配置"进入图 3-5 所示 IP 配置页面
在图 3-5 页面中配置图 3-3 所示拓扑中的 IP 地址和子网掩码,如下:
验证测试:在图 3-3 所示 PC1 配置页面选择"命令提示符",输入如图 3-6 所示远程登录

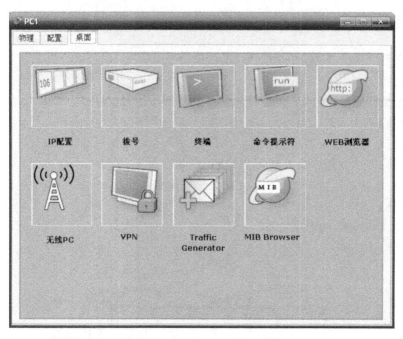

图 3-4　PC1 配置界面

图 3-5　配置 PC1 的 IP 地址及子网掩码

信息远程登录成功,则配置正确。

2. 锐捷网络实验环境(使用锐捷真实网络配置)

【任务目的】

掌握交换机的管理特性,学会配置交换机支持 Telnet 远程管理。

图 3-6　配置 PC1 的 IP 地址及子网掩码

【任务设备】

交换机选择：锐捷交换机 S21,S35 系列交换机一台

PC 机选择：有以太网口及 RS232 串口的 PC 机一台

传输线缆：配置线一条，直通线一条

【任务拓扑】

网络拓扑结构图如下图 3-7 所示。交换机以锐捷交换机 S3550 为例，交换机命名为 Switch，PC 机通过 RS232 串口(Com)与交换机的配置口(Console)相连进入操作控制台配置交换机，配置完成通过 PC 网卡(NIC)连接到交换机的 Fa0/1 端口来进行验证测试。

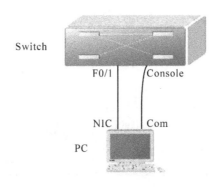

图 3-7　网络拓扑结构

【任务步骤】

利用交换机的 Console 口登陆交换机操作过程：

- 连线：利用配置线将主机的 COM 口和交换机的 console 口相连。

- 打开超级终端：在 PC 机上从开始→程序→附件→通讯→超级终端打开超级终端程序。
- 配置超级终端：为连接命名，如图 3-8 所示。

图 3-8　新建连接

在"名称"文本框中键入需新建超的级终端连接项名称，这主要是为了便于识别，没有什么特殊要求，我们这里键入"S3760"，如果您想为这个连接项选择一个自己喜欢的图标的话，您也可以在下图的图标栏中选择一个，然后单击"确定"按钮，弹出如图 3-9 所示的对话框。

图 3-9　RS232 串口选择

在"连接时使用"下拉列表框中选择与交换机相连的计算机的串口，串口选择根据实际情况而定，一般选择 COM 口。单击"确定"按钮，弹出如图 3-10 所示的对话框。配置参数如图 3-10 所示。

项目三 局域网交换机的配置与管理

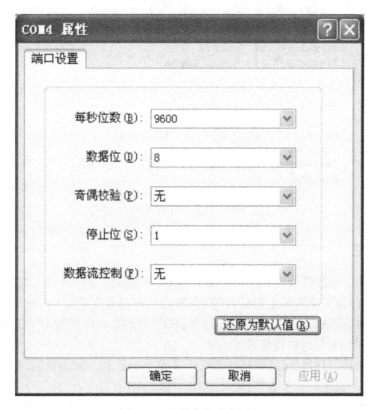

图 3-10 终端连接参数配置

超级终端连接正确,参数配置正确后,键入回车键就能够登陆交换机,进入交换机的用户模式。

【配置详解】

第一步:配置交换机的管理 IP 地址

```
S3550＞enable                                  ！进入特权模式
S3550#configure terminal                       ！进入全局配置模式
Switch(config)#hostname Switch                 ！配置交换机名称为"Switch"
Switch(config)#interface vlan 1                ！进入管理端口配置模式
Switch(config-if)#ip address 192.168.0.1 255.255.255.0   ！配置管理端口 ip 地址
Switch(config-if)#no shutdown                  ！开启交换机管理端口
```

第二步:配置交换机远程登录密码

```
Switch(config)#enable secret level 1 0 start   ！配置远程登录密文密码为"start"
```

第三步:配置交换机特权模式密码

```
Switch(config)#enable secret level 15 0 123456    ！配置特权用户密文密码为"123456"
```

第四步:保存配置

```
Switch(config)#copy running-config startup-config   ！保存交换机配置
```

第五步:验证测试

从 PC 机上通过直通网线远程登录到交换机上并进入特权模式密码输入如图 3-11 所示。

```
PC>telnet 192.168.0.1
Trying 192.168.0.1 ...Open

User Access Verification

Password:   此处输入密码为：start
Switch>enable
Password:   此处输入密码为：123456
Switch#
```

图 3-11　远程登录验证测试

四、归纳总结

1. 交换机第一次配置时，必须采用 Console 配置口进行配置，Console 配置口管理交换机属于带外管理，可以配置交换机支持带内管理，带内管理方式主要有：Telnet、Web、SNMP 三种方式。Telnet 远程管理是通过远程登录管理、Web 方式是通过浏览器对交换机进行管理、SNMP 方式是通过网管软件进行管理。

2. 出于安全考虑，思科及锐捷交换机在配置远程 Telnet 登录时必须同时配置远程登录密码和特权密码，才可以实现远程登录。

3. 交换机的管理端口缺省是 Shutdown(关闭状态)，因此在配置了管理端口 VLAN 1 的 IP 地址后必须配置端口为 No Shutdown(开启状态)。

五、任务思考

1. 交换机常用的六种命令行配置模式有哪六种？
2. 简化交换机命令行的操作方法有哪四种？
3. 管理交换机的配置方式是哪四种？
4. 超级终端的连接配置参数有哪些？如何配置？

任务二　交换机 VLAN 的划分

一、情境描述

假设你是某公司的网络管理员，你希望把公司的财务部(cwb)和生产部(scb)进行隔离，而且随着生产部网络不断扩大，多交换机网络会引发广播风暴、网络堵塞等问题，为了解决这些问题，虚拟局域网技术 VLAN 划分不仅仅可以解决广播风暴，还可以隔离广播，从而提高传输效率，增强网络传输安全性。

二、知识储备

1. 认识 VLAN 技术

VLAN(Virtual Local Area Network)的中文名为"虚拟局域网",是对连接到的第二层交换机端口的网络用户的逻辑分段,不受网络用户的物理位置限制而根据用户需求进行网络分段。一个 VLAN 可以在一个交换机或者跨交换机实现。VLAN 可以根据网络用户的位置、作用、部门或者根据网络用户所使用的应用程序和协议来进行分组。基于交换机的虚拟局域网能够为局域网解决冲突域、广播域、带宽问题。

传统的共享介质的以太网和交换式的以太网中,所有的用户在同一个广播域中,会引起网络性能的下降,浪费可贵的带宽;而且对广播风暴的控制和网络安全只能在第三层的路由器上实现。

VLAN 相当于 OSI 参考模型的第二层的广播域,能够将广播风暴控制在一个 VLAN 内部,划分 VLAN 后,由于广播域的缩小,网络中广播包消耗带宽所占的比例大大降低,网络的性能得到显著的提高。不同的 VLAN 之间的数据传输是通过第三层(网络层)的路由来实现的,因此使用 VLAN 技术,结合数据链路层和网络层的交换设备可搭建安全可靠的网络。网络管理员通过控制交换机的每一个端口来控制网络用户对网络资源的访问,同时 VLAN 和第三层第四层的交换结合使用能够为网络提供较好的安全措施。

IEEE 于 1999 年颁布了 VLAN 实现方案的 802.1Q 协议,实现了虚拟局域网标准化操作。

2. 常用字 VLAN 的划分种类

目前来说,常见的主要有以下六种 VLAN 网段划分方式,用户只能选择其中的一种来划分 VLAN。

(1)基于端口划分 VLAN

这是最常应用的一种 VLAN 划分方法,应用也最为广泛、最有效,目前绝大多数 VLAN 协议的交换机都提供这种 VLAN 配置方法。这种划分 VLAN 的方法是根据以太网交换机的交换端口来划分的,它是将 VLAN 交换机上的物理端口和 VLAN 交换机内部的 PVC(永久虚电路)端口分成若干个组,每个组构成一个虚拟网,相当于一个独立的 VLAN 交换机。

(2)基于 MAC 地址划分 VLAN

这种划分 VLAN 的方法是根据每个主机的 MAC 地址来划分,即对每个 MAC 地址的主机都配置他属于哪个组,它实现的机制就是每一块网卡都对应唯一的 MAC 地址,VLAN 交换机跟踪属于 VLAN MAC 的地址。这种方式的 VLAN 允许网络用户从一个物理位置移动到另一个物理位置时,自动保留其所属 VLAN 的成员身份。

(3)基于网络层协议划分 VLAN

VLAN 按网络层协议来划分,可分为 IP、IPX、DECnet、AppleTalk、Banyan 等 VLAN 网络。这种按网络层协议来组成的 VLAN,可使广播域跨越多个 VLAN 交换机。这对于希望针对具体应用和服务来组织用户的网络管理员来说是非常具有吸引力的。而且,用户可以在网络内部自由移动,但其 VLAN 成员身份仍然保留不变。

(4)基于 IP 组播分组划分 VLAN

IP 组播实际上也是一种 VLAN 的定义,即认为一个 IP 组播组就是一个 VLAN。这种划分的方法将 VLAN 扩大到了广域网,因此这种方法具有更大的灵活性,而且也很容易通过路由器进行扩展,主要适合于不在同一地理范围的局域网用户组成一个 VLAN,不适合局域网,主要是效率不高。

(5)基于策略划分 VLAN

基于策略组成的 VLAN 能实现多种分配方法,包括 VLAN 交换机端口、MAC 地址、IP 地址、网络层协议等。网络管理人员可根据自己的管理模式和本单位的需求来决定选择哪种类型的 VLAN。

(6)按用户定义、非用户授权划分 VLAN

基于用户定义、非用户授权来划分 VLAN,是指为了适应特别的 VLAN 网络,根据具体的网络用户的特别要求来定义和设计 VLAN,而且可以让非 VLAN 群体用户访问 VLAN,但是需要提供用户密码,在得到 VLAN 管理的认证后才可以加入一个 VLAN。

3.交换机的端口和缺省 VLAN

交换机上的端口缺省为 SwitchPort 端口(二层交换端口),只有二层交换功能。该端口有两种模式,一种是 Access 端口模式,即接入端口,该端口又叫 UnTagged 端口,即无标记端口,利用这种端口划分的 VLAN 为 Port VLAN;另一种是 Trunk 端口模式,即干道端口,该端口又叫 Tagged 端口,即打标记端口,利用这种端口划分的 VLAN 为 Tag VLAN。可以通过配置 SwitchPort 端口模式,把一个端口配置成为一个 Access 端口或者 Trunk 端口。SwitchPort 端口被用于管理物理端口和与之相关的第二层协议,并不处理路由和桥接。Port VLAN 划分及 Tag VLAN 划分实例如图 3-12 所示。交换机与交换机相连的端口配置成 Trunk 端口,从 Trunk 端口交换的数据都打上了 Taged 标记,标记该端口属于哪个 VLAN,数据传输到对方交换机再删除相应 VLAN 标记交换数据到相应 VLAN。

交换机出厂时就有一个缺省的 VLAN1,所有端口默认都在 VLAN1 中,跨交换机相连的端口默认也属于 VLAN1,所以也能交换 VLAN1 的数据,因此交换机出厂时所有交换机的所有端口无需配置时均能互相访问。当配置了其他 VLAN 时,跨交换机的相连端口默认只交换 VLAN1 的数据,要能交换其他 VLAN 的数据,只有配置该端口为 Trunk 端口,Trunk 端口默认能交换所有 VLAN 数据,经过 Trunk 端口的相应 VLAN 数据都打上了相应 VLAN 标记 Tag VLAN,交换到对方交换机后删除标记交换机相应的 VLAN。

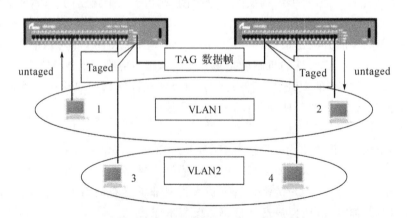

图 3-12 Port VLAN 划分及 Tag VLAN 划分

三、任务实施

1. 思科模拟实验环境（使用思科模拟软件 Packet Tracer5.3）

【任务目的】

掌握基于端口的 VLAN 划分，实现交换机端口隔离，解决广播风暴、网络堵塞等问题。

【任务设备】

交换机选择：工作组级交换机思科 Catalyst 2960 系列交换机（2960-24TT）1 台

PC 机选择：有以太网卡的 PC 机 2 台，两台 PC 机的 IP 地址必须在同一网段

传输设备：直通线 2 条

【任务拓扑】

网络拓扑结构图如下图 3-13 所示。

图 3-13　基于端口 VLAN 划分拓扑结构

【任务步骤】

第一步：在思科模拟软件 Packet Tracer5.3 中画如图 3-13 所示网络拓扑结构图。

第二步：测试网络连通性，分别在 PC1 和 PC2 上配置如图 3-13 所示 IP 地址及子网掩码，并验证网络连通性，并分析此时网络为什么是连通状态。

第三步：配置二层交换机 VLAN 技术。

【配置详解】

第 1 步：创建 VLAN 10，VLAN 20

```
Switch>enable                         ！进入特权模式
Switch#configure terminal             ！进入全局配置模式
Switch(config)#hostname Switch1       ！配置交换机名称为"Switch1"
Switch1(config)#vlan 10               ！全局配置模式下进入 VLAN 模式并创建 VLAN 10
Switch1(config-vlan)#name cwb         ！把 VLAN 10 命名为 cwb
Switch1(config-vlan)#vlan 20          ！VLAN 模式下创建 VLAN 20
Switch1(config-vlan)#name scb         ！把 VLAN 20 命名为 scb
```

第 2 步：给 VLAN 10，VLAN 20 分配端口

```
Switch1(config-vlan)#exit                          ！退出 VLAN 配置模式到全局配置模式
Switch1(config)#interface fastEthernet 0/10        ！从全局模式进入端口 fa 0/10
Switch1(config-if)#switchport mode access          ！配置 fa 0/10 端口接入模式（可缺省）
Switch1(config-if)#switchport access vlan 10       ！把该端口接入到 VLAN 10
Switch1(config-if)#interface fastEthernet 0/20     ！从端口模式进入端口 fa 0/20
Switch1(config-if)#switchport mode access          ！配置 fa 0/20 端口接入模式（可缺省）
Switch1(config-if)#switchport access vlan 20       ！把该端口接入到 VLAN 20
```

第3步：测试网络连能性

由于财务部 PC1 所连端口接入了 VLAN 10，生产部 PC2 所连端口接入了 VLAN 20，不同部门之间的网络不再连通。

2. 锐捷网络实验环境（使用锐捷真实网络配置）

【任务目的】

掌握基于端口的 VLAN 划分，实现交换机端口隔离，解决广播风暴、网络堵塞等问题。

【任务设备】

交换机选择：锐捷交换机 S21 或者 S35 系列交换机一台

PC 机选择：有以太网卡的 PC 机 2 台，两台 PC 机的 IP 地址必须在同一网段。

传输线缆：直通线 2 条

【任务拓扑】

网络拓扑结构如图 3-14 所示：实验时，按照拓扑图进行网络连接，注意 PC 与交换机相连的端口与自己配置的端口是否一致。

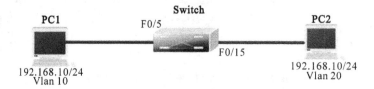

图 3-14　锐捷网络基于端口 VLAN 划分拓扑结构

【任务步骤】

第 1 步：使用亿图软件画如图 3-14 所示网络拓扑结构图。

第 2 步：测试网络连通性，分别在 PC1 和 PC2 上配置如图 3-14 所示 IP 地址及子网掩码，并验证网络连通性，并分析此时网络为什么是连通状态。

第 3 步：配置二层交换机 VLAN 技术。

【配置详解】

第 1 步：创建 VLAN 10，VLAN 20

Switch>enable	! 进入特权模式
Switch#configure terminal	! 进入全局配置模式
Switch#show vlan	! 显示默认 VLAN 信息（VLAN 1）
Switch(config)#vlan 10	! 全局配置模式下进入 VLAN 模式并创建 VLAN 10
Switch(config-vlan)#vlan 20	! VLAN 模式下创建 VLAN 20
Switch(config-vlan)#end	! 直接退出到特权状态
Switch#show vlan	! 显示已配置的 VLAN 信息

第 2 步：给 VLAN 10，VLAN 20 分配端口

Switch(config-vlan)#exit	! 退出 VLAN 配置模式到全局配置模式
Switch(config)#interface fastEthernet 0/5	! 从全局模式进入端口 fa 0/5
Switch(config-if)#switchport access vlan 10	! 把该端口接入到 VLAN 10
Switch(config-if)#interface fastEthernet 0/15	! 从端口模式进入端口 fa 0/15
Switch(config-if)#switchport access vlan 20	! 把该端口接入到 VLAN 20

第 3 步：测试网络连能性

测试结果两台 PC 机不能相互连通

四、归纳总结

比较两次配置命令不同，可得以下结论：

1. 交换机所有端口在默认情况下均属于 Access 接入模式，可直接将端口加入到一个 VLAN，默认情况下 switchport mode access 可以省略。

2. VLAN 1 由系统自动创建，不可以被删除，要删除某个 VLAN，直接在创建 VLAN 命令前使用 no 命令。例如：switch(config)#no vlan 10。

3. 删除某个 VLAN 时，应先将属于该 VLAN 的端口接入到别的 VLAN 再删除，如果直接删除，该 VLAN 的端口直接接入到 VLAN 1。

4. 通过 Switch(config)#vlan ? 命令可知，VLAN ID 最大是 4094，也就是交换机上 VLAN 最多只能有 4094 个。

5. 如果不给 VLAN 命名，系统直接给 VLAN 命名，例如：vlan 10 命名为 VLAN0010。

五、任务思考

1. 什么是 VLAN？VLAN 使用的是什么协议？交换机出厂时 VLAN 是什么？该 VLAN 是否可以删除？

2. 交换机常用划分 VLAN 的种类有哪六种？目前使用最广泛的是哪一种？

3. 交换机端口有哪几种端口模式？交换机端口出厂时不进行什么配置为什么都能互相访问？

任务三　跨交换机实现相同 VLAN 访问

一、情境描述

假设你是某公司的网络管理员，你希望把公司的财务部(cwb)和生产部(scb)进行隔离，而且随着生产部网络不断扩大，生产部网络跨越了多个交换机，为了让生产部网络都能相互通信，又要把财务部与生产部隔离，你需要在跨交换机上实现 Tag VLAN 及 Port VLAN 划分。

二、知识储备

1. 跨交换机 Tag VLAN 之间的通信原理

为了让 VLAN 能够跨越多个交换机实现同一 VLAN 中成员通信，可采用主干链路 Trunk 技术将两个交换机连接起来。Trunk 主干链路是指连接不同交换机之间的一条骨干链路，可同时识别和承载来自多个 VLAN 中的数据帧信息。由于同一个 VLAN 的成员跨越了多个交换机，而多个不同 VLAN 的数据帧都需要通过连接交换机的同一条链路进行传输，这样就要求跨越交换机的数据帧，必须封装为一个特殊的标签 Taged，以声明它属于哪一个 VLAN，方便转发传输。跨交换机 VLAN 的识别如图 3-15 所示。

在交换机之间用一条级联线，并将对应的端口设置为 Trunk，这条线路就可以承载交换机

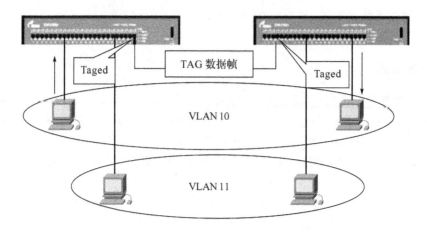

图 3-15 跨交换机 VLAN 的识别

上所有 VLAN 的信息。Trunk 端口传输多个 VLAN 的信息，实现同一 VLAN 跨越不同的交换机。跨交换机 Tag VLAN 之间的通信过程如图 3-16 所示。

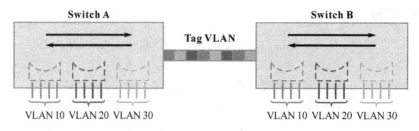

图 3-16 跨交换机 Tag VLAN 之间的通信

2. 配置 VLAN Trunk(Tag VLAN) 步骤

交换机上的端口缺省工作在第二层模式，一个二层端口缺省模式为 Access 模式，如果要让该端口属于所有 VLAN(默认)，必须把该端口配置为 Trunk 模式。

(1) Switch#configure terminal　　　! 进入全局配置模式

(2) Switch(config)#interface interface-id　　! 进入想要配置成 trunk 模式的端口 ID

(3) Switch(config-if)#switchport mode trunk　! 配置该端口为 trunk 模式

(4) Switch(config-if)#switchport trunk allowed vlan all　! 配置该 trunk 口允许所有 VLAN 访问(出现在所有的 VLAN 中)

(5) Switch#show vlan　　! 进入特权模式查看 Trunk VLAN 配置是否正确

三、任务实施

1. 思科模拟实验环境(使用思科模拟软件 Packet Tracer5.2)

【任务目的】

掌握跨交换机 VLAN 划分，实现跨交换机端口隔离及相互访问，理解 VLAN 如何跨交换机实现。

【任务设备】

交换机选择：工作组级交换机思科 Catalyst 2960 系列交换机(2960-24TT)2 台

项目三 局域网交换机的配置与管理

PC 机选择:有以太网卡的 PC 机 3 台,3 台 PC 机的 IP 地址必须在同一网段。
传输设备:直通线 3 条,交叉线 1 条。
【任务拓扑】
网络拓扑结构图如下图 3-17 所示。

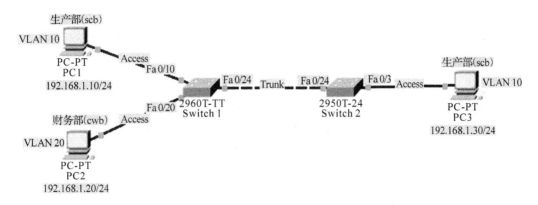

图 3-17　跨交换机 Tag VLAN 划分网络拓扑

【任务步骤】
第一步:在思科模拟软件 Packet Tracer5.3 中画如图 3-17 所示网络拓扑结构图。
第二步:测试网络连通性,分别在 PC1 和 PC2 上配置如图 3-17 所示 IP 地址及子网掩码,并验证网络连通性,并分析此时网络为什么是连通状态。
第三步:配置二层交换机 VLAN 技术。
【配置详解】
交换机 Switch1 配置详解:
第 1 步:创建 VLAN 10,VLAN 20

Switch>enable	! 进入特权模式
Switch#configure terminal	! 进入全局配置模式
Switch(config)#hostname Switch1	! 配置交换机名称为"Switch1"
Switch1(config)#vlan 10	! 全局配置模式下进入 VLAN 模式并创建 VLAN 10
Switch1(config-vlan)#name scb	! 把 VLAN 10 命名为 scb
Switch1(config-vlan)#vlan 20	! VLAN 模式下创建 VLAN 20
Switch1(config-vlan)#name cwb	! 把 VLAN 20 命名为 cwb

第 2 步:给 VLAN 10,VLAN 20 分配端口

Switch1(config-vlan)#exit	! 退出 VLAN 配置模式到全局配置模式
Switch1(config)#interface fastEthernet 0/10	! 从全局模式进入端口 fa 0/10
Switch1(config-if)#switchport mode access	! 配置 fa 0/10 端口接入模式(可省略)
Switch1(config-if)#switchport access vlan 10	! 把该端口接入到 VLAN 10
Switch1(config-if)#interface fastEthernet 0/20	! 从端口模式进入端口 fa 0/20
Switch1(config-if)#switchport mode access	! 配置 fa 0/20 端口接入模式(可省略)
Switch1(config-if)#switchport access vlan 20	! 把该端口接入到 VLAN 20

第 3 步:跨交换机相连端口设置为 Trunk 模式

```
Switch1(config-if)#interface fastEthernet 0/24     !从端口模式进入端口 fa 0/24
Switch1(config-if)#switchport mode trunk           !配置该端口为 trunk 模式
Switch1(config-if)#switchport trunk allowed vlan all   !配置该 trunk 口在所有 VLAN 中(默认可省略)
```

第 4 步:显示 VLAN 配置是否正确

```
Switch1(config-if)#end                  !显示 VLAN 必须退出到特权模式
Switch1#show vlan
VLAN Name                         Status      Ports
- - - - - - - - - - - - - - - - - - - - - - - - - - - - - - - - - - - - - - -
1    default                      active      Fa0/1, Fa0/2, Fa0/3, Fa0/4
                                              Fa0/5, Fa0/6, Fa0/7, Fa0/8
                                              Fa0/9, Fa0/11, Fa0/12, Fa0/13
                                              Fa0/14, Fa0/15, Fa0/16, Fa0/17
                                              Fa0/18, Fa0/19, Fa0/21, Fa0/22
                                              Fa0/23, Gig1/1, Gig1/2
10   scb                          active      Fa0/10
20   cwb                          active      Fa0/20
```

交换机 Switch2 配置详解:

第 1 步:创建 VLAN 10

```
Switch>enable                              !进入特权模式
Switch#configure terminal                  !进入全局配置模式
Switch(config)#hostname Switch2            !配置交换机名称为"Switch2"
Switch2(config)#vlan 10                    !全局配置模式下进入 VLAN 模式并创建 VLAN 10
Switch2(config-vlan)#name scb              !把 VLAN 10 命名为 scb
```

第 2 步:给 VLAN 10 分配端口

```
Switch2(config-vlan)#exit                          !退出 VLAN 配置模式到全局配置模式
Switch2(config)#interface fastEthernet 0/3         !从全局模式进入端口 fa 0/3
Switch2(config-if)#switchport mode access          !配置 fa 0/10 端口接入模式(可省略)
Switch2(config-if)#switchport access vlan 10       !把该端口接入到 VLAN 10
```

第 3 步:跨交换机相连端口设置为 Trunk 模式

```
Switch2(config-if)#interface fastEthernet 0/24     !从端口模式进入端口 fa 0/24
Switch2(config-if)#switchport mode trunk           !配置该端口为 trunk 模式
Switch2(config-if)#switchport trunk allowed vlan all   !配置该 trunk 口在所有 VLAN 中(默认可省略)
```

第 4 步:显示 VLAN 配置是否正确

```
Switch2(config-if)#end                  !显示 VLAN 必须退出到特权模式
Switch2#show vlan
VLAN Name                         Status      Ports
- - - - - - - - - - - - - - - - - - - - - - - - - - - - - - - - - - - - - - -
1    default                      active      Fa0/1, Fa0/2, Fa0/4, Fa0/5
```

			Fa0/6, Fa0/7, Fa0/8, Fa0/9
			Fa0/10, Fa0/11, Fa0/12, Fa0/13
			Fa0/14, Fa0/15, Fa0/16, Fa0/17
			Fa0/18, Fa0/19, Fa0/20, Fa0/21
			Fa0/22, Fa0/23, Gig1/1, Gig1/2
10	scb		active Fa0/3

2. 锐捷网络实验环境（使用锐捷真实网络配置）

【任务目的】

掌握基于端口的 VLAN 划分，实现交换机端口隔离，解决广播风暴、网络堵塞等问题。

【任务设备】

交换机选择：锐捷交换机 S21 和 S35 系列交换机各 1 台

PC 机选择：有以太网卡的 PC 机 3 台，3 台 PC 机的 IP 地址必须在同一网段

传输线缆：直通线 3 条，交叉线 1 条

【任务拓扑】

网络拓扑结构如图 3-18 所示。实验时，按照拓扑图进行网络连接，注意 PC 与交换机相连的端口与自己配置的端口是否一致，注意 PC 机 IP 地址设置是否在同一子网。

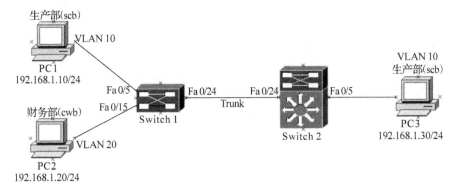

图 3-18　跨交换机实现 VLAN 拓扑结构

【任务步骤】

第 1 步：使用亿图软件画如图 3-18 所示网络拓扑结构图。

第 2 步：测试网络连通性，分别在 PC1、PC2 和 PC3 上配置如图 3-18 所示 IP 地址及子网掩码，并验证网络连通性，并分析此时网络为什么是连通状态。

第 3 步：配置二层交换机 VLAN 技术。

【配置详解】

交换机 Switch1 配置详解：

第 1 步：创建 VLAN 10，VLAN 20

```
Switch>enable                          ！进入特权模式
Switch#configure terminal              ！进入全局配置模式
Switch(config)#hostname Switch1        ！配置交换机名称为"Switch1"
Switch1(config)#vlan 10                ！全局配置模式下进入 VLAN 模式并创建 VLAN 10
Switch1(config-vlan)#name scb          ！把 VLAN 10 命名为 scb
```

```
Switch1(config-vlan)#vlan 20            ! VLAN 模式下创建 VLAN 20
Switch1(config-vlan)#name cwb           ! 把 VLAN 20 命名为 cwb
```

第 2 步：给 VLAN 10，VLAN 20 分配端口

```
Switch1(config-vlan)#exit                        ! 退出 VLAN 配置模式到全局配置模式
Switch1(config)#interface range fa 0/1-5         ! 进入一组端口 fa 0/1-5(简写)
Switch1(config-if)#switchport access vlan 10     ! 把该组端口接入到 VLAN 10
Switch1(config-if)#interface range fa 0/11-15    ! 进入一组端口 fa 0/11-15(简写)
Switch1(config-if)#switchport access vlan 20     ! 把该组端口接入到 VLAN 20
```

第 3 步：跨交换机相连端口设置为 Trunk 模式

```
Switch1(config-if)#interface fastEthernet 0/24   ! 从端口模式进入端口 fa 0/24
Switch1(config-if)#switchport mode trunk         ! 配置该端口为 trunk 模式
```

第 4 步：显示 VLAN 配置是否正确

```
Switch1(config-if)#end
Switch1#show vlan                                ! 显示 VLAN 必须退出到特权模式
VLAN Name                Status    Ports
---------------------------------------------------------------
1    default             active    Fa0/6, Fa0/7, Fa0/8, Fa0/9
                                   Fa0/10, Fa0/16, Fa0/17, Fa0/18
                                   Fa0/19, Fa0/20, Fa0/21, Fa0/22
                                   Fa0/23, Fa0/24
10   scb                 active    Fa0/1, Fa0/2, Fa0/3, Fa0/4
                                   Fa0/5, Fa0/24
20   cwb                 active    Fa0/11, Fa0/12, Fa0/13, Fa0/14
                                   Fa0/15, Fa0/24
```

交换机 Switch2 配置详解：

第 1 步：创建 VLAN 10

```
Switch>enable                              ! 进入特权模式
Switch#configure terminal                  ! 进入全局配置模式
Switch(config)#hostname Switch2            ! 配置交换机名称为"Switch2"
Switch2(config)#vlan 10                    ! 全局配置模式下进入 VLAN 模式并创建 VLAN 10
Switch2(config-vlan)#name scb              ! 把 VLAN 10 命名为 scb
```

第 2 步：给 VLAN 10 分配端口

```
Switch2(config-vlan)#exit                        ! 退出 VLAN 配置模式到全局配置模式
Switch2(config)#interface range fa 0/1-5         ! 进入一组端口 fa 0/1-5(简写)
Switch2(config-if)#switchport access vlan 10     ! 把该组端口接入到 VLAN 10
```

第 3 步：跨交换机相连端口设置为 Trunk 模式

```
Switch2(config-if)#interface fastEthernet 0/24   ! 从端口模式进入端口 fa 0/24
Switch2(config-if)#switchport mode trunk         ! 配置该端口为 trunk 模式
```

第 4 步：显示 VLAN 配置是否正确

```
Switch2(config-if)#end                              ！显示 VLAN 必须退出到特权模式
Switch2#show vlan
VLAN Name                         Status     Ports
---------------------------------------------------------------------
1    default                      active     Fa0/6, Fa0/7, Fa0/8, Fa0/9
                                             Fa0/10, Fa0/16, Fa0/17, Fa0/18
                                             Fa0/19, Fa0/20, Fa0/21, Fa0/22
                                             Fa0/23, Fa0/24
10   scb                          active     Fa0/1, Fa0/2, Fa0/3, Fa0/4
                                             Fa0/5, Fa0/24
```

四、归纳总结

1. 交换机所有端口在默认情况下均属于 Access 接入模式，可直接将端口加入到一个 VLAN，默认情况下 switchport mode access 可以省略。

2. 如果想把一个 Trunk 端口复位成缺省值，使用 no switchport trunk 端口配置命令，例如：switch(config-if)# no switchport trunk。

3. 两台交换机之间相连的端口应该配置为 Trunk 模式才能转发其他所有 VLAN 数据帧，非相连端口必须配置为 Access 模式才能接入到某 VLAN。

4. 默认情况下 Switch(config-if)# switchport trunk allowed vlan all 可以省略，Trunk 端口默认情况下支持所有 VLAN 传输。

5. 定义 Trunk 端口许可列表格式：

Switch(config-if)# switchport trunk allowed vlan {all|[add|remove|except]} vlan-list

参数 vlan-list 可以是某个 VLAN 的 ID，也可以是一个 VLAN ID 列表，例如：VLAN10-20

参数 all 的含义是许可所有 VLAN 传输，例如：switchport trunk allowed vlan all

参数 add 是将指定 VLAN 加入到许可列表，例如：switchport trunk allowed vlan add 10

参数 remove 是将指定 VLAN 从许可列表删除，例如：switchport trunk allowed vlan remove 20

如图 3-19 所示删除许可列表实例：

```
Switch1(config)# interface fastEthernet 0/24
Switch1(config-if)# switchport mode trunk
Switch1(config-if)# switchport trunk allowed vlan remove 20
Switch1(config-if)# end
Switch1#show vlan
VLAN Name                         Status     Ports
---------------------------------------------------------------------
1    default                      active     Fa0/6, Fa0/7, Fa0/8, Fa0/9
                                             Fa0/10, Fa0/16, Fa0/17, Fa0/18
                                             Fa0/19, Fa0/20, Fa0/21, Fa0/22
                                             Fa0/23, Fa0/24
10   scb                          active     Fa0/1, Fa0/2, Fa0/3, Fa0/4
```

			Fa0/5,Fa0/24
20	cwb	active	Fa0/11, Fa0/12, Fa0/13, Fa0/14
			Fa0/15

五、任务思考

1. 交换机端口有哪几种模式？默认属于哪种模式？哪种模式能接入到某个 VLAN？哪种模式不能接入到某个 VLAN？

2. 跨交换机 VLAN(Trunk VLAN)的配置步骤。

3. 如何配置 Trunk 端口许可？

任务四 三层交换机实现 VLAN 之间通信

一、情境描述

假设你是某公司的网络管理员,你们公司有三个部门:生产部(scb)、财务部(cwb)、销售部(xsb),三个部门分别属于 VLAN10、VLAN20、VLAN30,随着生产部网络不断扩大,三个部门网络跨越了多个交换机,要使财务部、生产部和销售部都能相互通信,需要在三层交换机上配置交换机虚拟端口 SVI(Switch Virtual Interface)技术。

二、知识储备

1. 利用三层交换机实现 VLAN 间通信原理

三层交换机是将第二层交换机和第三层路由器两者的优势有机而智能化地结合起来,可在各个层次提供线速性能。

三层交换机内,分别设置了交换机模块和路由器模块;而内置的路由模块与交换模块类似,也使用 ASIC 硬件处理路由。因此,与传统的路由器相比,可以实现高速路由。并且,路由与交换模块是汇聚链接的,由于是内部连接,可以确保相当大的带宽。

用三层交换机的路由功能来实现 VLAN 间的通信如图 3-19 所示。

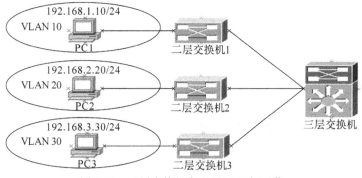

图 3-19 三层交换机实现 VLAN 间通信

2. 三层交换机虚拟端口 SVI(Switch Virtual Interface)配置步骤

交换机上的端口缺省工作在第二层模式,一个二层端口缺省模式为 Access 模式,如果要让该端口属于所有 VLAN(默认),必须把该端口配置为 Trunk 模式。

(1)Switch#configure terminal　　　!进入全局配置模式

(2)Switch(config)#interface vlan vlan-id　　!进入 SVI 端口配置模式

(3)Switch(config-if)#ip address ip-address submask　!给 VLAN 的 SVI 端口配置 IP 地址,这些 IP 地址将作为各个 VLAN 内主机的网关,并且以直连方式出现在三层交换机路由表中

(4)Switch(config-if)#no shutdown　　　!将该端口激活启用

(5)Switch#show running-config　!进入特权模式查看配置是否正确

(6)Switch#show ip route　　!进入特权模式查看直连网段是否出现在路由表中

三、任务实施

1. 思科模拟实验环境（使用思科模拟软件 Packet Tracer5.3）

【任务目的】

掌握通过三层交换机实现 VLAN 间通信。

【任务设备】

交换机选择：工作组级交换机思科 Catalyst 2960 系列交换机（2960-24TT）3 台

PC 机选择：有以太网卡的 PC 机 3 台，3 台 PC 机的 IP 地址必须在同一网段

传输设备：直通线 3 条，交叉线 1 条

【任务拓扑】

网络拓扑结构图如下图 3-20 所示。

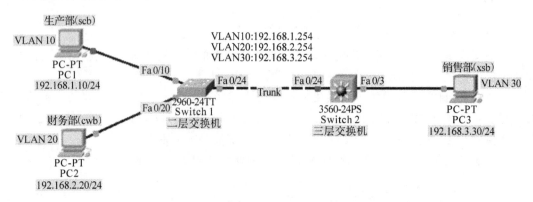

图 3-20　思科模式器实现 VLAN 间通信

【任务步骤】

第一步：在思科模拟软件 Packet Tracer5.3 中画如图 3-20 所示网络拓扑结构图。

第二步：测试网络连通性，分别在 PC1、PC2、PC3 上配置如图 3-20 所示 IP 地址及子网掩码，并验证网络连通性，并分析此时网络为什么是非连通状态。

第三步：配置二层交换机和三层交换机实现 VLAN 间通信。

二层交换机 Switch1 配置详解：

第 1 步：创建 VLAN 10，VLAN 20

```
Switch>enable                              ！进入特权模式
Switch#configure terminal                  ！进入全局配置模式
Switch(config)#hostname Switch1            ！配置交换机名称为"Switch1"
Switch1(config)#vlan 10                    ！全局配置模式下进入 VLAN 模式并创建 VLAN 10
Switch1(config-vlan)#name scb              ！把 VLAN 10 命名为 scb
Switch1(config-vlan)#vlan 20               ！VLAN 模式下创建 VLAN 20
Switch1(config-vlan)#name cwb              ！把 VLAN 20 命名为 cwb
```

第 2 步：给 VLAN 10，VLAN 20 分配端口

```
Switch1(config-vlan)#exit                        ！退出 VLAN 配置模式到全局配置模式
Switch1(config)#interface fastEthernet 0/10      ！从全局模式进入端口 fa 0/10
Switch1(config-if)#switchport mode access        ！配置 fa 0/10 端口接入模式（可省略）
```

```
Switch1(config-if)# switchport access vlan 10        ! 把该端口接入到 VLAN 10
Switch1(config-if)# interface fastEthernet 0/20      ! 从端口模式进入端口 fa 0/20
Switch1(config-if)# switchport mode access           ! 配置 fa 0/20 端口接入模式（可省略）
Switch1(config-if)# switchport access vlan 20        ! 把该端口接入到 VLAN 20
```

第 3 步：跨交换机相连端口设置为 Trunk 模式

```
Switch1(config-if)# interface fastEthernet 0/24              ! 从端口模式进入端口 fa 0/24
Switch1(config-if)# switchport mode trunk                    ! 配置该端口为 trunk 模式
Switch1(config-if)# switchport trunk allowed vlan all        ! 配置该 trunk 口在所有 VLAN 中
```

第 4 步：显示 VLAN 配置是否正确

```
Switch1(config-if)# end              ! 显示 VLAN 必须退出到特权模式
Switch1# show vlan
VLAN Name                    Status      Ports
---- ------------------------ --------- -------------------------------
1    default                  active    Fa0/1, Fa0/2, Fa0/3, Fa0/4
                                        Fa0/5, Fa0/6, Fa0/7, Fa0/8
                                        Fa0/9, Fa0/11, Fa0/12, Fa0/13
                                        Fa0/14, Fa0/15, Fa0/16, Fa0/17
                                        Fa0/18, Fa0/19, Fa0/21, Fa0/22
                                        Fa0/23, Gig1/1, Gig1/2
10   scb                      active    Fa0/10
20   cwb                      active    Fa0/20
```

三层交换机 Switch2 配置详解：

第 1 步：创建 VLAN10、VLAN20、VLAN 30

```
Switch>enable                            ! 进入特权模式
Switch# configure terminal               ! 进入全局配置模式
Switch(config)# hostname Switch2         ! 配置交换机名称为"Switch2"
Switch1(config)# vlan 10                 ! 全局配置模式下进入 VLAN 模式并创建 VLAN 10
Switch1(config-vlan)# name scb           ! 把 VLAN 10 命名为 scb
Switch1(config-vlan)# vlan 20            ! 在 VLAN 模式下创建 VLAN 20
Switch1(config-vlan)# name cwb           ! 把 VLAN 20 命名为 cwb
Switch2(config-vlan)# vlan 30            ! 在 VLAN 模式下创建 VLAN 30
Switch2(config-vlan)# name xsb           ! 把 VLAN 30 命名为 xsb
```

第 2 步：给 VLAN 30 分配端口

```
Switch2(config-vlan)# exit                           ! 退出 VLAN 配置模式到全局配置模式
Switch2(config)# interface fastEthernet 0/3          ! 从全局模式进入端口 fa 0/3
Switch2(config-if)# switchport mode access           ! 配置 fa 0/10 端口接入模式（可省略）
Switch2(config-if)# switchport access vlan 30        ! 把该端口接入到 VLAN 10
```

第 3 步：跨交换机相连端口设置为 Trunk 模式

```
Switch2(config-if)# interface fastEthernet 0/24      ! 从端口模式进入端口 fa 0/24
Switch2(config-if)# switchport mode trunk            ! 配置该端口为 trunk 模式
```

```
Switch2(config-if)#switchport trunk allowed vlan all    ！配置该 trunk 口在所有 VLAN 中
```

第 4 步：显示 VLAN 配置是否正确

```
Switch2(config-if)#end                                  ！显示 VLAN 必须退出到特权模式
Switch2#show vlan
VLAN Name                        Status    Ports
---------------------------------------------------------------------
1    default                     active    Fa0/1, Fa0/2, Fa0/4, Fa0/5
                                           Fa0/6, Fa0/7, Fa0/8, Fa0/9
                                           Fa0/10, Fa0/11, Fa0/12, Fa0/13
                                           Fa0/14, Fa0/15, Fa0/16, Fa0/17
                                           Fa0/18, Fa0/19, Fa0/20, Fa0/21
                                           Fa0/22, Fa0/23, Gig1/1, Gig1/2
30   xsb                         active    Fa0/3
```

验证测试：验证 PC1、PC2、PC3 网络连通性，并分析此时网络为什么还是非连通状态

第 5 步：配置 VLAN 端口 IP 地址及子网掩码

```
Switch2#configure terminal                              ！进入全局配置模式
Switch2(config)#interface vlan 10                       ！进入 SVI 端口 vlan 10
Switch2(config-if)#ip address 192.168.1.254 255.255.255.0     ！给 vlan 10 端口 IP 地址
Switch2(config-if)#no shutdown                          ！将该端口激活启用
Switch2(config-if)#interface vlan 20                    ！进入 SVI 端口 vlan 20
Switch2(config-if)#ip address 192.168.2.254 255.255.255.0     ！给 vlan 20 端口 IP 地址
Switch2(config-if)#no shutdown                          ！将该端口激活启用
Switch2(config-if)#interface vlan 30                    ！进入 SVI 端口 vlan 30
Switch2(config-if)#ip address 192.168.3.254 255.255.255.0     ！给 vlan 30 端口 IP 地址
Switch2(config-if)#no shutdown                          ！将该端口激活启用
```

验证测试：分别配置 PC1、PC2、PC3 网关为 VLAN10、VLAN20、VLAN30 的 IP 地址，验证 PC1、PC2、PC3 网络连通性，并分析此时网络为什么已经是互相连通状态。

2. 锐捷网络实验环境（使用锐捷真实网络配置）

【任务目的】
掌握通过三层交换机实现 VLAN 间通信。

【任务设备】
交换机选择：锐捷交换机 S21 和 S35 系列交换机各 1 台
PC 机选择：有以太网卡的 PC 机 3 台，3 台 PC 机的 IP 地址必须在同一网段
传输线缆：直通线 3 条，交叉线 1 条

【任务拓扑】
网络拓扑结构如图 3-21 所示。实验时，按照拓扑图进行网络连接，注意 PC 与交换机相连的端口与自己配置的端口是否一致，注意 PC 机 IP 地址设置不能在同一子网。

【任务步骤】
第 1 步：按照图 3-21 所示网络拓扑结构图连接 PC 与交换机、交换机与交换机，注意交换机普通口相连使用交叉线（目前智能交换机普通端口已经支持自动交叉功能），级连口相连使

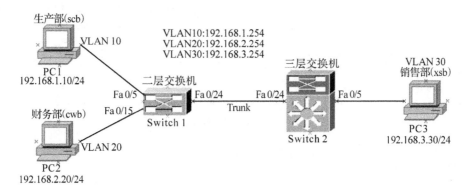

图 3-21 跨交换机实现 VLAN 拓扑结构

用直通线(锐捷系列交换机没有提供级连端口)。

第 2 步:测试网络连通性,分别在 PC1、PC2、PC3 上配置如图 3-21 所示 IP 地址及子网掩码,并验证网络连通性,并分析此时网络为什么是非连通状态。

第 3 步:配置二层交换机和三层交换机实现 VLAN 间通信。

【配置详解】

交换机 Switch1 配置详解:

第 1 步:创建 VLAN 10,VLAN 20

```
Switch>enable                              ! 进入特权模式
Switch#configure terminal                  ! 进入全局配置模式
Switch(config)#hostname Switch1            ! 配置交换机名称为"Switch1"
Switch1(config)#vlan 10                    ! 全局配置模式下进入 VLAN 模式并创建 VLAN 10
Switch1(config-vlan)#name scb              ! 把 VLAN 10 命名为 scb
Switch1(config-vlan)#vlan 20               ! VLAN 模式下创建 VLAN 20
Switch1(config-vlan)#name cwb              ! 把 VLAN 20 命名为 cwb
```

第 2 步:给 VLAN 10,VLAN 20 分配端口

```
Switch1(config-vlan)#exit                           ! 退出 VLAN 配置模式到全局配置模式
Switch1(config)#interface range fa 0/1-5            ! 进入一组端口 fa 0/1-5
Switch1(config-if)#switchport access vlan 10        ! 把该组端口接入到 VLAN 10
Switch1(config-if)#interface range fa 0/11-15       ! 进入一组端口 fa 0/11-15
Switch1(config-if)#switchport access vlan 20        ! 把该组端口接入到 VLAN 20
```

第 3 步:跨交换机相连端口设置为 Trunk 模式

```
Switch1(config-if)#interface fastEthernet 0/24      ! 从端口模式进入端口 fa 0/24
Switch1(config-if)#switchport mode trunk            ! 配置该端口为 trunk 模式
```

第 4 步:显示 VLAN 配置是否正确

```
Switch1(config-if)#end
Switch1#show vlan                                   ! 显示 VLAN 必须退出到特权模式
VLAN Name                    Status    Ports
----------------------------------------------------------------
1    default                 active    Fa0/6, Fa0/7, Fa0/8, Fa0/9
```

			Fa0/10,Fa0/16,Fa0/17,Fa0/18
			Fa0/19,Fa0/20,Fa0/21,Fa0/22
			Fa0/23,Fa0/24
10	scb	active	Fa0/1,Fa0/2,Fa0/3,Fa0/4
			Fa0/5,Fa0/24
20	cwb	active	Fa0/11,Fa0/12,Fa0/13,Fa0/14
			Fa0/15,Fa0/24

交换机 Switch2 配置详解：

第 1 步：创建 VLAN 10

```
Switch>enable                              ! 进入特权模式
Switch#configure terminal                  ! 进入全局配置模式
Switch(config)#hostname Switch2            ! 配置交换机名称为"Switch2"
Switch2(config)#vlan 10                    ! 全局配置模式下进入 VLAN 模式并创建 VLAN 10
Switch2(config-vlan)#name scb              ! 把 VLAN 10 命名为 scb
Switch1(config-vlan)#vlan 20               ! 在 VLAN 模式下创建 VLAN 20
Switch1(config-vlan)#name cwb              ! 把 VLAN 20 命名为 cwb
Switch2(config-vlan)#vlan 30               ! 在 VLAN 模式下创建 VLAN 30
Switch2(config-vlan)#name xsb              ! 把 VLAN 30 命名为 xsb
```

第 2 步：给 VLAN 30 分配端口

```
Switch2(config-vlan)#exit                          ! 退出 VLAN 配置模式到全局配置模式
Switch2(config)#interface range fa 0/1-5           ! 进入一组端口 fa 0/1-5
Switch2(config-if)#switchport access vlan 30       ! 把该组端口接入到 VLAN 30
```

第 3 步：跨交换机相连端口设置为 Trunk 模式

```
Switch2(config-if)#interface fastEthernet 0/24     ! 从端口模式进入端口 fa 0/24
Switch2(config-if)#switchport mode trunk           ! 配置该端口为 trunk 模式
```

第 4 步：显示 VLAN 配置是否正确

```
Switch2(config-if)#end                             ! 显示 VLAN 必须退出到特权模式
Switch2#show vlan
```

VLAN	Name	Status	Ports
1	default	active	Fa0/6,Fa0/7,Fa0/8,Fa0/9
			Fa0/10,Fa0/16,Fa0/17,Fa0/18
			Fa0/19,Fa0/20,Fa0/21,Fa0/22
			Fa0/23,Fa0/24
30	scb	active	Fa0/1,Fa0/2,Fa0/3,Fa0/4
			Fa0/5,Fa0/24

验证测试：验证 PC1、PC2、PC3 网络连通性，并分析此时网络为什么还是非连通状态

第 5 步：配置 VLAN 端口 IP 地址及子网掩码

```
Switch2#configure terminal                 ! 进入全局配置模式
Switch2(config)#interface vlan 10          ! 进入 SVI 端口 vlan 10
```

```
Switch2(config-if)#ip address 192.168.1.254 255.255.255.0    !给 vlan 10 端口 IP 地址
Switch2(config-if)#interface vlan 20                         !进入 SVI 端口 vlan 20
Switch2(config-if)#ip address 192.168.2.254 255.255.255.0    !给 vlan 20 端口 IP 地址
Switch2(config-if)#interface vlan 30                         !进入 SVI 端口 vlan 30
Switch2(config-if)#ip address 192.168.3.254 255.255.255.0    !给 vlan 30 端口 IP 地址
```

验证测试：分别配置 PC1、PC2、PC3 网关为 VLAN10、VLAN20、VLAN30 的 IP 地址，验证 PC1、PC2、PC3 网络连通性，并分析此时网络为什么已经是互相连通状态。

四、归纳总结

1. 二层交换机，只做同网段或同 VLAN 转发功能，要实现 VLAN 间的数据转发需要使用路由器，或者使用三层交换机。

2. 在三层交换机上使用 ip routing 命令将交换机转到三层工作模式。

3. 此时可以在每个 VLAN 上配上不同网段的 IP，不同 VLAN 之间的终端设备（如 PC）可以通过三层交换机互相通信。

4. 还可以将交换机端口配置成三层端口：no switchport，取消三层端口变二层端口命令：switchport，默认为二层交换端口；switchport。成为三层端口后就可以在其上配置 IP 地址，可以在路由器和交换机上走路由协议来连通不同网段，或在路由器上配静态路由也可以。

5. 以上 2 为必做；3 为 VLAN 间需要转发数据的场景、3 也叫 SVI，即 VLAN 虚端口；4 为仅仅把三层交换机当路由器的功能来用。

五、任务思考

1. 三层交换机的路由原理。

2. 三层交换机虚拟端口 SVI(Switch Virtual Interface)的配置步骤。

3. 三层交换机默认情况下是二层交换机，如何转到三层工作模式？三层交换机的端口默认是二层端口，如何转换成三层端口？

任务五　网络链路冗余——生成树

一、情境描述

假设你是某公司的网络管理员，由于公司办公楼有两幢，很多数据流量都是跨过两幢楼相连计算机进行转发，为了提高网络的可靠性，解决网络单点故障，在两台计算机之间采用两根网线互联，这样两根网线之间就形成了一个环路，现要在交换机上做适当配置，使网络避免环路。

二、知识储备

1. 生成树协议原理

生成树协议 STP(Spanning-Tree Protocol)：IEEE802.1d 标准。主要思想是：网络中存在备份链路时，只允许主链路激活，如果主链路因故障而被断开后，备用链路才会被打开。

主要作用:避免回路,冗余备份。生成树协议实现交换网络中,生成没有环路的网络,主链路出现故障,自动切换到备份链路,保证网络的正常通信。

运行了 STP 以后,交换机将具有以下功能:
- 发现环路的存在。
- 将冗余链路中的一个设为主链路,其他设为备用链路。
- 只通过主链路交换流量。
- 定期检查链路的状况。
- 如果主链路发生故障,将流量切换到备用链路。

环路问题将会导致:广播风暴、多帧复制,MAC 地址表的不稳定等问题,如图 3-22 所示。

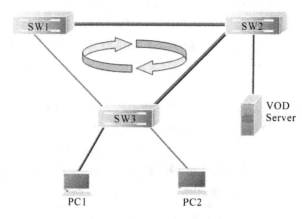

图 3-22　生成树解决环路问题

2. 交换机的优先级

配置交换机的优先级关系着到底哪个交换机为整个网络的根交换机,同时也关系到整个网络的拓扑结构,建议管理员把核心交换机的优先级设得高些(数值越小优先级越高),这样有利于整个网络的稳定。优先级的设置值有 16 个,都为 0 或者 4096 的倍数,分别是 0,4096,8192,12288,16384,20480,24576,28672,32768,36864,40960,45056,49152,53248,57344,61440。缺省优先级为 32768,排名第 9 位。

3. 交换机端口的优先级

当有两个端口都连在一个共享介质上,交换机会选择一个高优先级(数值越小优先级越高)的端口进入 forwarding 状态,低优先级(数值大)的端口进入 discarding 状态。如果两个端口的优先级一样,就选端口号小的那个进入 forwarding 状态。端口可配置的优先级值也有 16 个,都为 16 的倍数,分别是 0,16,32,48,64,80,96,112,128,144,160,176,192,208,224,240。缺省优先级为 128,排名第 9 位。

4. 配置 STP 步骤

交换机 STP 缺省值是 Disable,即关闭状态,交换机 STP 的默认优先级是 32768(即 Priority 是 32768),交换机端口默认优先级是 128(即 port 的 Priority 是 128)。

(1) Switch#configure terminal　　　！进入全局配置模式

(2) Switch(config)#spanning-tree　　！开启 STP 协议

(3) Switch(config)#spanning-tree mode stp/rstp/mstp　　！更改生成树协议类型,分为

生成树/快速生成树/多点生成树

(4)Switch(config)#spanning-tree priority <0-61440> !配置交换机的优先级,默认 32768

(5)Switch(config)#spanning-tree port-priority <0-240> !配置端口的优先级,默认 128

(6)Switch#show spanning-tree   !进入特权模式查看交换机生成树的状态

三、任务实施

使用锐捷真实网络配置(思科模拟软件环境与锐捷真实网络环境不同,在此不作介绍)

【任务目的】

掌握快速生成树协议 RSTP 解决环路问题的配置及原理。

【任务设备】

交换机选择:锐捷交换机 S21 或者 S35 系列交换机 2 台

PC 机选择:有以太网卡的 PC 机 2 台,2 台 PC 机的 IP 地址必须在同一网段。

传输线缆:直通线 4 条(锐捷交换机端口支持自动交叉功能)

【任务拓扑】

网络拓扑结构图如下图 3-23 所示。

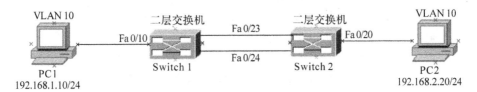

图 3-23　锐捷网络环境 STP 网络拓扑

【任务步骤】

第 1 步:按照图 3-23 所示网络拓扑结构图连接 PC 与交换机、交换机与交换机,注意交换机普通口相连使用交叉线,级连口相连使用直通线。

第 2 步:测试网络连通性,分别在 PC1、PC2、PC3 上配置如图 3-23 所示 IP 地址及子网掩码,并验证网络连通性,并分析此时网络为什么是非连通状态。注意观查相连端口指示灯不停闪烁,证明此时环路已经产生。

第 3 步:配置二层交换机快速生成树。

【配置详解】

交换机 Switch1 配置详解:

第 1 步:交换机 Switch1 基本配置

Switch>enable
Switch#configure termina
Switch(config)#hostname Switch1
Switch1(config)#vlan 10
Switch1(config-vlan)#exit
Switch1(config)#interface fa 0/10
Switch1(config-if)#switchport access vlan 10

```
Switch1(config-if)#interface range fa0/23-24
Switch1(config-if)#switchport mode trunk
Switch1(config-if)#exit
```

第 2 步：配置交换机 Switch1 快速生成树

```
Switch1(config)#spanning-tree                    ! 开启 STP 协议
Switch1(config)#spanning-tree mode rstp          ! 更改生成树协议类型为 RSTP
Switch1(config)#spanning-tree priority 4096      ! 配置交换机的优先级
```

验证测试：验证 PC1、PC2 网络连通性，并分析此时网络为什么还是非连通状态（交换机 Switch2 未配置）

交换机 Switch2 配置详解：

第 1 步：交换机 Switch1 基本配置

```
Switch>enable
Switch#configure termina
Switch(config)#hostname Switch2
Switch2(config)#vlan 10
Switch2(config-vlan)#exit
Switch2(config)#interface fa 0/20
Switch2(config-if)#switchport access vlan 10
Switch2(config-if)#interface range fa0/23-24
Switch2(config-if)#switchport mode trunk
Switch2(config-if)#exit
```

验证测试：验证 PC1、PC2 网络连通性，并分析此时网络为什么还是非连通状态（交换机 Switch2 未开启生成树协议）

第 2 步：配置交换机 Switch2 快速生成树

```
Switch2(config)#spanning-tree                    ! 开启 STP 协议
Switch2(config)#spanning-tree mode rstp          ! 更改生成树协议类型为 RSTP
```

验证测试：验证 PC1、PC2 网络连通性，并分析此时网络为什么已经是连通状态
注意：交换机 Switch2 未配置优先级，使用了默认优先级 32768

四、归纳总结

1. 配置完成验证测试网络连通后不停的发 ping 包，先拔掉 Fa0/24 网线，观查此时不会丢包，原因是数据包默认靠优先级高的端口转发，而端口数值越小优先级越高；如果两个端口的优先级一样，就选端口号小的那个进入 forwarding（转发）状态；当插上 Fa0/24 网线，拔掉 Fa0/23 网线后，观查此时会丢包，快速生成树丢包数为一个。

2. 锐捷交换机缺省是关闭 spanning-tree 的，如果网络在物理上存在环路，则必须手工开启 spanning-tree。

3. 锐捷全系列交换机默认开启生成树为 mstp 协议，在配置时注意生成树协议的版本。

五、任务思考

1. 生成的树协议版本。

2. 交换机优先级及交换机端口优先级如何配置？默认优先级是多少？
3. 生成树 STP 的配置步骤。

任务六　网络链路冗余——端口聚合

一、情境描述

假设你是某公司的网络管理员，由于公司办公楼有两幢，很多数据流量都是跨过两幢楼相连计算机进行转发，因此需要提高交换机之间的传输带宽，并实现冗余备份，为此在两台计算机之间采用两根网线互联，这样两根网线之间就形成了一个环路，为了解决环路问题，可以通过配置交换机端口聚合技术解决。

二、知识储备

1. 端口聚合原理

端口聚合将交换机上的多个端口在物理上连接起来，在逻辑上捆绑在一起，形成一个拥有较大宽带的端口，形成一条干路，可以实现均衡负载，并提供冗余链路。802.3ad 标准定义了如何将两个以上的以太网链路组合起来为高带宽网络连接实现负载共享、负载平衡以及提供更好的弹性。

端口聚合 802.3ad 优点：
- 链路聚合技术（也称端口聚合）帮助用户减少了这种压力。
- 802.3ad 的另一个主要优点是可靠性。
- 链路聚合标准在点到点链路上提供了固有的、自动的冗余性。

聚合端口 AP(AggregatePort)根据报文的 MAC 地址或 IP 地址进行流量平衡，即把流量平均地分配到 AP 的成员链路中去，流量平衡可以根据源 MAC 地址、目的 MAC 地址或源 IP 地址/目的 IP 地址对。聚合端口进行流量平衡如图 3-24 所示。

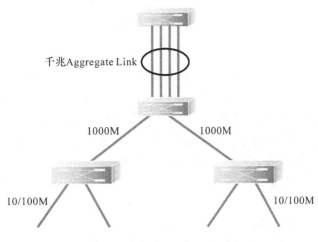

图 3-24　聚合端口进行流量平衡

2.配置端口聚合步骤(以锐捷交换机为例)

锐捷交换机使用链路汇聚技术增加带宽,解决环路配置步骤如下:

(1)Switch#configure terminal　　　!进入全局配置模式

(2)Switch(config)#interface range port-range　　　!选择一组端口

(3)Switch(config-if-range)#port-group port-group-number　　!把该组端口加入到一个聚合口 AggregatePort,如果此聚合端口不存在,则同时创建这个聚合端口 AggregatePort

(4)Switch(config-if)#interface aggregateport port-group-number　　!进入该聚合端口

(5)Switch(config-if)#switchport mode trunk　　　!配置该聚合端口为主干模式

(6)Switch#show vlan　　　!进入特权模式查看聚合端口配置是否正确

三、任务实施

使用锐捷真实网络配置(思科模拟软件环境与锐捷真实网络环境不同,在此不作介绍)

【任务目的】

掌握快速生成树协议 RSTP 解决环路问题的配置及原理。

【任务设备】

交换机选择:锐捷交换机 S21 或者 S35 系列交换机 2 台

PC 机选择:有以太网卡的 PC 机 2 台,2 台 PC 机的 IP 地址必须在同一网段

传输线缆:直通线 4 条(锐捷交换机端口支持自动交叉功能)

【任务拓扑】

网络拓扑结构图如下图 3-25 所示。

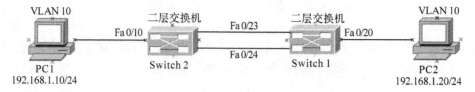

图 3-25　锐捷真实环境端口聚合拓扑结构

【任务步骤】

第 1 步:按照图 3-24 所示网络拓扑结构图连接 PC 与交换机、交换机与交换机,注意交换机普通口相连使用交叉线,级连口相连使用直通线(目前智能交换机构支持自动交叉)。

第 2 步:测试网络连通性,分别在 PC1、PC2、PC3 上配置如图 3-25 所示 IP 地址及子网掩码,并验证网络连通性,并分析此时网络为什么是非连通状态。注意观查相连端口指示灯不停闪烁,证明此时环路已经产生,形成广播风暴。

第 3 步:配置二层交换机端口聚合。

【配置详解】

交换机 Switch1 配置详解:

第 1 步:交换机 Switch1 基本配置

Switch>enable

```
Switch#configure termina
Switch(config)#hostname Switch1
Switch1(config)#vlan 10
Switch1(config-vlan)#exit
Switch1(config)#interface fa 0/10
Switch1(config-if)#switchport access vlan 10
Switch1(config-if)#exit
```

第2步:配置交换机 Switch1 端口聚合

```
Switch1(config)# interface range fa0/23-24        !选择进入一组端口
Switch1(config-if-range)#port-group 2             !把该组端口加入到一个聚合端口2
Switch1(config-if-range)#interface aggregateport 2  !进入该聚合端口2
Switch1(config-if)#switchport mode trunk          !配置该聚合端口为主干模式
```

第3步:验证测试,验证 PC1、PC2 网络连通性,并分析此时网络为什么还是非连通状态
交换机 Switch2 配置详解:
第1步:交换机 Switch1 基本配置

```
Switch>enable
Switch#configure termina
Switch(config)#hostname Switch2
Switch2(config)#vlan 10
Switch2(config-vlan)#exit
Switch2(config)#interface fa 0/20
Switch2(config-if)#switchport access vlan 10
Switch2(config-if)#exit
```

第2步:配置交换机 Switch1 端口聚合

```
Switch2(config)# interface range fa0/23-24        !选择进入一组端口
Switch2(config-if-range)#port-group 2             !把该组端口加入到一个聚合端口2
Switch2(config-if-range)#interface aggregateport 2  !进入该聚合端口2
Switch2(config-if)#switchport mode trunk          !配置该聚合端口为主干模式
Switch2(config-if)#end                            !显示 VLAN 必须退出到特权模式
Switch2#show vlan
```

VLAN	Name	Status	Ports
1	default	active	Fa0/1, Fa0/2, Fa0/4, Fa0/5
			Fa0/6, Fa0/7, Fa0/8, Fa0/9
			Fa0/10, Fa0/11, Fa0/12, Fa0/13
			Fa0/14, Fa0/15, Fa0/16, Fa0/17
			Fa0/18, Fa0/19, Fa0/20, Fa0/21
			Fa0/22, Gig1/1, Gig1/2, Ag2
10	VLAN0010	active	Fa0/20, Ag2

注意:Fa0/23、Fa0/24 已经不在 VLAN 1 里面,Ag2 里聚合了 Fa0/23、Fa0/24,并且为 trunk 口,默认属于所有 VLAN

第 3 步：验证测试，验证 PC1、PC2 网络连通性，并分析此时网络为什么已经是连通状态

四、归纳总结

1. 聚合端口的速度必须一致；
2. 聚合端口必须属于同一个 VLAN，或者为主干端口 trun 大门；
3. 聚合端口使用的传输介质相同；
4. 聚合端口必须属于同一层次，并与 AP 也要在同一层次；
5. 锐捷系统交换机上最多支持 6 个 AP 聚合端口，一个聚合端口最多支持 8 个端口聚合；
6. 当交换机之间的一条链路断开时，PC1 与 PC2 仍能互相通信，而且不会丢包。

五、任务思考

1. 端口聚合的原理。
2. 网上查找关于思科交换机聚合的配置步骤，用思科模拟软件实现其配置。
3. 端口聚合的配置步骤。

项目四　多区域网络互联路由器配置与管理

某企业随着业务不断增长，企业规模也在不断地扩大，先后在总公司附近开了两家分公司，使公司规模拓展为三个独立的区域，为了满足企业信息化的需要，实现各分公司互相联通，需要把三个独立区域进行合并，实现企业信息化。为了节约资源，总公司网络整合现有资源，以总公司网络为核心，分公司通过千兆光纤接入到总公司，实现三个独立区域互联，可以通过路由器静态路由、动态 RIP 路由及动态 OSPF 路由协议来实现。

一、教学目标

最终目标：利用路由器组建多区域网。

促成目标：

1. 能够配置与管理 SOHO 路由器；
2. 能够配置通过 Telnet 远程管理路由器；
3. 能够配置静态路由实现网络互通；
4. 能够配置 RIP 动态路由实现全网互通；
5. 能够配置 OSPF 动态路由实现全网互通。

二、工作任务

1. 配置与管理 SOHO 路由器；
2. 配置通过 Telnet 远程管理路由器；
3. 配置静态路由实现网络互通；
4. 配置 RIP 动态路由实现全网互通；
5. 配置 OSPF 动态路由实现全网互通。

任务一　家居 SOHO 宽带路由器的配置与管理

一、情境描述

假设你想组建一个家居办公网，或者你上班的公司是一个写字楼，你想组建一个微型办公网，考虑到实现容易、经济实惠、管理方便等因素，你选择了使用 ADSL 宽带上网方式，为了解决网络安全稳定可靠性，你需要配置 SOHO 路由器来实现。

二、知识储备

1. ADSL 原理

ADSL,即非对称数字用户线,它是一种通过标准双绞电话线给家庭、办公室用户提供宽带数据服务的技术,并且还能实现电话与数据业务互不干扰,传输距离可达 3km～5km。

ADSL 宽带业务同时为用户提供了 3 个信息通道:一条是传输速率为 1.5Mbit/s～9Mbit/s 的高速下行通道,用于用户下载信息;一条是传输速率为 640kbit/s～1Mbit/s 的中速双工通道,用于用户上传输出信息;还有一条是普通的老式电话服务通道,用于普通电话服务。

ADSL 目前已经广泛地应用在家庭上网中,ADSL 上网无须拨号,并可同时连接多个设备,包括 ADSL Modem、普通电话机和个人计算机等。

2. SOHO 路由器与企业级路由器比较

SOHO 路由器:WAN 口(以太网口)支持多种宽带技术的接入方式,如现在流行的宽带接入 xDSL、Cable Modem,和宽带以太网(Ethernet)等,也支持通常的一些接入方式,比如说:56K Modem,ISDN 等。可允许多个用户共用同一个账号实现宽带接入。内置 DHCP 服务器的功能和交换机端口,便于用户组网;内建防火墙(SPI);支持 VPN 功能,可作 Gateway-Gateway 或 Client-Gateway 的 VPN;简单基于浏览器的配置方式,支持访问权限控制;支持路由协议,如静态路由、RIP、RIP_V2;支持 WEB 访问内容静态和动态的过滤;支持虚拟主机(Local Server Mapping);支持 DMZ 主机以及对特殊应用比如:网上视频,网上电话,网上游戏等。

企业级路由器:是工作在 OSI 参考模型的第三层(网络层)的数据包转发设备,路由器通过转发数据包来实现网络互连。路由器通常用于节点众多的大型企业网络环境,与交换机和网桥相比,在实现骨干网的互联方面,路由器、特别是高端路由器有着明显的优势。路由器高度的智能化,对各种路由协议、网络协议和网络接口的广泛支持,还有其独具的安全性和访问控制等功能和特点是网桥和交换机等其他互联设备所不具备的。企业路由器用于连接多个逻辑上分开的网络,所谓的逻辑网络就是代表一个单独的网络或者一个子网。当数据从一个子网传输到另一个子网时,可通过路由器来完成。事实上,企业路由器主要是连接企业局域网与广域网(互联网,Internet);一般来说,企业异种网络互联,多个子网互联,都应当采用企业路由器来完成。企业路由器实际上就是一台计算机,因为它的硬件和计算机类似;路由器通常包括处理器(CPU);不同种类的内存主要用于存储信息;各种端口主要用于连接外围设备或允许它和其他计算机通信;操作系统主要提供各种功能。

三、任务实施

【任务目的】

1. 掌握 SOHO 网络组建及连接。
2. 掌握 SOHO 网络局域网 PC 机的 TCP/IP 配置。
3. 掌握 SOHO 路由器全部配置过程。

【任务设备】

1. SOHO 4 口路由器 1 台(本任务使用的是 Mercury 水星 SOHO 路由器),ADSL 调制解调器 1 台,SOHO 8 口交换机或者集线器 1 台

2. 直通线至少2条,交叉线1条
3. PC机至少1台

【任务拓扑】

用直通线将 SOHO 路由器的 WAN 口与 ADSL 调制解调器 RJ45 口相连,用交叉线将路由器的其中任意一个 LAN 口与交换机普通口相连(或者用直通线将路由器的其中任意一个 LAN 口与集线器 Uplink 口相连),用直通线将计算机与交换机相连。互联效果如图 4-1 所示。

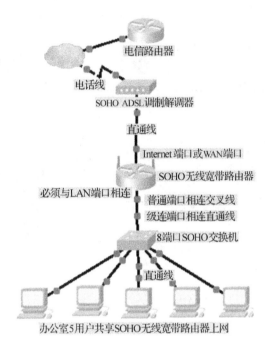

图 4-1 SOHO 宽带路由器上网拓扑结构

【任务步骤】

第1步:硬件连接(记得把线都接好,别忘了开启路由器)

ADSL 猫与路由器的连接:一般家庭所用路由器,有五个口,即一个 WAN 口,四个 LAN 口,ADSL 猫出来的网线自然要接入到 WAN 口上。(注意连错了网络上不了)

电脑与路由器的连接:WAN 口被接入了,那么就剩下 LAN 口就是为电脑所用的了,四个口怎么接都可以,如果你有超过 4 台以上的电脑,那么直接加交换机就可以了,加一根路由跟交换机之间的连通线就可以了如图 4-2 所示。

第2步:配置计算机 TCP/IP 属性

也可以选择动态获取 IP 地址的方式,但是我们推荐手动配置计算机的 IP 地址,配置步骤如图 4-3 至图 4-6 所示。

第3步:配置路由器

一般家庭级的路由器都是用过 web 页面来配置,主页面管理 IP 就是 LAN 口 IP(即内网网关 IP),一般路由器的这个 IP 为 192.168.1.1 或是 192.168.0.1。

打开 IE 浏览器,在地址栏里输入刚才咱们看到的默认网关的地址!回车后,可以看见一个让你输入用户名和密码的对话框,如图 4-7 所示。

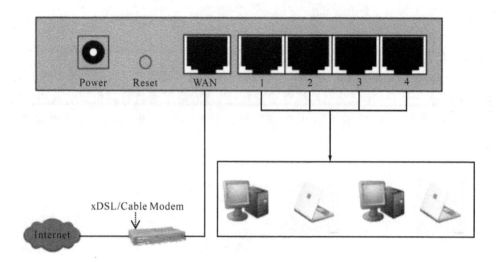

图 4-2　硬件连接

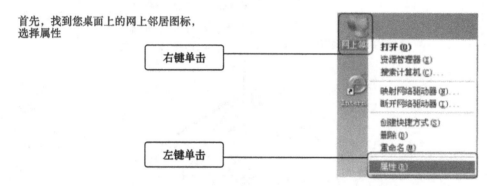

图 4-3　网络邻居属性

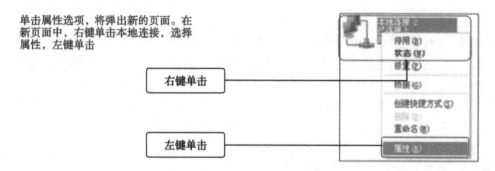

图 4-4　本地连接属性

在这里,如果是新路由器,它有一个默认的用户名和密码一般默认均为 Admin(根据品牌而定,可查看操作手册):如图 4-8 所示。

如图 4-9 所示进入设置向导对话框,直接单击下一步进入图 4-9 选择上网方式对话框。

在如图 4-10 三种上网方式中,选择第一种 ADSL 虚拟拨号方式(PPPoE),第二种以太网宽带,自动从网络服务商获取 IP 地址(动态 IP)上网方式就是目前的小区宽带 LAN 方式,此方式需要动态拨号获取 IP 地址,第三种以太网宽带,网络服务商提供的固定 IP 地址(静态 IP)

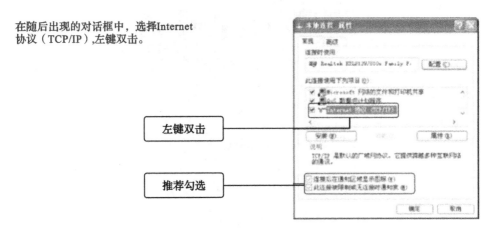

图 4-5　TCP/IP 对话框

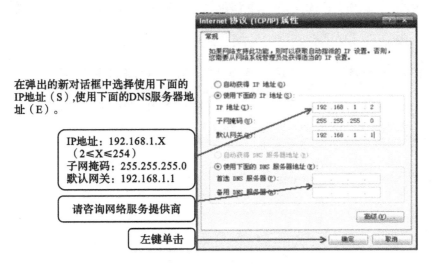

图 4-6　TCP/IP 配置

图 4-7　WEB 管理登录界面

上网方式就是目前的小区宽带 LAN 方式,此方式不需要拨号获取 IP 地址直接可以上网。选择好单击下一步进入图 4-11 所示对话框。

在图 4-11 对话框中输入从网络服务商申请过来的上网账号及口令。输入完单击下一步进入图 4-12 所示对话框。单击完成路由器自动拨号获取动态 IP 地址。

图 4-8 用户名密码对话框

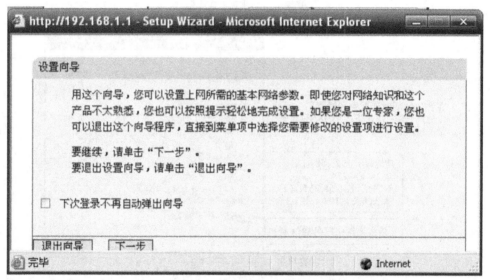

图 4-9 设置向导对话框

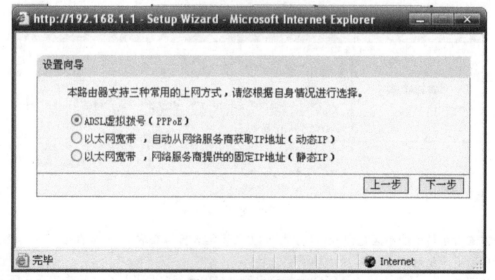

图 4-10 上网方式选择

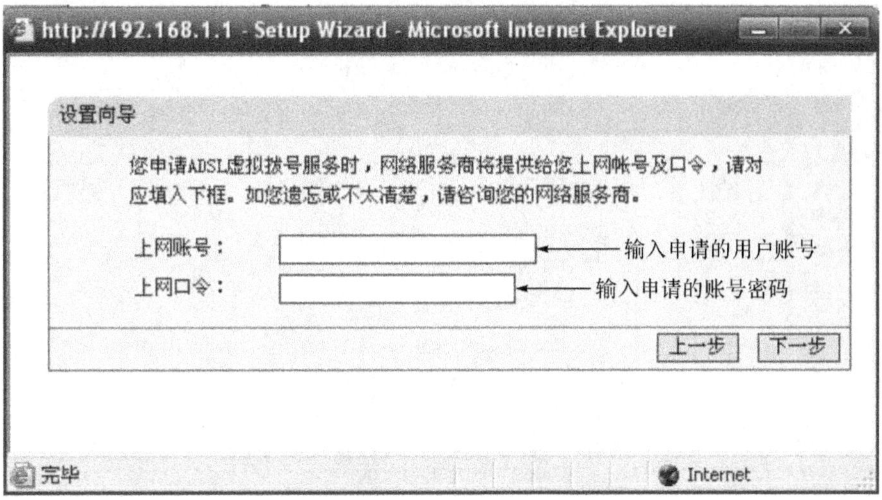

图 4-11 账号口令输入框

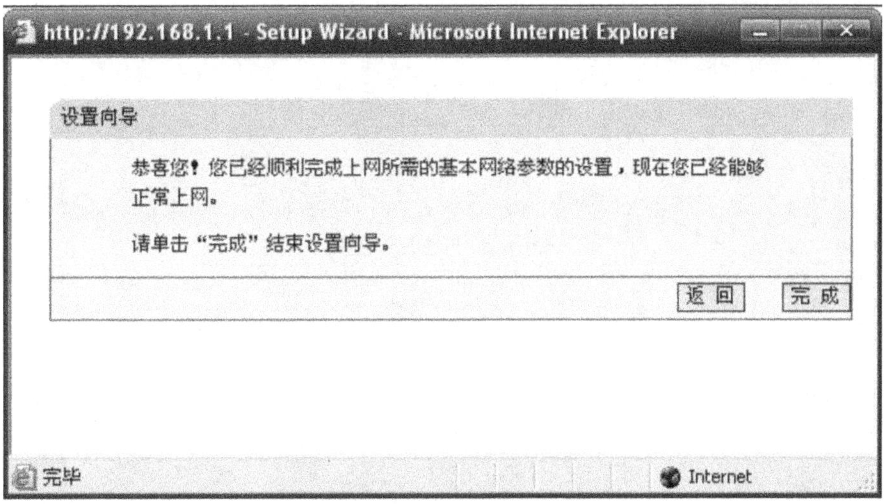

图 4-12 向导完成对话框

在如图 4-13 对话框中可以查看 LAN 口状态，WAN 口拨号动态获取的 IP 配置信息，以及 WAN 口流量统计信息，可以查看带宽。

选择菜单网络参数，显示如图 4-14 所示 LAN 口设置对话框，在此可以修改默认 LAN 口 IP 地址及子网掩码，注意修改后管理 IP 及内网计算机网关均为修改后的 LAN 口 IP 地址，如果忘记了修改后的 IP 地址，可以按下设备上的重置（reset）按钮 10 秒钟又可以使用默认 LAN 口 IP 地址。

如果正常情况下拨号模式无法连接成功，可以选择 WAN 口其他特殊拨号模式，如图 4-15 所示。

在"MAC 地址克隆"对话框中可以设置路由器对广域网的 MAC 地址，注意只有局域网中的计算机 MAC 地址才能作为克隆 MAC 地址。如图 4-16 所示。

选择左侧菜单"DHCP 服务器"选项，本路由器内建 DHCP 服务器功能，它可以自动配置局域网中计算机的 TCP/IP 配置信息，此设置可以修改，如图 4-17 所示。

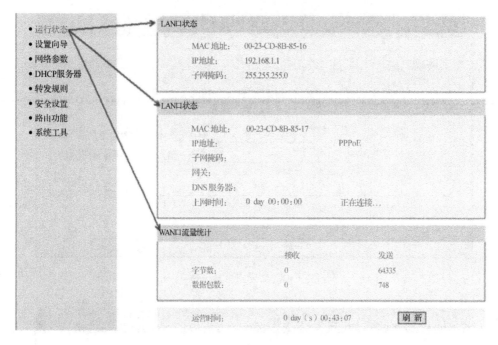

图 4-13 TCP/IP 配置

图 4-14 LAN 口设置对话框

在左侧菜单中选择"客户端列表"显示如图 4-18 所示对话框，此对话框显示局域网计算机已经获取到 IP 地址信息及此计算机名与网卡的 MAC 地址。

在左侧菜单中选择"静态地址分配"选项显示如图 4-19 所示对话框，可以在本页中设置绑定局域网计算机的 IP 地址，前提是要通过 ipconfig、nbtstat 等命令获取局域网计算机网卡的 MAC 地址，这样就为局域网中的计算机绑定静态 IP 地址。

选择"转发规则"菜单"虚拟服务器"子菜单选项，如图 4-20 所示，此选项可以建立局域网服务器与广域网服务端口之间的映射关系，使得所有对广域网指定端口的访问将会被重定位给通过 IP 指导定的局域网服务器，图中的案例是指所有对 WAN 口 IP 端为 21 的访问映射到局域网上 192.168.1.10 局域网虚拟服务器上。

选择"安全设置"菜单"防火墙设置"子菜单选项，如图 4-21 所示，对防火墙各个过滤功能的开启与关闭进行设置，注意只有防火墙开启的时候，后续的"IP 地址过滤"、"域名过滤"、

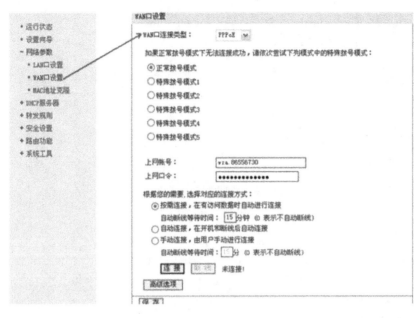

图 4-15　WAN 口设置对话框

图 4-16　MAC 地址克隆对话框

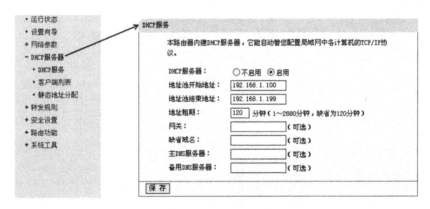

图 4-17　DHCP 服务对话框

"MAC 地址过滤"菜单功能设置才会生效。

　　选择"安全设置"菜单"IP 地址过滤"子菜单选项,如图 4-22 所示,你可以利用按钮"添加新条目"来增加新的过滤规则;或者通过"编辑"、"删除"链接来修改或者删除过滤规则;还可以通

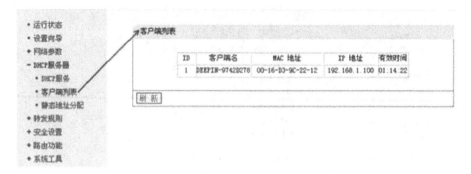

图 4-18　客户端列表对话框

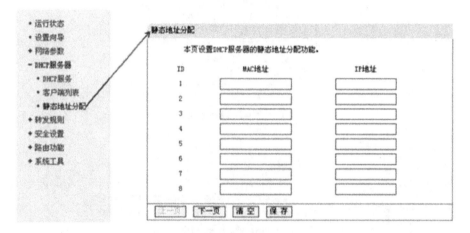

图 4-19　静态地址分配对话框

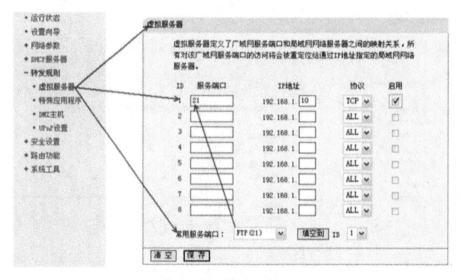

图 4-20　虚拟服务器对话框

过按钮"移动"来调整各条目过滤规则的顺序,达到不同的过滤优先级,注意添加条目后必须选择使所有条目生效过滤规则才会生效,反之失效。

选择"安全设置"菜单"域名过滤"子菜单选项,如图 4-23 所示,通过域名过滤来限制局域

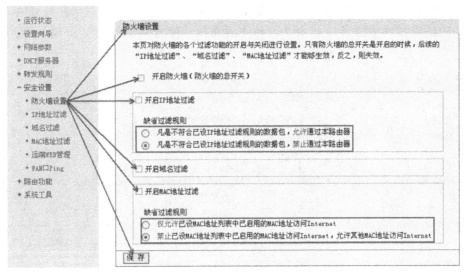

图 4-21 防火墙设置对话框

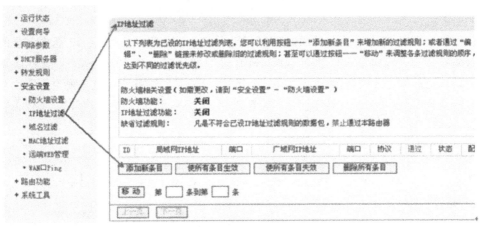

图 4-22 IP 地址过滤对话框

网中的计算机对某些网站的访问,注意必须在开启防火墙后才有效,图中条目是限制访问域名为 www.abc.com 网站。

图 4-23 域名过滤对话框

选择"安全设置"菜单"MAC 过滤"子菜单选项,如图 4-24 所示,通过限制局域网 MAC 地址过滤来控制局域网中的计算机对 Internet 的访问。注意必须开启防火墙功能及使条目生效。

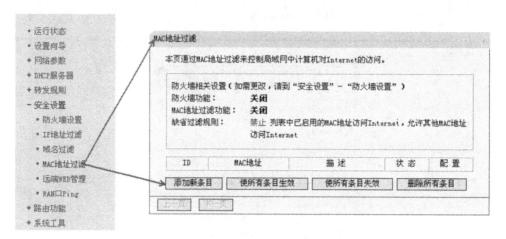

图 4-24　MAC 过滤对话框

选择"安全设置"菜单"远端 WEB 管理"子菜单选项,如图 4-25 所示,设置路由器的远端 WEB 管理端口和广域网中可以执行远端 WEB 管理的计算机的 IP 地址。注意默认端口为 80,改变端口访问随之改变(例如 http://192.168.1.1:88),注意此功能需要重启路由器后才生效,默认管理 IP 是 0.0.0.0,拒绝所有计算机远端管理,如果需要所有计算机都能远端管理,可设置远端管理 IP 为 255.255.255.255。

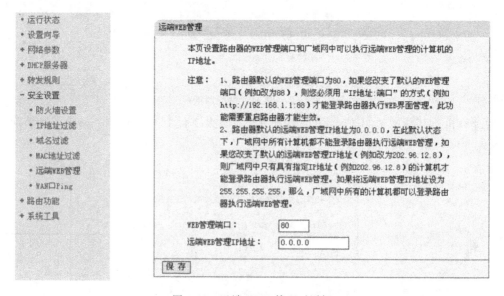

图 4-25　远端 WEB 管理对话框

选择"路由功能"菜单"静态路由表"子菜单选项,如图 4-26 所示,可以设置路由器的静态路由信息,注意网关的设置需要知道与本路由器相连路由器接口 IP 地址。

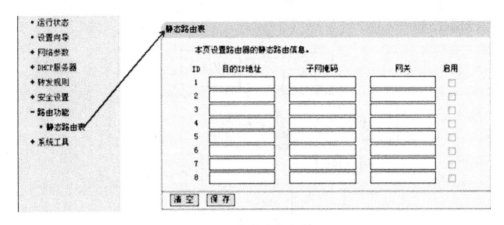

图 4-26 静态路由对话框

四、归纳总结

1. 用直通线将 SOHO 路由器的 WAN 口与 ADSL 调制解调器 RJ45 口相连，用交叉线将路由器的其中任意一个 LAN 口与集线器普通口相连（或者用直通线将路由器的其中任意一个 LAN 口与集线器 Uplink 口相连），用直通线将计算机与集线器（或者交换机）相连。

2. 一般家庭级的路由器都是用 web 页面来配置，主页面管理 IP 就是 LAN 口 IP 地址，此 IP 地也是局域网 PC 机网关 IP 地址，局域网 PC 机 IP 地址必须与网关在同一网段，如果修改了 LAN 口 IP 地址，路由器重启后才会生效，局域网 IP 地址与网关 IP 地址也随之改变。

3. 对防火墙各个过滤功能的开启与关闭进行设置，注意只有防火墙开启的时候，后续的"IP 地址过滤"、"域名过滤"、"MAC 地址过滤"菜单功能设置才会生效。

4. 默认管理 IP 是 0.0.0.0，拒绝所有计算机远端管理，如果需要所有计算机都能远端管理，可设置远端管理 IP 为 255.255.255.255。

五、任务思考

1. SOHO 路由器与企业级路由器的区别是什么？
2. ADSL 实现原理及 Internet 接入方式有哪些？
3. 如何设置 SOHO 路由器的 IP 地址过滤、域名过滤及 MAC 地址过滤规则？

任务二　通过 Telnet 远程管理路由器

一、情境描述

你是某公司的网络管理员，你希望在以后工作中能在办公室或者出差时远程管理公司的路由器，你需要开启公司的路由器的远程管理功能，为了远程管理安全，你需要配置远程登录密码为 ruijie，还需要配置进入特权用户模式密码为 start。

二、知识储备

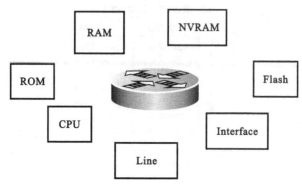

图 4-27 路由器的组成

1. 路由器的组成如图 4-27 所示

ROM（只读存储器）：相当于 PC 机的 BIOS

FLASH（闪存储器）：相当于 PC 机硬盘，包含 IOS

NVRAM（非易失随机存储器）：保存配置文件

RAM：随机存储器

2. 路由器的接品类型

配置接口：Console 操作控制台接口，用于本地配置；AUX 用于远程拨号配置。如图 4-28 所示。

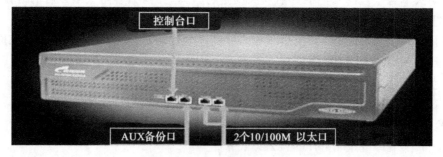

图 4-28 配置接口

局域网接口：连接局域网的快速以太网接口 FastEthernet。如图 4-29 所示。

图 4-29 配置口和局域网接口

广域网接口：连接广域网的高速同步串口和广域网高速异步串口。如图 4-30 所示。

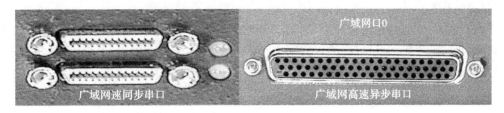

图 4-30　广域网接口

3．路由器常用的六种模式

（1）普通用户模式

进入路由器后得到的第一个操作模式，该模式下可以简单查看路由器的软、硬件版信息，并进行简单的测试。

用户模式提示符为：Route＞

（2）特权用户模式

由用户模式进入的下一级模式，该模式下可以对路由器的配置文件进行管理，查看路由器的配置信息，进行网络的测试和调试等。

特权用户模式提示符为：Route♯

（3）全局配置模式

属于特权模式的下一级模式，该模式下可以配置路由器的全局性参数。在该模式下可以进入下一级的配置模式，对路由器具体的功能进行配置。

全局配置模式提示符为：Route(config)♯

（4）全局配置模式下的端口模式

属于全局模式的子模式，该模式下可以对路由器的端口进行参数配置。

端口模式提示符为：Route(config-if)♯

（5）线程配置模式

属于全局模式的子模式，该模式下可以配置路由器的远程管理。

线程配置模式提示符为：Route(config-line)♯

（6）路由配置模式

属于全局模式的子模式，该模式下可以对路由器进行静态路由、动态路由配置。

VLAN 配置模式提示符为：Route(config-router)♯

三、任务实施

【任务目的】

1．掌握通过 Conslole 口登录路由器

2．掌握配置路由器支持政协委员登录，远程密码为 ruijie，远程特权密码为 start

3．掌握客户端远程登录 TCP/IP 设置

4．掌握验证配置

【任务设备】

1．锐捷路由器系列 1 台

2．PC 机 1 至 2 台（本任务使用两台）

3．Console 线 1 根，交叉线 1 根

【任务拓扑】

路由器的 Console 口（配置口）与终端 PC 机的 Com 口（RS232 串口）相连，路由器的快速以太口 Fa0/1 与远程登录 PC 机的以太网卡相连，终端 PC 可以不配置 IP 地址，远程登录 PC 机 IP 地址必须要与相连接口 Fa0/1 在同一网段，网关必须为 Fa0/1 接口 IP 地址。如图 4-31 所示。

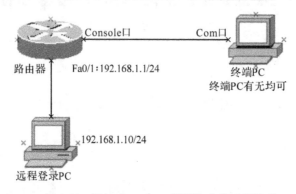

图 4-31　通过 Console 口配置路由器远程管理

【任务步骤】

第 1 步：硬件连接

Console 线在购置网络设备时会提供，它是一条反转线，你也可以自己用双绞线进行制作。按照上面拓扑结构进行连线，注意：不要把反转线连接在网络设备的其他接口上，这有可能导致设备损坏。

第 2 步：终端 PC 机配置

在 PC 机上选择开始菜单→程序→附件→通讯→超级终端打开如图 4-31 所示新建连接窗口。

在"名称"文本框中键入需新建超的级终端连接项名称，这主要是为了便于识别，没有什么特殊要求，我们这里键入"Ruijie"，如果您想为这个连接项选择一个自己喜欢的图标的话，您也可以在下图的图标栏中选择一个，然后单击"确定"按钮，弹出如图 4-32 所示的对话框。

图 4-32　选择连接类型

在"连接时使用"下拉列表框中选择与交换机相连的计算机的串口。单击"确定"按钮,弹出如图 4-32 所示的对话框。配置参数如图 4-33 所示。

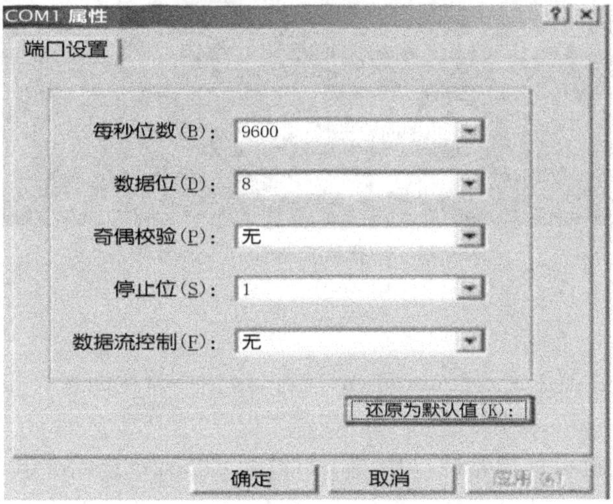

图 4-33 端口设置

超级终端连接正确,参数配置正确后,键入回车键就能够登陆交换机,进入交换机的用户模式

第 3 步:配置路由器

1)配置交换机的管理 IP 地址

```
Router>enable                             !进入特权模式
Router#configure terminal                 !进入全局配置模式
Router(config)#hostname Ruijie            !配置路由器名称为"Ruijie"
Ruijie(config)#interface fa 0/1           !进入管理接口配置模式
Ruijie(config-if)#ip address 192.168.1.1 255.255.255.0   !配置管理接口 ip 地址
Ruijie(config-if)#no shutdown             !开启路由器的管理接口
```

2)配置交换机的远程虚拟终端登录密码

```
Ruijie(config-if)#exit                    !退出 fa 0/1 配置模式到全局配置模式
Ruijie(config)#line vty 0 4               !进入线程模式允许 5 个线程远程登录
Ruijie(config-line)#login                 !允许登录
Ruijie(config-line)#password Ruijie       !配置远程登录明文密码为"Ruijie"
Ruijie(config-line)#exit                  !退出线程配置模式
```

3)配置交换机特权模式密码

```
Ruijie(config)#enable secret 123456       !配置远程登录特权用户密文密码为"123456"
```

4)保存配置

```
Ruijie(config)#copy running-config startup-config   !保存交换机配置
```

第 4 步:验证测试

从 PC 机上通过交叉网线远程登录到路由器上并进入特权模式密码输入如图 4-34 所示。

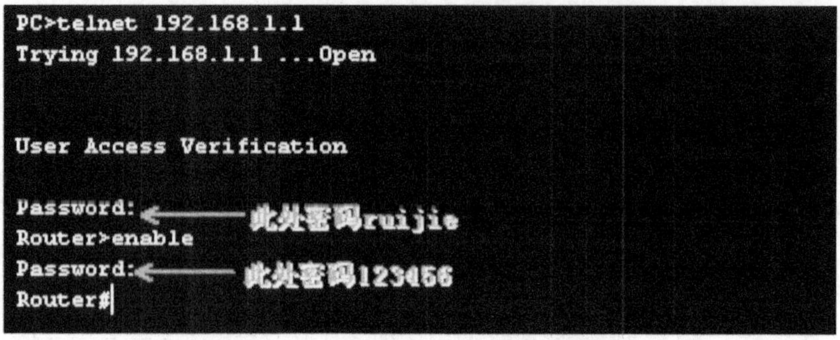

```
PC>telnet 192.168.1.1
Trying 192.168.1.1 ...Open

User Access Verification

Password:      ← 此处密码ruijie
Router>enable
Password:      ← 此处密码123456
Router#
```

图 4-34 远程登录及进入特权模式

四、归纳总结

1. 路由器的接口缺省是关闭（Shutdown）状态，因此必须在配置好接口 IP 地址后开启该接口，使用命令为："no shutdown"。

2. 路由器的 Console 口（配置口）与终端 PC 机的 Com 口（RS232 串口）相连，路由器的快速以太口 Fa0/1 与远程登录 PC 机的以太网卡相连，终端 PC 可以不配置 IP 地址，远程登录 PC 机 IP 地址必须要与相连接口 Fa0/1 在同一网段，网关必须为 Fa0/1 接口 IP 地址。

3. 路由器常用的六种模式：
用户模式：Router>
特权模式：Router #
全局模式：Router(config)#
端口模式：Router(config-if)#
线程配置模式：Router(config-line)#
路由协议配置模式：Router(config-router)#

4. 两次密码中，第一次使用的密码是远程登录密码，第二次使用的密码是进入特权用户密码。

五、任务思考

1. 简述路由器的启动过程。
2. 路由器配置文件有哪几个？各配置文件存放在什么位置？
3. 远程登录 PC 机 COM 端口参数如何设置？
4. 如何开启和关闭路由器 TELNET、WEB、SSH 及 SNMP 远程管理服务？

任务三 静态路由实现网络互通

一、情境描述

假设你是公司管理员，公司因为业务的扩展，在总公司附近开了一家分公司，总公司通过 1 台连接到分公司的 1 台路由器上，现在要在路由器上做静态路由配置，实现总公司网络与分公司网络互相通信。

二、知识储备

1. 路由协议技术原理

路由器属于网络层设备,能够根据 IP 包头的信息,选择一条最佳路径,将数据包转发出去。实现不同网段的主机之间的相互访问。路由器是根据路由表进行路径选择和转发的,而路由表里就是由一条条路由信息组成。路由表的产生方式一般有 4 种:

直连路由:给路由器接口配置一个 IP 地址,路由器自动产生本接口 IP 所在网段的路由信息。

静态路由:在拓扑结构简单的网络中,通过手工的方式配置路由器未知网段的路由信息,从而实现不同网段之间的相互连通。

缺省(默认)路由:所有未明确指明目标网络的数据包都按缺省路由进行转发。

动态路由:在结构复杂的大规模网络中,通过在路由器上运行动态路由协议,路由器之间互相学习产生动态路由信息。

2. 静态路由与动态路由比较

静态路由是指由网络管理员手工配置,静态路由的路由器之间没有必要进行路由信息的交换,动态路由因为需要路由器之间频繁地交换各自的路由表,而对路由表的分析可以揭示网络的拓扑结构和网络地址等信息,因此存在一定的不安全性,而静态路由不存在这样的问题,故出于安全方面的考虑也可以采用静态路由。大型和复杂的网络环境通常不宜采用静态路由。

3. 静态路由配置原理

(1)为每条链路确定地址(包括子网地址和网络地址)

(2)为每个路由器,标识非直连的链路地址

(3)为每个路由器写出未直连的地址的路由语句(写出直连地址的语句是没必要的)

4. 静态路由命令格式

router(config)#ip route [网络编号] [子网掩码] [转发路由器接口 IP 地址/本地接口名称]

三、任务实施

【任务目的】

1. 掌握直连(单臂)路由配置;
2. 掌握静态路由及默认路由配置;
3. 理解直连路由、静态路由及默认路由实现原理。

【任务设备】

1. 锐捷系列路由器 2 台;
2. PC 机 2 台;
3. 交叉线至少 3 条(大多数锐捷路由器支持自动交叉功能,可以使用直通线),V35 线 1 根。

【任务拓扑】

本任务由直连(单臂)路由和静态路由组成,网络拓扑如图 4-35,4-36 所示。

图 4-35　直连路由拓扑

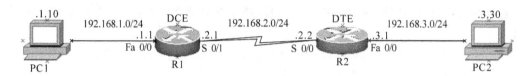

图 4-36　静态路由拓扑

【任务步骤】

第 1 步:硬件连接

按照拓扑结构图所示连接路由器与 PC 机。

第 2 步:配置 PC 机 IP 地址,子网掩码,网关

按拓扑结构图所示配置各 PC 机 IP 地址,子网掩码,网关。

验证测试:测试此时 PC1 与 PC2 为非连通状态。

第 3 步:配置图 4-35 直连路由

(1)配置路由器各接口 IP 地址

```
Router>enable
Router#configure terminal
Router(config)#hostname R1
R1(config)#interface fa 0/0
R1(config-if)#ip address 192.168.1.1 255.255.255.0
R1(config-if)#no shutdown
R1(config-if)#interface fa 0/1
R1(config-if)#ip address 192.168.2.1 255.255.255.0
R1(config-if)#no shutdown
R1(config-if)#end
```

验证测试:验证路由器接口配置是否正确,也可以用来查看接口信息。

```
R1#show ip interface brief           ！显示接口状态信息
Interface            IP-Address      OK? Method Status          Protocol
FastEthernet0/0      192.168.1.1     YES manual up              up
FastEthernet0/1      192.168.2.1     YES manual up              up
```

(2)PC1、PC2 的 TCP/IP 配置

PC1 的 IP 地址:192.168.1.10;子网掩码:255.255.255.0;网关:192.168.1.1

PC2 的 IP 地址:192.168.2.20;子网掩码:255.255.255.0;网关:192.168.2.1

验证测试:测试此时 PC1 与 PC2 已经为连通状态。

```
R1#show ip route           ！显示直连路由表
```

```
Codes: C - connected, S - static, I - IGRP, R - RIP, M - mobile, B - BGP
       D - EIGRP, EX - EIGRP external, O - OSPF, IA - OSPF inter area
       N1 - OSPF NSSA external type 1, N2 - OSPF NSSA external type 2
       E1 - OSPF external type 1, E2 - OSPF external type 2, E - EGP
       i - IS - IS, L1 - IS - IS level - 1, L2 - IS - IS level - 2, ia - IS - IS inter area
       * - candidate default, U - per - user static route, o - ODR
       P - periodic downloaded static route
Gateway of last resort is not set
C    192.168.1.0/24 is directly connected, FastEthernet0/0    ！fa0/0 接口直连 192.168.1.0/24
网段
C    192.168.2.0/24 is directly connected, FastEthernet0/1    ！fa0/1 接口直连 192.168.2.0/24
网段
```

第 4 步：配置图 4-36 静态路由

(1) R1 配置各接口 IP 地址及时钟频率

```
Router>enable
Router#configure terminal
Router(config)#hostname R1
R1(config)#interface fa 0/0
R1(config - if)#ip address 192.168.1.1 255.255.255.0
R1(config - if)#no shutdown
R1(config - if)#interface s 0/1
R1(config - if)#ip address 192.168.2.1 255.255.255.0
R1(config - if)#no shutdown
R1(config - if)#clock rate 64000                     ！配置 R1 的时钟频率(DCE)
R1(config - if)#end
```

验证测试：验证路由器接口配置是否正确，也可以用来查看接口信息

```
R1#show ip interface brief           ！显示接口状态信息
Interface          IP - Address      OK? Method Status              Protocol
FastEthernet0/0    192.168.1.1       YES manual up                  up
Serial0/1          192.168.2.1       YES manual up                  up
```

(2) 在路由器 R1 上配置静态路由

R1(config)#ip route 192.168.3.0 255.255.255.0 192.168.2.2

或者

R1(config)#ip route 192.168.3.0 255.255.255.0 S 0/1

```
R1#show ip route           ！显示静态路由表
Codes: C - connected, S - static, I - IGRP, R - RIP, M - mobile, B - BGP
       D - EIGRP, EX - EIGRP external, O - OSPF, IA - OSPF inter area
       N1 - OSPF NSSA external type 1, N2 - OSPF NSSA external type 2
       E1 - OSPF external type 1, E2 - OSPF external type 2, E - EGP
       i - IS - IS, L1 - IS - IS level - 1, L2 - IS - IS level - 2, ia - IS - IS inter area
       * - candidate default, U - per - user static route, o - ODR
```

```
        P - periodic downloaded static route
Gateway of last resort is not set
C    192.168.1.0/24 is directly connected, FastEthernet0/0
     ! fa0/0 接口直连 192.168.1.0/24 网段
C    192.168.2.0/24 is directly connected, Serial0/1
     ! Serial0/1 接口直连 192.168.1.0/24 网段
S    192.168.3.0/24 [1/0] via 192.168.2.2
     ! S 网段 192.168.3.0/24 静态路由地址为 192.168.2.2
```

注意：[1/0] 中前面的 1 代表的是产生此条目的路由协议的管理距离：静态路由为 1，OSPF 为 110，RIP 为 120，等等。[1/0] 中后面的 0 和 1 是个度量值，代表的是路由代价的大小，基于跳数的路由表示的就是此设备到目标网段的跳数，基于链路质量的路由表示的就是相应的链路质量情况的代价。这里的 0 代表的就是跳数，0 跳表示是直连的网段。

(3) R2 配置各接口 IP 地址

```
Router>enable
Router#configure terminal
Router(config)#hostname R2
R2(config)#interface fa 0/0
R2(config-if)#ip address 192.168.1.1 255.255.255.0
R2(config-if)#no shutdown
R2(config-if)#interface s 0/0
R2(config-if)#ip address 192.168.2.1 255.255.255.0
R2(config-if)#no shutdown
R2(config-if)#end
```

验证测试：验证路由器接口配置是否正确，也可以用来查看接口信息

```
R2#show ip interface brief         ! 显示接口状态信息
Interface           IP-Address       OK? Method Status           Protocol
FastEthernet0/0     192.168.3.1      YES manual up               up
Serial0/0           192.168.2.2      YES manual up               up
```

(4) 在路由器 R2 上配置静态路由

R2(config)#ip route 192.168.1.0 255.255.255.0 192.168.2.1

或者

R2(config)#ip route 192.168.3.0 255.255.255.0 s 0/0

```
R2#show ip route         ! 显示静态路由表
Codes: C - connected, S - static, I - IGRP, R - RIP, M - mobile, B - BGP
       D - EIGRP, EX - EIGRP external, O - OSPF, IA - OSPF inter area
       N1 - OSPF NSSA external type 1, N2 - OSPF NSSA external type 2
       E1 - OSPF external type 1, E2 - OSPF external type 2, E - EGP
       i - IS-IS, L1 - IS-IS level-1, L2 - IS-IS level-2, ia - IS-IS inter area
       * - candidate default, U - per-user static route, o - ODR
       P - periodic downloaded static route
Gateway of last resort is not set
```

C   192.168.3.0/24 is directly connected,FastEthernet0/0
C   192.168.2.0/24 is directly connected,Serial0/0
S   192.168.1.0/24 [1/0] via 192.168.2.1

(5)验证测试连通性
PC1＞ping 192.168.3.30   ！从 PC1 ping PC2 为连通状态

四、归纳总结

1.静态路由与缺省路由格式：

静态路由:router(config)♯ip route［网络编号］［子网掩码］［转发路由器的 IP 地址/本地接口］。

缺省路由:router(config)♯ip route 0.0.0.0 0.0.0.0［转发路由器的 IP 地址/本地接口］。

2.缺省路由是静态路由的特殊情况,所有未明确指明目标网络的数据包都按缺省路由进行转发。

3.如果两台路由器通过串口直接互联,则必须在其中 DCE 端配置时钟频率。

4.删除静态路由用命令 no ip route,例如:router(config)♯no ip route［网络编号］［子网掩码］。

5.比较两个路由器路由表的差别,注意观察 show ip route 信息。

五、任务思考

1.路由表的产生方式一般分为哪 4 种？
2.静态路由、缺省路由、动态路由适用的网络范围。
3.配置如图 4-37 静态路由实现 3 个区域互相通信。

图 4-37 三个区域相连网络拓扑

提示：
R1(config)♯ip route 192.168.3.0 255.255.255.0 192.168.2.2
R1(config)♯ip route 192.168.4.0 255.255.255.0 192.168.2.2
R2(config)♯ip route 192.168.1.0 255.255.255.0 192.168.2.1
R2(config)♯ip route 192.168.4.0 255.255.255.0 192.168.3.2
R3(config)♯ip route 192.168.2.0 255.255.255.0 192.168.3.1
R3(config)♯ip route 192.168.1.0 255.255.255.0 192.168.3.1

任务四　RIP 动态路由实现全网互通

一、情境描述

假设你是公司管理员，公司因为业务的扩展，在总公司附近开了一家分公司，总公司通过 1 台连接到分公司的 1 台路由器上，现在要在路由器上做动态 RIP 路由配置，实现总公司网络与分公司网络互相通信。

二、知识储备

1. RIP 路由协议原理

RIP(Routing Information Protocols,路由信息协议)，是典型的距离矢量协议，通过计算抵达目的地的最少跳数(hop)来选取最佳路径，路由器每 30 秒相互发送广播信息，RIP 协议的跳数最多计算到 15 跳。网络上的路由器在一条路径不能用时必须经历决定替代路径的过程，这个过程称为收敛，RIP 收敛时间长。

RIP 协议的原始版本(版本 1，即 RIP_v1)不能应用 VLSM，因此不能分割地址空间以最大效率地应用有限的 IP 地址。RIP 协议的后来版本(版本 2，即 RIP_v2)通过引入子网屏蔽与每一路由广播信息一起使用实现了这个功能。

路由协议还应该能防止数据包进入循环，或落入路由选择循环，这是由于多余连接影响网络的问题。RIP 协议假定如果从网络的一个终端到另一个终端的路由跳数超过 15 个，那么一定牵涉到了循环，因此当一个路径达到 16 跳，将被认为是达不到的。显然，这限制了 RIP 协议在网络上的使用。

RIP 协议设计用于使用同种技术的中小型网络，适用于大多数的校园网和使用速率变化不是很大的连续性的地区性网络。

RIP 的路由信息都封装在 UDP 的数据报中，RIP 在 UDP 的 520 端口上。

RIP 协议每隔 30 秒定期向外发送一次更新报文；如果路由器经过 180 秒没有收到来自某一路由器的路由更新报文，则将所有来自此路由器的路由信息标志为不可达；若在其后 240 秒内仍未收到更新报文，就将这些路由从路由表中删除。

2. RIP 协议的路由学习过程如图 4-38 所示

RIP 协议是以跳数来衡量到达目的网络的度量值(metric)。

3. 配置步骤及命令

(1) 开启 RIP 路由协议进程

Router(config)#router rip

(2) 申请本路由器参与 RIP 协议的直连网段信息

Router(config-router)#network 192.168.1.0

(3) 指定 RIP 协议的版本 2(默认是 version1)

Router(config-router)#version　2

(4) 在 RIP_v2 版本中关闭自动汇总

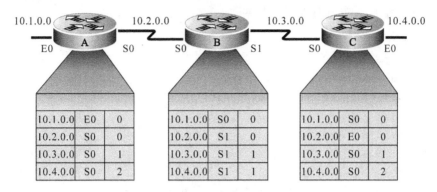

图 4-38 RIP 动态路由学习过程

Router(config-router)#no auto-summary

三、任务实施

【任务目的】

1. 理解 RIP 动态路由协议原理。
2. 理解 RIP 动态路由协议路由学习过程。
3. 掌握多区域网动态 RIP 路由配置。

【任务设备】

1. 锐捷系列路由器 2 台
2. PC 机 2 台
3. 交叉线至少 3 条(大多数锐捷路由器支持自动交叉功能,可以使用直通线),V35 线 1 根

【任务拓扑】

本任务共总公司网络路由器连接分公司网络路由器,总公司为 DCE 端,分公司为 DTE 端,如图 4-39 所示。

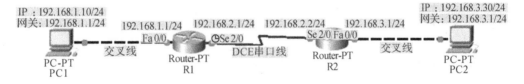

图 4-39 动态 RIP 路由拓扑

注:图 4-39 与图 4-36 一样,图 4-36 是配置静态路由,而图 4-39 配置动态 RIP 路由。

【任务步骤】

第 1 步:硬件连接

按照拓扑结构图所示连接路由器与 PC 机。

第 2 步:配置 PC 机 IP 地址,子网掩码,网关

按拓扑结构图所示配置各 PC 机 IP 地址,子网掩码,网关。

验证测试:测试此时 PC1 与 PC2 为非连通状态。

第 3 步:配置图 4-36 动态 RIP_V2 路由

(1)R1 配置各接口 IP 地址及时钟频率

```
Router>enable
Router#configure terminal
Router(config)#hostname R1
R1(config)#interface FastEthernet0/0
R1(config-if)#ip address 192.168.1.1 255.255.255.0
R1(config-if)#no shutdown
R1(config-if)#exit
R1(config)#interface Serial2/0
R1(config-if)#clock rate 64000        ! 配置 R1 的时钟频率(DCE)
R1(config-if)#ip address 192.168.2.1 255.255.255.0
R1(config-if)#no shutdown
R1(config-if)#exit
```

验证测试:验证路由器接口配置是否正确,也可以用来查看接口信息

```
R1#show ip interface brief        ! 显示接口状态信息
Interface              IP-Address        OK? Method Status                Protocol
FastEthernet0/0        192.168.1.1       YES manual up                    up
FastEthernet1/0        unassigned        YES unset  administratively down down
Serial2/0              192.168.2.1       YES manual up                    up
Serial3/0              unassigned        YES unset  administratively down down
```

(2)R2 配置各接口 IP 地址并开启接口

```
Router>enable
Router#configure terminal
Router(config)#hostname R2
R2(config)#interface FastEthernet0/0
R2(config-if)#ip address 192.168.3.1 255.255.255.0
R2(config-if)#no shutdown
R2(config-if)#exit
R2(config)#interface Serial2/0
R2(config-if)#ip address 192.168.2.2 255.255.255.0
R2(config-if)#no shutdown
R2(config-if)#end
```

验证测试:验证路由器接口配置是否正确,也可以用来查看接口信息

```
R2#show ip interface brief        ! 显示接口状态信息
Interface              IP-Address        OK? Method Status                Protocol
FastEthernet0/0        192.168.3.1       YES manual up                    up
FastEthernet1/0        unassigned        YES unset  administratively down down
Serial2/0              192.168.2.2       YES manual up                    up
```

(3)在路由器 R1 上配置动态 RIP_V2 路由

```
R1(config)#router rip
```

R1(config-router)#network 192.168.1.0
R1(config-router)#network 192.168.2.0
R1(config-router)#version 2   ! 指定 RIP 协议的版本 2(默认是 version1)
R1(config-router)#no auto-summary   ! 关闭自动汇总(可选)
R1#show ip route   ! 显示动态 RIP 路由表
Codes: C-connected, S-static, I-IGRP, R-RIP, M-mobile, B-BGP
    D-EIGRP, EX-EIGRP external, O-OSPF, IA-OSPF inter area
    N1-OSPF NSSA external type 1, N2-OSPF NSSA external type 2
    E1-OSPF external type 1, E2-OSPF external type 2, E-EGP
    i-IS-IS, L1-IS-IS level-1, L2-IS-IS level-2, ia-IS-IS inter area
    *-candidate default, U-per-user static route, o-ODR
    P-periodic downloaded static route
Gateway of last resort is not set
C   192.168.1.0/24 is directly connected, FastEthernet0/0
C   192.168.2.0/24 is directly connected, Serial2/0   ! 由于 R2 还没配置 RIPv2,没收到路由信息

(4)在路由器 R2 上配置动态 RIP$_V$2 路由

R2(config)#router rip
R2(config-router)#network 192.168.2.0
R2(config-router)#network 192.168.3.0
R2(config-router)#version 2   ! 指定 RIP 协议的版本 2(默认是 version1)
R2(config-router)#no auto-summary   ! 关闭自动汇总(可选)
R2#show ip route   ! 显示动态 RIP 路由表
Codes: C-connected, S-static, I-IGRP, R-RIP, M-mobile, B-BGP
    D-EIGRP, EX-EIGRP external, O-OSPF, IA-OSPF inter area
    N1-OSPF NSSA external type 1, N2-OSPF NSSA external type 2
    E1-OSPF external type 1, E2-OSPF external type 2, E-EGP
    i-IS-IS, L1-IS-IS level-1, L2-IS-IS level-2, ia-IS-IS inter area
    *-candidate default, U-per-user static route, o-ODR
    P-periodic downloaded static route
Gateway of last resort is not set
C   192.168.2.0/24 is directly connected, Serial2/0
C   192.168.3.0/24 is directly connected, FastEthernet0/0
R   192.168.1.0/24 [120/1] via 192.168.2.1, 00:00:22, Serial2/0   ! [120/1]表示动态 RIP 路由管理距离为 120,路由跳数为 1 跳(也就是经过了一个路由器)

注意:由于 R1 已经配置 RIP$_V$2,R2 收到 R1 路由信息,此时再执行 R1#show ip route 发现 R1 也收到 R2 的路由信息,显示如下:

R1#show ip route   ! 显示动态 RIP 路由表
Codes: C-connected, S-static, I-IGRP, R-RIP, M-mobile, B-BGP
    D-EIGRP, EX-EIGRP external, O-OSPF, IA-OSPF inter area
    N1-OSPF NSSA external type 1, N2-OSPF NSSA external type 2
    E1-OSPF external type 1, E2-OSPF external type 2, E-EGP
    i-IS-IS, L1-IS-IS level-1, L2-IS-IS level-2, ia-IS-IS inter area

```
       * - candidate default, U - per - user static route, o - ODR
       P - periodic downloaded static route
Gateway of last resort is not set
C    192.168.1.0/24 is directly connected, FastEthernet0/0
C    192.168.2.0/24 is directly connected, Serial2/0
R    192.168.3.0/24 [120/1] via 192.168.2.2, 00:00:22, Serial2/0
```

(5)验证测试连通性

PC1>ping 192.168.3.10   ！从 PC1 ping PC2 为连通状态

四、归纳总结

1.注意理解掌握以下数字
- 520，RIP 协议是应用层协议，基于 UDP，端口 520
- 15，RIP 协议规定两点间最大跳数为 15
- 16，当 RIP 产生路由信息 metric 为 16 时，表示该路由信息不可达
- 30，RIP 协议每隔 30 秒发送一次更新报文
- 180，路由器如果 180 秒没有收到来自邻居的更新报文，则将对方标识为不可达
- 240，路由器如果 240 秒没有收到来自邻居的更新报文，将该路由器相关的路由信息删除
- 224.0.0.9，RIPv2 采用组播的方式发送协议报文，该地址代表所有运行了 RIPv2 协议的路由器

2.RIPv1 与 RIPv2 比较。

RIPv1： 有类路由协议，不支持 VLSM 以广播的形式发送更新报文 不支持认证	RIPv2： 无类路由协议，支持 VLSM 以组播的形式发送更新报文 支持明文和 MD5 的认证

3.PC 机网关一定要指向直连接口 IP 地址。

4.no auto－summary 功能只有 RIPv2 支持，锐捷 S3550 没有自动汇总命令（no auto－summary）。

五、任务思考

1.动态路由与静态路由的区别。

2.比较 RIPv1 与 RIPv2 区别。

3.配置如图 4-40 动态 RIP 路由。

图 4-40　三个区域动态 RIP 路由拓扑

注:此图与图 4-37 一样,此处配置动态 RIPv2 路由协议
提示:

R1 (config)# router rip
R1 (config - router)# network 192.168.1.0
R1 (config - router)# network 192.168.2.0
R1 (config - router)# version 2
R1 (config - router)# no auto - summary
R2 (config)# router rip
R2 (config - router)# network 192.168.2.0
R2 (config - router)# network 192.168.3.0
R2 (config - router)# version 2
R2 (config - router)# no auto - summary
R3 (config)# router rip
R3 (config - router)# network 192.168.3.0
R3 (config - router)# network 192.168.4.0
R3 (config - router)# version 2
R3 (config - router)# no auto - summary

任务五 OSPF 动态路由实现全网互通

一、情境描述

假设你是公司管理员,公司因为业务的扩展,在总公司附近开了一家分公司,总公司通过 1 台连接到分公司的 1 台路由器上,现在要在路由器上做动态 OSPF 路由配置,实现总公司网络与分公司网络互相通信。

二、知识储备

1. 动态 OSPF 协议原理

OSPF(Open Shortest Path First,开放最短路径优先)协议,是目前网络中应用最广泛的路由协议之一,属于内部网关路由协议,能够适应各种规模的网络环境,是典型的链路状态(Link—State)协议。

OSPF 路由协议通过向全网扩散本设备的链路状态信息,使网络中每台设备最终同步一个具有链路状态的数据库。

OSPF 路由协议属于无类路由协议,支持 VLSM,以组播的形式进行链路状态的通告。在大规模的网络环境中,OSPF 支持区域划分,将网络进行合理规划。划分区域时必须存在 area0(主干区域),其他区域与主干区域直接相连,或者通过虚链路的方式相连。

在所有的动态路由协议中,OSPF 路由协议具有高等级的管理距离,其管理距离是 110。管理距离是指一种路由协议的路由可信度。每一种路由协议按可靠性从高到低,依次分配一个信任等级,这个信任等级就叫管理距离。

2. OSPF 优势

- 收敛速度快
- 支持无类别的路由表查询、VLSM 和超网技术
- 支持等代价的多路负载均衡
- 路由更新传递效率高(只发送路由更新信息)
- 根据链路的带宽(cost)进行最优选路

3. OSPF 路由协议工作过程

(1) 建立路由器的邻接关系

通过每 10 秒钟发送 HELLO 报文发现邻居建立邻接关系,通过泛洪链路状态广播数据包 LSA(Link State Advertisement)形成相同链路状态数据库,运用最短路径优先算法 SPF(Shortest Path First)生成路由表。

(2) 选举指定路由器 DR(Designated Router)和备份指定路由器 BDR

在一个 OSPF 网络中,为了节省网络流量,选举一个路由器作为指定路由器 DR,所有其他路由器只和它一个交换整个网络的一些路由更新信息,再由它对邻居路由器发送更新报文。再指定一个备份指定路由器 BDR,当 DR 出现故障时,BDR 起着备份的作用,它再发挥作用,确保网络的可靠性。通过 Hello 信息包,竞选 DR 和 BDR,每个路由器只与 DR 和 BDR 形成邻接关系。具有最高 OSPF 优先权的路由器为 DR,次者为 BDR,除非 DR 或 BDR 宕机,否则不会进行新的竞选。

4. 配置步骤及命令

第 1 步:创建一个 OSPF 路由进程

Router(config)#router ospf 进程 ID

例如:Router(config)#router ospf 100

第 2 步:定义关联的 IP 地址范围

Router(config-router)#network 关联网段 反掩码 分配区域号

例如:Router(config-router)#network 192.168.1.0 0.0.0.255　area 0

三、任务实施

【任务目的】

1. 理解 OSPF 动态路由协议原理。
2. 理解 OSPF 动态路由协议路由工作过程。
3. 掌握多区域网互联动态 OSPF 路由配置。

【任务设备】

1. Cisco 思科或者锐捷系列路由器 2 台
2. PC 机 2 台
3. 交叉线至少 3 条(目前大多数思科和锐捷路由器均支持自动交叉功能,可以使用直通线),V35 线 1 根

【任务拓扑】

本任务是单区域网络,总公司与分公司网络属于同一区域,主干区域为总公司网络。如图

4-41 所示。

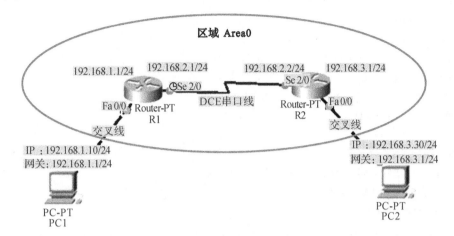

图 4-41 动态 OSPF 路由拓扑

【任务步骤】

第 1 步：硬件连接

按照拓扑结构图所示连接路由器与 PC 机。

第 2 步：配置 PC 机 IP 地址，子网掩码，网关

按拓扑结构图所示配置各 PC 机 IP 地址，子网掩码，网关。

验证测试：测试此时 PC1 与 PC2 为非连通状态。

第 3 步：配置图 4-41 动态 OSPF 路由

(1) R1 配置各接口 IP 地址及时钟频率

```
Router>enable
Router#configure terminal
Router(config)#hostname R1
R1(config)#interface FastEthernet0/0
R1(config-if)#ip address 192.168.1.1 255.255.255.0
R1(config-if)#no shutdown
R1(config-if)#exit
R1(config)#interface Serial2/0
R1(config-if)#clock rate 64000      ！配置 R1 的时钟频率(DCE)
R1(config-if)#ip address 192.168.2.1 255.255.255.0
R1(config-if)#no shutdown
R1(config-if)#exit
```

验证测试：验证路由器接口配置是否正确，也可以用来查看接口信息

```
R1#show ip interface brief           ！显示接口状态信息
Interface              IP-Address      OK? Method Status                Protocol
FastEthernet0/0        192.168.1.1     YES manual up                    up
FastEthernet1/0        unassigned      YES unset  administratively down down
Serial2/0              192.168.2.1     YES manual up                    up
Serial3/0              unassigned      YES unset  administratively down down
```

(2)R2 配置各接口 IP 地址并开启接口

```
Router>enable
Router#configure terminal
Router(config)#hostname R2
R2(config)#interface FastEthernet0/0
R2(config-if)#ip address 192.168.3.1 255.255.255.0
R2(config-if)#no shutdown
R2(config-if)#exit
R2(config)#interface Serial2/0
R2(config-if)#ip address 192.168.2.2 255.255.255.0
R2(config-if)#no shutdown
R2(config-if)#end
```

验证测试：验证路由器接口配置是否正确，也可以用来查看接口信息

```
R2#show ip interface brief          ! 显示接口状态信息
Interface            IP-Address      OK? Method Status                Protocol
FastEthernet0/0      192.168.3.1     YES manual up                    up
FastEthernet1/0      unassigned      YES unset   administratively down down
Serial2/0            192.168.2.2     YES manual up                    up
```

(3)在路由器 R1 上配置动态 OSPF 路由

```
R1(config)#router ospf 1       ! 创建路由器的 OSPF 路由进程 1(PID)
R1(config-router)#network 192.168.1.0 0.0.0.255 area 0   ! 通告关联网络
R1(config-router)#network 192.168.2.0 0.0.0.255 area 0   ! 通告关联网络
R1#show ip route          ! 显示动态 OSPF 路由表
Codes: C-connected, S-static, I-IGRP, R-RIP, M-mobile, B-BGP
       D-EIGRP, EX-EIGRP external, O-OSPF, IA-OSPF inter area
       N1-OSPF NSSA external type 1, N2-OSPF NSSA external type 2
       E1-OSPF external type 1, E2-OSPF external type 2, E-EGP
       i-IS-IS, L1-IS-IS level-1, L2-IS-IS level-2, ia-IS-IS inter area
       *-candidate default, U-per-user static route, o-ODR
       P-periodic downloaded static route
Gateway of last resort is not set
C    192.168.1.0/24 is directly connected, FastEthernet0/0   ! 只显示直连路由
C    192.168.2.0/24 is directly connected, Serial2/0         ! 由于 R2 还没配置 OSPF,没收到路由信息
```

(4)在路由器 R2 上配置动态 OSPF 路由

```
R2(config)#router ospf 1       ! 创建路由器的 OSPF 路由进程 1(PID)
R2(config-router)#network 192.168.2.0 0.0.0.255 area 0   ! 通告关联网络
R2(config-router)#network 192.168.3.0 0.0.0.255 area 0   ! 通告关联网络

R2#show ip route          ! 显示动态 RIP 路由表
Codes: C-connected, S-static, I-IGRP, R-RIP, M-mobile, B-BGP
       D-EIGRP, EX-EIGRP external, O-OSPF, IA-OSPF inter area
```

```
       N1 - OSPF NSSA external type 1, N2 - OSPF NSSA external type 2
       E1 - OSPF external type 1, E2 - OSPF external type 2, E - EGP
       i - IS - IS, L1 - IS - IS level - 1, L2 - IS - IS level - 2, ia - IS - IS inter area
       * - candidate default, U - per - user static route, o - ODR
       P - periodic downloaded static route
Gateway of last resort is not set
C      192.168.2.0/24 is directly connected, Serial2/0
C      192.168.3.0/24 is directly connected, FastEthernet0/0
O      192.168.1.0/24 [110/782] via 192.168.2.1, 00:00:41, Serial2/0   ![110/782]表示动态
OSPF 路由管理距离为 110
```

注意:由于 R1 已经配置 OSPF,R2 收到 R1 路由信息,此时再执行 R1#show ip route 发现 R1 也收到 R2 的路由信息,显示如下:

```
R1#show ip route             ! 显示动态 RIP 路由表
Codes: C - connected, S - static, I - IGRP, R - RIP, M - mobile, B - BGP
       D - EIGRP, EX - EIGRP external, O - OSPF, IA - OSPF inter area
       N1 - OSPF NSSA external type 1, N2 - OSPF NSSA external type 2
       E1 - OSPF external type 1, E2 - OSPF external type 2, E - EGP
       i - IS - IS, L1 - IS - IS level - 1, L2 - IS - IS level - 2, ia - IS - IS inter area
       * - candidate default, U - per - user static route, o - ODR
       P - periodic downloaded static route
Gateway of last resort is not set
C      192.168.1.0/24 is directly connected, FastEthernet0/0
C      192.168.2.0/24 is directly connected, Serial2/0
O      192.168.3.0/24 [110/782] via 192.168.2.2, 00:00:22, Serial2/0
```

(5)验证测试连通性

PC1>ping 192.168.3.10   ! 从 PC1 ping PC2 为连通状态

(6)参考配置

R1#show run   ! 只显示主要配置的部分

```
hostname R1
!
interface FastEthernet0/0
ip address 192.168.1.1 255.255.255.0
duplex auto
speed auto
!
interface FastEthernet1/0
no ip address
duplex auto
speed auto
shutdown
!
interface Serial2/0
```

```
ip address 192.168.2.1 255.255.255.0
clock rate 64000
!
interface Serial3/0
no ip address
shutdown
!
interface FastEthernet4/0
no ip address
shutdown
!
interface FastEthernet5/0
no ip address
shutdown
!
router ospf 1
log-adjacency-changes
network 192.168.1.0 0.0.0.255 area 0
network 192.168.2.0 0.0.0.255 area 0
```

R2#show run   ！只显示主要配置的部分

```
hostname R2
!
interface FastEthernet0/0
ip address 192.168.3.1 255.255.255.0
duplex auto
speed auto
!
interface FastEthernet1/0
no ip address
duplex auto
speed auto
shutdown
!
interface Serial2/0
ip address 192.168.2.2 255.255.255.0
!
interface Serial3/0
no ip address
shutdown
!
interface FastEthernet4/0
no ip address
shutdown
```

```
!
interface FastEthernet5/0
no ip address
shutdown
!
router ospf 1
log-adjacency-changes
network 192.168.2.0 0.0.0.255 area 0
network 192.168.3.0 0.0.0.255 area 0
```

四、归纳总结

1. 在申明直连网段时,注意要写该网段的反掩码。

2. 在申明直连网段时,必须指明所属区域,必须具有主干区域 area0。

3. 配置时钟频率时,必须在 DCE 端配置,否则链路不通。

4. 静态路由管理距离是 1,RIP 路由协议管理距离是 120,OSPF 路由协议管理距离是 110。

5. RIP 动态路由是距离矢量路由协议,OSPF 动态路由是链路状态路由协议。

五、任务思考

1. 如果同时实施静态路由、RIP 动态路由、OSPF 动态路由,请问路由器优先选择哪种路由协议通信?

2. 比较静态路由、动态 RIP 路由、OSPF 路由协议的优缺点。

3. 配置如图 4-42 动态 OSPF 路由。

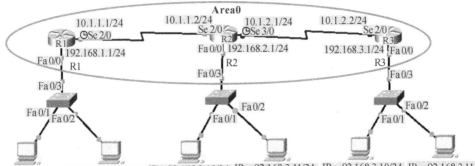

图 4-42 三个区域动态 OSPF 路由拓扑

提示:

```
R1(config)#router ospf 1
R1(config-router)#network 10.1.1.0 0.0.0.255 area 0
R1(config-router)#network 192.168.1.0 0.0.0.255 area 0
R2(config)#router rip 2
R2(config-router)#network 10.1.1.0 0.0.0.255 area 0
```

```
R2(config-router)#network 10.1.2.0 0.0.0.2555 area 0
R2(config-router)#network 192.168.2.0 0.0.0.255 area 0
R3(config)#router rip 3
R3(config-router)#network 10.1.2.0 0.0.0.2555 area 0
R3(config-router)#network 192.168.3.0 0.0.0.255 area 0
```

项目五　三层交换机与路由器互联配置与管理

某企业随着业务不断增长,企业规模也在不断地扩大,先后成立了几家分公司,收购兼并了一些公司,公司的网络越来越大,网络区域也越来越多,公司内部使用的是三层交换机作为核心,出口使用路由器与分公司及新收购公司相连,为了实现全公司信息化的需要,实现各分公司及新收购公司的互相连通。为了节约资源,总公司网络整合现有资源,以总公司网络为核心,分公司及新收购公司通过千兆光纤接入到总公司,新收购的公司网络拓扑及路由协议不变,我们可以通过在三层交换机和路由器上配置静态路由、动态 RIP 路由、动态 OSPF 路由及路由重分布来实现。

一、教学目标

最终目标:配置三层交换机与路由器互联路由。
促成目标:
1. 能够理解三层交换机的二层接口和三层接口的区别及三层接口的配置;
2. 能够配置三层交换机及路由器的静态路由;
3. 能够配置三层交换机及路由器的动态 RIP 路由;
4. 能够配置三层交换机及路由器的 OSPF 路由;
5. 能够配置出口路由器的路由重分布。

二、工作任务

1. 配置三层交换机与路由器互联静态路由;
2. 配置三层交换机与路由器互联动态 RIP 路由;
3. 配置三层交换机与路由器互联路由重分布。

任务一　三层交换机与路由器互联静态路由

一、情境描述

假设你是公司管理员,公司有若干台交换机,公司交换机分为接入层和核心层,核心交换机由核心层交换机根据接入层交换机 VLAN 情况划分了若干 VLAN,现在核心交换机要通过公司路由器接入互联网,你需要在核心三层交换机上通过配置静态路由实现核心三层交换机与路由器之间互通。通过路由器接入到互联网。

二、知识储备

1. 交换机的端口类型

交换机分为二层交换机和三层交换机,交换机的端口也分为二层端口和三层端口,二层交换机只有二层端口,三层交换机端口默认情况下也是二层端口,三层端口必须创建和开启才能使用。

(1)二层交换机的端口又分为:

①交换端口(Switch Port):交换端口又分为 Access 端口 和 Trunk 端口。

Access 端口:用命令 switchport mode access 来定义、每个 Access port 只能属于一个 vlan,而 Access port 只传输这个 vlan 的帧,Trunk 端口传输属于多个 vlan 的帧,默认情况下,Trunk port 将传输所有 vlan 的帧。

Trunk 端口:用命令 switchport mode access 来定义,Trunk 端口是连接一个或者多个以太网交换机和其他的网络设备(如路由器或交换机)的点对点链路,一个 trunk 端口可以在一条链路上传输多个 vlan 的流量。锐捷交换机的 Trunk 端口采用 802.1Q 协议进行封装。作为 trunk 端口,应属于某个 native VLAN 。所谓 native VLAN,就是指在这个接口上收发的未标记报文,都被认为是属于这个 VLAN 的。显然,这个端口的默认 VLAN ID 就是 native VLAN 的 VLAN ID,同时,在 Trunk 上发送属于 native VLAN 的帧,必须采用为标记方式。默认时,每个 Trunk 端口的 native VLAN 是 VLAN 1。

②二层聚合端口(L2 Aggregate port,简称 AP)。

把多个物理连接捆绑在一起形成一个简单的逻辑连级,这个逻辑连接成为一个 Aggregate Port。它可以将多个端口的带宽叠加起来使用。对锐捷 S2126G 交换机来说,最大支持 6 个 AP,每个 AP 最多能包含 8 个端口,也就是说一个全双工快速以太网端口形成的 AP 端口最大可以达到 800Mbps,一个千兆的以太网端口形成的 AP 端口最大可以达到 8Gbps。通过 AP 发送的帧将在 AP 的成员端口上进行流量平衡,当一个成员端口链路失效后,AP 会自动将这个端口上的流量转移到别的端口上。同样,AP 可以为 Access port 或 Trunk port,但 Aggregate port 成员端口必须属于同一个类型。可通过 interface aggregate port 命令来创建 Aggregate Port。

(2)三层交换机又分为:

①交换机虚拟接口 SVI(Switch Virtual Interface)。

SVI 可作为二层交换机的管理接口,通过该管理接口,配置其 ip 地址,管理员可通过管理接口管理二层交换机。二层交换机中只能有一个 SVI 管理接口,可以定在 Native Vlan1 上,也可定义在其他以划分的 VLAN 上。SVI 还可作为三层交换机的一个网关接口,用于三层交换机中跨 VLAN 之间的路由。

②路由接口(Routed Port)。

在三层交换机上,端口默认是二层端口 switchport,可以使用单个物理端口作为三层交换机的网关接口,这个接口成为 Routed Port。Routed Port 不具备二层交换机的功能,通过 no switchport 命令将一个三层交换机上的二层交换端口 Switchport 转变为三层接口 Routed Port,然后给 Routed Port 分配 IP 地址来建立路由。注意,一个接口是 L2AP 成员接口时,就不能用 switchport/no switchport 命令进行层次切换。

③三层聚合口(L3 Aggregate Port)。

L3 AP 使用一个 AP 作为三层交换的网关接口,L3AP 不具备二层交换的功能。可通过 no switchport 将一个无成员二层接口 L2 Aggregate Port 转变成为 L3 Aggregate Port。接着将多个路由接口 Routed Port 加入此 L3AP 中,然后给 L3 AP 分配 ip 地址来建立路由。对锐捷 S35 系列交换机来说最大支持 12 个三层端口聚合,每个聚合端口最多包含 8 个路由端口(Routed Port)。

2. 配置交换机虚拟接口 SVI(Switch Virtual Interface)

在三层交换机上创建 VLAN 并配置 IP 后,在三层交换机机上就生成一个虚拟接口。

例如:配置 SVI 10

switch(conifg)#vlan 10　　　　　　　! 三层交换机上创建 VLAN 10
switch(config)#interface vlan 10　　　! 进入三层交换机接口 VLAN 10
switch(conifg-if)#ip address 192.168.10.1 255.255.255.0　　! 配置 VLAN 10 的 IP 地址
switch(conifg-if)#no shutdown　　　　! 开启三层虚拟接口 SVI

3. 配置路由接口(Routed Port)

通过命令在三层交换机上开启三层路由接口的路由功能(默认为二层接口 switchport,三层接口默认是关闭的),然后在接口上配置 IP 地址并开启相应接口。

例如:设置端口 fastethernet 0/10 为路由口。

switch(config)#interface fastethernet 0/10
switch(conifg-if)#no switchport　　　　　　　! 开启三层路由接口
switch(conifg-if)#ip address 192.168.10.1 255.255.255.0;
switch(conifg-if)#no shutdown

4. 配置三层聚合接口(L3 Aggregate Port)

首先在三层交换机上创建一个聚合三层接口的路由功能(默认为二层接口 switchport,三层接口默认是关闭的),然后在接口上配置 IP 地址并开启相应接口。最后把三层交换机上的路由接口聚合到三层聚合接口中。

例如:把接口 fastethernet 0/23、fastethernet 0/24 聚合到三层聚合接口 L3 Aggregate Port 2 中。

switch(config)#interface aggregateport 2　　! 创建聚合接口 2,默认为二层聚合接口
switch(conifg-if)#no switchport　　　　! 配置聚合端口为三层端口 L3AP
switch(conifg-if)#ip address 192.168.2.1 255.255.255.0;　　! 配置三层端口 IP 地址
switch(conifg-if)#no shutdown　　　　! 开启三层聚合接口
switch(conifg-if)#interface range fa0/23-24　　　! 进入一组二层接口 fa0/23-24
switch(conifg-if)# no switchport　　　! 配置三层路由接口
switch(conifg-if-range)# port-group 2　　! 把一组三层端口 fa0/23-24 聚合到三层聚合口 2

三、任务实施

【任务目的】

1. 掌握三层交换机与路由器相连的方法。

2. 掌握三层交换机与路由器互连静态路由的配置方法。

【任务设备】

1. 三层层交换机 1 台,路由器 1 台(思科、锐捷、神州数码均可)
2. PC 机 2 台
3. Console 线 1 根,网线若干

【任务拓扑】

本任务是实现三层交换机与路由器互静态路由、网络拓扑如图 5-1 所示。

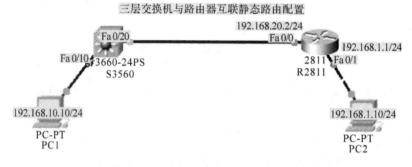

图 5-1 三层交换机与路由器互联

【任务步骤】

第 1 步:硬件连接

按照拓扑结构图所示连接三层交换机、路由器及 PC(注意路由器直接与 PC 相连用交叉线)。

第 2 步:配置 PC 机 IP 地址,子网掩码,网关

按拓扑结构图所示配置各 PC 机 IP 地址,子网掩码,网关。

PC1:192.168.10.10,255.255.255.0,192.168.10.1

PC2:192.168.1.10,255.255.255.0,192.168.1.1

验证测试:测试此时 PC1 与 PC2 为非连通状态。

第 3 步:配置图 5-1 三层交换机与路由器互连静态路由

(1)三层交换机基本配置

方法一:通过配置交换机虚拟接口 SVI,网络拓扑结构由图 5-1 变化为图 5-2 所示。

- 创建 VLAN10、VLAN20
- 给 VLAN10、VLAN20 分配接口
- 配置 VLAN10、VLAN20 接口配置 IP 地址(配置 SVI 接口)

```
Switch>enable
Switch#conf t
Enter configuration commands, one per line.  End with CNTL/Z.
Switch(config)#hostname S3560
S3560(config)#vlan 10
S3560(config-vlan)#vlan 20       ! 此处没有对 vlan 10 命名,交换机会自动命名 VLAN 0010
S3560(config-vlan)#interface fa0/10   ! 配置模式切换严格来说都需要退出到全局配置模式
S3560(config-if)#switchport mode access   ! 交换机的接口默认为 access 模式,可以不用此句
```

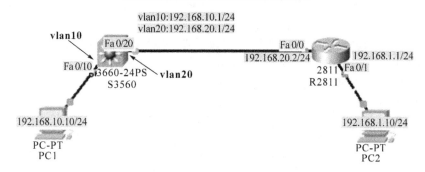

图 5-2 三层交换机与路由器互联 SVI 接口

```
S3560(config-if)#switchport access vlan 10
S3560(config-if)#interface fa0/20
S3560(config-if)#switchport mode access
S3560(config-if)#switchport access vlan 20
S3560(config-if)#interface vlan 10
S3560(config-if)#ip address 192.168.10.1 255.255.255.0
S3560(config-if)#no shutdown    ! SVI 接口进入就被激活,此处可以省略
S3560(config-if)#interface vlan 20
S3560(config-if)#ip address 192.168.20.1 255.255.255.0
S3560(config-if)#no shutdown
```

注意:配置模式切换严格来说都需要退出到全局配置模式,但目前交换机路由器操作系统升级后对模式的切换及对配置的查看比较自由。

方法二:通过配置三层交换机路由接口,网络拓扑结构由图 5-1 变化为图 5-3 所示。

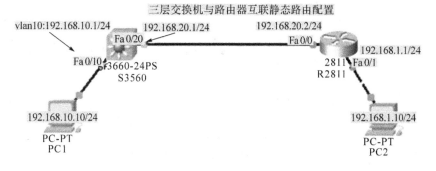

图 5-3 三层交换机与路由器互联路由接口

- 创建 VLAN10
- 给 VLAN10 分配接口
- 配置 VLAN10 接口配置 IP 地址(配置 SVI 接口)
- 开启接口 fa0/20 为路由接口并配置相应 IP 地址

```
Switch>enable
Switch#conf t
```

```
Enter configuration commands, one per line.  End with CNTL/Z.
Switch(config)#hostname S3560
S3560(config)#vlan 10
S3560(config-vlan)#interface fa0/10    ！配置模式切换严格来说都需要退出到全局配置模式
S3560(config-if)#switchport mode access
S3560(config-if)#switchport access vlan 10
S3560(config-if)#interface vlan 10
S3560(config-if)#ip address 192.168.10.1 255.255.255.0
S3560(config-if)#no shutdown
S3560(config-if)#interface fa0/20
S3560(config-if)#no switchport
S3560(config-if)#ip address 192.168.20.1 255.255.255.0
S3560(config-if)#no shutdown
```

(2)路由器基本配置

- 路由器各接口配置IP地址
- 激活接口

```
Router>enable
Router#configure terminal
Enter configuration commands, one per line.  End with CNTL/Z.
Router(config)#hostname R2811
R2811(config)#interface FastEthernet0/0
R2811(config-if)#ip address 192.168.20.2 255.255.255.0
R2811(config-if)#no shutdown
R2811config-if)#exit
R2811(config)#interface FastEthernet0/1
R2811(config-if)#ip address 192.168.1.1 255.255.255.0
R2811(config-if)#no shutdown
```

连通性测试：此时PC1和PC2不通，理由是还没有配置静态路由，查看路由表如下：
查看三层交换机上方法一的路由信息表

```
S3560#show ip route     ！方法一显示路由信息表
Codes: C-connected, S-static, I-IGRP, R-RIP, M-mobile, B-BGP
       D-EIGRP, EX-EIGRP external, O-OSPF, IA-OSPF inter area
       N1-OSPF NSSA external type 1, N2-OSPF NSSA external type 2
       E1-OSPF external type 1, E2-OSPF external type 2, E-EGP
       i-IS-IS, L1-IS-IS level-1, L2-IS-IS level-2, ia-IS-IS inter area
       *-candidate default, U-per-user static route, o-ODR
       P-periodic downloaded static route
Gateway of last resort is not set
C    192.168.10.0/24 is directly connected, Vlan10
C    192.168.20.0/24 is directly connected, Vlan20    ！直连VLAN20虚拟接口SVI
```

查看三层交换机上方法二的路由信息表

```
S3560#show ip route      ! 方法二显示路由信息表
Codes: C - connected, S - static, I - IGRP, R - RIP, M - mobile, B - BGP
       D - EIGRP, EX - EIGRP external, O - OSPF, IA - OSPF inter area
       N1 - OSPF NSSA external type 1, N2 - OSPF NSSA external type 2
       E1 - OSPF external type 1, E2 - OSPF external type 2, E - EGP
       i - IS - IS, L1 - IS - IS level - 1, L2 - IS - IS level - 2, ia - IS - IS inter area
       * - candidate default, U - per - user static route, o - ODR
       P - periodic downloaded static route
Gateway of last resort is not set
C    192.168.10.0/24 is directly connected, Vlan10
C    192.168.20.0/24 is directly connected, FastEthernet0/20   ! 直连 FastEthernet0/20 路由接口
```

查看路由器上的路由信息表

```
R2811#show ip route
Codes: C - connected, S - static, I - IGRP, R - RIP, M - mobile, B - BGP
       D - EIGRP, EX - EIGRP external, O - OSPF, IA - OSPF inter area
       N1 - OSPF NSSA external type 1, N2 - OSPF NSSA external type 2
       E1 - OSPF external type 1, E2 - OSPF external type 2, E - EGP
       i - IS - IS, L1 - IS - IS level - 1, L2 - IS - IS level - 2, ia - IS - IS inter area
       * - candidate default, U - per - user static route, o - ODR
       P - periodic downloaded static route
Gateway of last resort is not set
C    192.168.1.0/24 is directly connected, FastEthernet0/1
C    192.168.20.0/24 is directly connected, FastEthernet0/0
```

(3)静态路由配置

在三层交换机上配置静态路由

```
S3560(config)#ip route 192.168.1.0 255.255.255.0 192.168.20.2
```

在路由器上配置静态路由

```
R2811(config)#ip route 192.168.10.0 255.255.255.0 192.168.20.1
```

查看三层交换机上方法一的路由信息表

```
S3560#show ip route      ! 方法一显示路由信息表
Codes: C - connected, S - static, I - IGRP, R - RIP, M - mobile, B - BGP
       D - EIGRP, EX - EIGRP external, O - OSPF, IA - OSPF inter area
       N1 - OSPF NSSA external type 1, N2 - OSPF NSSA external type 2
       E1 - OSPF external type 1, E2 - OSPF external type 2, E - EGP
       i - IS - IS, L1 - IS - IS level - 1, L2 - IS - IS level - 2, ia - IS - IS inter area
       * - candidate default, U - per - user static route, o - ODR
       P - periodic downloaded static route
Gateway of last resort is not set
C    192.168.10.0/24 is directly connected, Vlan10
C    192.168.20.0/24 is directly connected, Vlan20    ! 直连 VLAN20 虚拟接口 SVI
```

S   192.168.1.0/24 [1/0] via 192.168.20.2

查看三层交换机上方法二的路由信息表

S3560#show ip route   ！方法二显示路由信息表
Codes：C - connected, S - static, I - IGRP, R - RIP, M - mobile, B - BGP
       D - EIGRP, EX - EIGRP external, O - OSPF, IA - OSPF inter area
       N1 - OSPF NSSA external type 1, N2 - OSPF NSSA external type 2
       E1 - OSPF external type 1, E2 - OSPF external type 2, E - EGP
       i - IS - IS, L1 - IS - IS level - 1, L2 - IS - IS level - 2, ia - IS - IS inter area
       * - candidate default, U - per - user static route, o - ODR
       P - periodic downloaded static route
Gateway of last resort is not set
C   192.168.10.0/24 is directly connected, Vlan10
C   192.168.20.0/24 is directly connected, FastEthernet0/20   ！直连 FastEthernet0/20 路由接口
S   192.168.1.0/24 [1/0] via 192.168.20.2

查看路由器上的路由信息表

R2811#show ip route
Codes：C - connected, S - static, I - IGRP, R - RIP, M - mobile, B - BGP
       D - EIGRP, EX - EIGRP external, O - OSPF, IA - OSPF inter area
       N1 - OSPF NSSA external type 1, N2 - OSPF NSSA external type 2
       E1 - OSPF external type 1, E2 - OSPF external type 2, E - EGP
       i - IS - IS, L1 - IS - IS level - 1, L2 - IS - IS level - 2, ia - IS - IS inter area
       * - candidate default, U - per - user static route, o - ODR
       P - periodic downloaded static route
Gateway of last resort is not set
C   192.168.1.0/24 is directly connected, FastEthernet0/1
C   192.168.20.0/24 is directly connected, FastEthernet0/0
S   192.168.10.0/24 [1/0] via 192.168.20.1

（4）验证测试连通性
PC1>ping 192.168.1.10   ！从 PC1 ping PC2 为连通状态

四、归纳总结

1. 三层交换机上的路由功能默认是开启的,也可以通过 no ip routing 命令关闭。如何关闭,开启命令是 ip routing。

2. 三层交换机上的接口默认为二层接口,在没有开启三层路由功能以前是无法配置 IP 地址的。

3. 三层交换机上的路由方式虽然有两种(创建每个 VLAN 的 SVI 接口和开启二层交换接口的三层路由功能),但推荐使用 SVI 接口路由,SVI 接口路由方式比较灵活。

五、任务思考

1. 三层交换机路由方式有哪几种？如何进行配置？

2. 三层交换机的接口有哪些类型？如何进行配置？

3. 配置如图 5-4 静态路由实现多个区域全网联通。

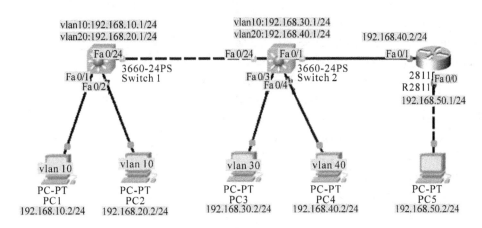

图 5-4 双三层交换机与路由器互联

提示：

(1)三层交换机 Switch1 和 Switch2 都可以用来作为 SVI 路由，参考配置中用 Switch2 作为 SVI 路由。

- 创建 VLAN10、VLAN20、VLAN30、VLAN40
- 给 VLAN10、VLAN20、VLAN30、VLAN40 分配接口
- 配置 VLAN10、VLAN20、VLAN30、VLAN40 接口配置 IP 地址（配置 SVI 接口）
- 跨交换机相连的主干线配置 trunk
- 三层交换机配置静态路由

```
Switch1>enable
Switch1#vlan database
Switch1(vlan)#vlan 10 name VLAN10
Switch1(vlan)#vlan 20 name VLAN20      ！没有创建 VLAN30、VLAN40 这台交换机当二层用
Switch1(vlan)#exit
Switch1#configure terminal
Switch1(config)#interface FastEthernet0/1
Switch1(config-if)#switchport access vlan 10
Switch1(config)#interface FastEthernet0/2
Switch1(config-if)#switchport access vlan 20
Switch1(config)#interface FastEthernet0/24
Switch1(config-if)#switchport trunk encapsulation dot1q
Switch1(config-if)#switchport mode trunk


Switch2>enable
Switch2#vlan database
Switch2(vlan)#vlan 10 name VLAN10      ！创建 VLAN10、VLAN20、VLAN30、VLAN40
Switch2(vlan)#vlan 20 name VLAN20
Switch2(vlan)#vlan 30 name VLAN30
```

```
Switch2(vlan)#vlan 40 name VLAN40
Switch2(vlan)#exit
Switch2#configure terminal
Switch2(config)#interface FastEthernet0/3   ！给 VLAN30、VLAN40 分配接口
Switch2(config-if)#switchport access vlan 30
Switch2(config)#interface range FastEthernet0/1,FastEthernet0/10/4
Switch2(config-if-range)#switchport access vlan 40
Switch2(config-if-range)#interface FastEthernet0/24 号 ！跨交换机相连接口配置 TRUNK 模式
Switch2(config-if)#switchport trunk encapsulation dot1q
Switch2(config-if)#switchport mode trunk
Switch2(config-if)#interface vlan 10 ！配置 VLAN10、VLAN20、VLAN30、VLAN40 的 SVI 接口
Switch2(config-if)#ip address 192.168.10.1 255.255.255.0
Switch2(config-if)#no shutdown
Switch2(config-if)#interface vlan 20
Switch2(config-if)#ip address 192.168.20.1 255.255.255.0
Switch2(config-if)#no shutdown
Switch2(config-if)#interface vlan 30
Switch2(config-if)#ip address 192.168.30.1 255.255.255.0
Switch2(config-if)#no shutdown
Switch2(config-if)#interface vlan 40
Switch2(config-if)#ip address 192.168.40.1 255.255.255.0
Switch2(config-if)#no shutdown
Switch2(config-if)#exit
Switch2(config)#ip route 192.168.50.0 255.255.255.0 192.168.40.2   ！配置静态路由
```

(2)配置路由器相应接口 IP 地址，并配置到 VLAN10、VLAN20、VLAN30 静态路由

```
R2811>enable
R2811#configure terminal
R2811(config)#interface FastEthernet0/0
R2811(config-if)#ip address 192.168.50.1 255.255.255.0
R2811(config-if)#no shutdown
R2811(config-if)#exit
R2811(config)#interface FastEthernet0/1
R2811(config-if)#ip address 192.168.40.2 255.255.255.0
R2811(config-if)#no shutdown
R2811(config-if)#exit
R2811(config)#ip route 192.168.10.0 255.255.255.0 192.168.40.1
R2811(config)#ip route 192.168.20.0 255.255.255.0 192.168.40.1
R2811(config)#ip route 192.168.30.0 255.255.255.0 192.168.40.1
```

任务二　三层交换机与路由器互联动态 RIP 路由

一、情境描述

假设你是公司管理员，公司有若干台交换机，公司交换机分为接入层和核心层，核心交换机由核心层交换机根据接入层交换机 VLAN 情况划分了若干 VLAN，现在核心交换机要通过公司路由器接入互联网，你需要在核心三层交换机上通过配置动态 RIP 路由实现核心三层交换机与路由器之间互通。通过路由器接入到互联网。

二、知识储备

1. 三层交换机与路由器区别

三层交换机是指工作在网络层的交换机，之所以搞不清三层交换机和路由器之间的区别，最根本就是三层交换机也具有"路由"功能，与传统路由器的路由功能总体上是一致的。虽然如此，三层交换机与路由器还是存在着相当大的本质区别的，下面分别予以介绍。

(1) 主要功能不同

虽然三层交换机与路由器都具有路由功能，但我们不能因此而把它们等同起来，正如现在许多网络设备同时具备多种传统网络设备功能一样，就如现在有许多宽带路由器不仅具有路由功能，还提供了交换机端口、硬件防火墙功能，但不能把它与交换机或者防火墙等同起来一样。因为这些路由器的主要功能还是路由功能，其他功能只不过是其附加功能，其目的是使设备适用面更广、使其更加实用。这里的三层交换机也一样，它仍是交换机产品，只不过它是具备了一些基本的路由功能的交换机，它的主要功能仍是数据交换。也就是说它同时具备了数据交换和路由两种功能，但其主要功能还是数据交换；而路由器仅具有路由转发这一种主要功能。

(2) 主要适用的环境不一样

三层交换机的路由功能通常比较简单，因为它所面对的主要是简单的局域网连接。正因如此，三层交换机的路由功能通常比较简单，路由路径远没有路由器那么复杂。它用在局域网中的主要用途还是提供快速数据交换功能，满足局域网数据交换频繁的应用特点。

而路由器则不同，它的设计初衷就是为了满足不同类型的网络连接，虽然也适用于局域网之间的连接，但它的路由功能更多地体现在不同类型网络之间的互联上，如局域网与广域网之间的连接、不同协议的网络之间的连接等，所以路由器主要是用于不同类型的网络之间。它最主要的功能就是路由转发，解决好各种复杂路由路径网络的连接就是它的最终目的，所以路由器的路由功能通常非常强大，不仅适用于同种协议的局域网间，更适用于不同协议的局域网与广域网间。它的优势在于选择最佳路由、负荷分担、链路备份及和其他网络进行路由信息的交换等等路由器所具有功能。为了与各种类型的网络连接，路由器的接口类型非常丰富，而三层交换机则一般仅同类型的局域网接口，非常简单。

(3) 性能体现不一样

从技术上讲，路由器和三层交换机在数据包交换操作上存在着明显区别。路由器一般由基于微处理器的软件路由引擎执行数据包交换，而三层交换机通过硬件执行数据包交换。三层交换机在对第一个数据流进行路由后,它将会产生一个 MAC 地址与 IP 地址的映射表,当同样的数据流再次通过时,将根据此表直接从二层通过而不是再次路由,从而消除了路由器进行路由选择而造成网络的延迟,提高了数据包转发的效率。同时,三层交换机的路由查找是针对数据流的,它利用缓存技术,很容易利用 ASIC 技术来实现,因此,可以大大节约成本,并实现快速转发。而路由器的转发采用最长匹配的方式,实现复杂,通常使用软件来实现,转发效率较低。

正因如此,从整体性能上比较的话,三层交换机的性能要远优于路由器,非常适用于数据交换频繁的局域网中;而路由器虽然路由功能非常强大,但它的数据包转发效率远低于三层交换机,更适合于数据交换不是很频繁的不同类型网络的互联,如局域网与互联网的互联。如果把路由器,特别是高档路由器用于局域网中,则在相当大程度上是一种浪费(就其强大的路由功能而言),而且还不能很好地满足局域网通信性能需求,影响子网间的正常通信。

综上所述,三层交换机与路由器之间还是存在着非常大的本质区别的。无论从哪方面来说,在局域网中进行多子网连接,最好还选用三层交换机,特别是在不同子网数据交换频繁的环境中。一方面可以确保子网间的通信性能需求,另一方面省去了另外购买交换机的投资。当然,如果子网间的通信不是很频繁,采用路由器也无可厚非,也可达到子网安全隔离相互通信的目的。具体要根据实际需求来定。

2.三层交换机动态 RIP 和 OSPF 路由协议

三层交换机上可以配置动态 RIP 和 OSPF 路由协议,配置方法基本与路由器相似,但需要注意的是,三层交换机上配置 RIP_V2 时,没有关闭路由汇总的命令。三层交换机上的路由功能默认是开启的,也可以通过 no ip routing 命令关闭。如何关闭,开启命令是 ip routing。

三、任务实施

【任务目的】

1. 掌握三层交换机连接路由器的配置方法。
2. 掌握三层交换机与路由器互连动态 RIP 路由的配置方法。

【任务设备】

1. 三层交换机 1 台,路由器 1 台(思科、锐捷、神州数码均可)
2. PC 机 2 台
3. Console 线 1 根,网线若干

【任务拓扑】

本任务是实现三层交换机与路由器互动态 RIP 路由、网络拓扑如图 5-5 所示。

【任务步骤】

第 1 步:硬件连接

按照拓扑结构图所示连接三层交换机、路由器及 PC(注意路由器直接与 PC 相连用交叉线)。

第 2 步:配置 PC 机 IP 地址,子网掩码,网关

按拓扑结构图所示配置各 PC 机 IP 地址,子网掩码,网关。

PC1:192.168.10.10,255.255.255.0,192.168.10.1

PC2:192.168.1.10,255.255.255.0,192.168.1.1

验证测试:测试此时 PC1 与 PC2 为非连通状态。

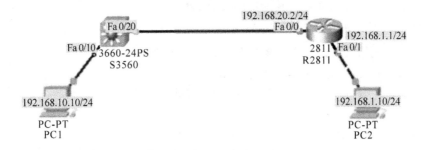

图 5-5　三层交换机与路由器互联

第 3 步：配置图 5-1 三层交换机与路由器互连静态路由
（1）三层交换机基本配置
方法一：通过配置交换机虚拟接口 SVI 实现，网络拓扑结构由图 5-6 变化为图 5-5 所示。

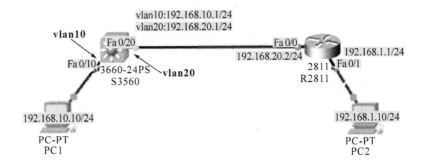

图 5-6　三层交换机与路由器互联 SVI 接口

- 创建 VLAN10、VLAN20
- 给 VLAN10、VLAN20 分配接口
- 配置 VLAN10、VLAN20 接口配置 IP 地址（配置 SVI 接口）

```
Switch>enable
Switch#conf t
Enter configuration commands, one per line.  End with CNTL/Z.
Switch(config)#hostname S3560
S3560(config)#vlan 10
S3560(config-vlan)#vlan 20        !此处没有对 vlan 10 命名,交换机会自动命名 VLAN 0010
S3560(config-vlan)#interface fa0/10    !配置模式切换严格来说都需要退出到全局配置模式
S3560(config-if)#switchport mode access   !交换机的接口默认为 access 模式,可以不用此句
S3560(config-if)#switchport access vlan 10
S3560(config-if)#interface fa0/20
S3560(config-if)#switchport mode access
S3560(config-if)#switchport access vlan 20
S3560(config-if)#interface vlan 10
S3560(config-if)#ip address 192.168.10.1 255.255.255.0
S3560(config-if)#no shutdown   !SVI 接口进入就被激活,此处可以省略
S3560(config-if)#interface vlan 20
```

S3560(config-if)# ip address 192.168.20.1 255.255.255.0
S3560(config-if)# no shutdown

注意：配置模式切换严格来说都需要退出到全局配置模式，但目前交换机路由器操作系统升级后对模式的切换及对配置的查看比较自由。

方法二：通过配置三层交换机路由接口实现，网络拓扑结构由图5-7变化为图5-5所示。

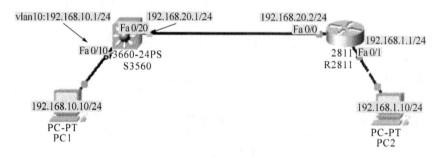

图 5-7　三层交换机与路由器互联路由接口

- 创建 VLAN10
- 给 VLAN10 分配接口
- 配置 VLAN10 接口配置 IP 地址（配置 SVI 接口）
- 开启接口 fa0/20 为路由接口并配置相应 IP 地址

```
Switch>enable
Switch#conf t
Enter configuration commands, one per line.  End with CNTL/Z.
Switch(config)# hostname S3560
S3560(config)# vlan 10
S3560(config-vlan)# interface fa0/10   !配置模式切换严格来说都需要退出到全局配置模式
S3560(config-if)# switchport mode access
S3560(config-if)# switchport access vlan 10
S3560(config-if)# interface vlan 10
S3560(config-if)# ip address 192.168.10.1 255.255.255.0
S3560(config-if)# no shutdown
S3560(config-if)# interface fa0/20
S3560(config-if)# no switchport
S3560(config-if)# ip address 192.168.20.1 255.255.255.0
S3560(config-if)# no shutdown
```

(2) 路由器基本配置

- 路由器各接口配置 IP 地址
- 激活接口

```
Router>enable
Router# configure terminal
Enter configuration commands, one per line.  End with CNTL/Z.
Router(config)# hostname R2811
```

```
R2811(config)#interface FastEthernet0/0
R2811(config-if)#ip address 192.168.20.2 255.255.255.0
R2811(config-if)#no shutdown
R2811config-if)#exit
R2811(config)#interface FastEthernet0/1
R2811(config-if)#ip address 192.168.1.1 255.255.255.0
R2811(config-if)#no shutdown
```

连通性测试：此时 PC1 和 PC2 不通，理由是还没有配置静态路由，查看路由表如下：

查看三层交换机上方法一的路由信息表

```
S3560#show ip route          ！方法一显示路由信息表
Codes：C-connected, S-static, I-IGRP, R-RIP, M-mobile, B-BGP
       D-EIGRP, EX-EIGRP external, O-OSPF, IA-OSPF inter area
       N1-OSPF NSSA external type 1, N2-OSPF NSSA external type 2
       E1-OSPF external type 1, E2-OSPF external type 2, E-EGP
       i-IS-IS, L1-IS-IS level-1, L2-IS-IS level-2, ia-IS-IS inter area
       *-candidate default, U-per-user static route, o-ODR
       P-periodic downloaded static route
Gateway of last resort is not set
C    192.168.10.0/24 is directly connected, Vlan10
C    192.168.20.0/24 is directly connected, Vlan20   ！直连 VLAN20 虚拟接口 SVI
```

查看三层交换机上方法二的路由信息表

```
S3560#show ip route          ！方法二显示路由信息表
Codes：C-connected, S-static, I-IGRP, R-RIP, M-mobile, B-BGP
       D-EIGRP, EX-EIGRP external, O-OSPF, IA-OSPF inter area
       N1-OSPF NSSA external type 1, N2-OSPF NSSA external type 2
       E1-OSPF external type 1, E2-OSPF external type 2, E-EGP
       i-IS-IS, L1-IS-IS level-1, L2-IS-IS level-2, ia-IS-IS inter area
       *-candidate default, U-per-user static route, o-ODR
       P-periodic downloaded static route
Gateway of last resort is not set
C    192.168.10.0/24 is directly connected, Vlan10
C    192.168.20.0/24 is directly connected, FastEthernet0/20   ！直连 FastEthernet0/20 路由接口
```

查看路由器上的路由信息表

```
R2811#show ip route
Codes：C-connected, S-static, I-IGRP, R-RIP, M-mobile, B-BGP
       D-EIGRP, EX-EIGRP external, O-OSPF, IA-OSPF inter area
       N1-OSPF NSSA external type 1, N2-OSPF NSSA external type 2
       E1-OSPF external type 1, E2-OSPF external type 2, E-EGP
       i-IS-IS, L1-IS-IS level-1, L2-IS-IS level-2, ia-IS-IS inter area
       *-candidate default, U-per-user static route, o-ODR
       P-periodic downloaded static route
```

Gateway of last resort is not set

C   192.168.1.0/24 is directly connected, FastEthernet0/1
C   192.168.20.0/24 is directly connected, FastEthernet0/0

(3) 动态路由协议 RIP 配置

在三层交换机上配置静态路由

S3560(config)#router rip
S3560(config-router)#network 192.168.10.0
S3560(config-router)#network 192.168.20.0
S3560(config-router)#version 2

在路由器上配置静态路由

R2811(config)#router rip
R2811(config-router)#network 192.168.20.0
R2811(config-router)#network 192.168.1.0
S3560(config-router)#version 2

查看三层交换机上方法一的路由信息表

S3560#show ip route   ! 方法一显示路由信息表
Codes: C - connected, S - static, I - IGRP, R - RIP, M - mobile, B - BGP
    D - EIGRP, EX - EIGRP external, O - OSPF, IA - OSPF inter area
    N1 - OSPF NSSA external type 1, N2 - OSPF NSSA external type 2
    E1 - OSPF external type 1, E2 - OSPF external type 2, E - EGP
    i - IS - IS, L1 - IS - IS level - 1, L2 - IS - IS level - 2, ia - IS - IS inter area
    * - candidate default, U - per - user static route, o - ODR
    P - periodic downloaded static route

Gateway of last resort is not set

C   192.168.10.0/24 is directly connected, Vlan10
C   192.168.20.0/24 is directly connected, Vlan20   ! 直连 VLAN20 虚拟接口 SVI
R   192.168.1.0/24 [120/1] via 192.168.20.2, 00:00:19, Vlan20

查看三层交换机上方法二的路由信息表

S3560#show ip route   ! 方法二显示路由信息表
Codes: C - connected, S - static, I - IGRP, R - RIP, M - mobile, B - BGP
    D - EIGRP, EX - EIGRP external, O - OSPF, IA - OSPF inter area
    N1 - OSPF NSSA external type 1, N2 - OSPF NSSA external type 2
    E1 - OSPF external type 1, E2 - OSPF external type 2, E - EGP
    i - IS - IS, L1 - IS - IS level - 1, L2 - IS - IS level - 2, ia - IS - IS inter area
    * - candidate default, U - per - user static route, o - ODR
    P - periodic downloaded static route

Gateway of last resort is not set

C   192.168.10.0/24 is directly connected, Vlan10
C   192.168.20.0/24 is directly connected, FastEthernet0/20   ! 直连 FastEthernet0/20 路由接口
R   192.168.1.0/24 [120/1] via 192.168.20.2, 00:00:19, FastEthernet0/20   ! 比较两种路由

区别

查看路由器上的路由信息表

R2811#show ip route
Codes: C - connected, S - static, I - IGRP, R - RIP, M - mobile, B - BGP
    D - EIGRP, EX - EIGRP external, O - OSPF, IA - OSPF inter area
    N1 - OSPF NSSA external type 1, N2 - OSPF NSSA external type 2
    E1 - OSPF external type 1, E2 - OSPF external type 2, E - EGP
    i - IS - IS, L1 - IS - IS level - 1, L2 - IS - IS level - 2, ia - IS - IS inter area
    * - candidate default, U - per - user static route, o - ODR
    P - periodic downloaded static route
Gateway of last resort is not set
C   192.168.1.0/24 is directly connected, FastEthernet0/1
C   192.168.20.0/24 is directly connected, FastEthernet0/0
R   192.168.10.0/24 [120/1] via 192.168.20.1, 00:00:07, FastEthernet0/0

（4）验证测试连通性
PC1>ping 192.168.1.10   ! 从 PC1 ping PC2 为连通状态

四、归纳总结

1. 三层交换机与路由相连的接口必须接入到相应 VLAN，不能配置成 TRUNK 接口。
2. 三层交换机上配置 RIP_v2 时，没有关闭路由汇总的命令。
3. 网络中同时启动动态 RIP 路由及 OSPF 路由时必须进行路由重分布。

五、任务思考

1. 三层交换机与路由器区别是什么？
2. 根据动态 RIP 路由的拓扑结构，完成动态 OSPF 路由协议的配置。
3. 配置如图 5-8 动态 RIP 路由实现多个区域全网联通。

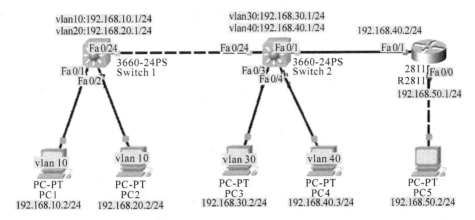

图 5-8 双三层交换机与路由器互联 RIP 路由

提示：
（1）三层交换机 Switch1 和 Switch2 都可以用来作为 SVI 路由,参考配置中用 Switch2 作为 SVI 路由。
- 创建 VLAN10、VLAN20、VLAN30、VLAN40
- 给 VLAN10、VLAN20、VLAN30、VLAN40 分配接口
- 配置 VLAN10、VLAN20、VLAN30、VLAN40 接口配置 IP 地址（配置 SVI 接口）
- 跨交换机相连的主干线配置 trunk
- 三层交换机配置动态 RIP 路由协议

```
Switch1＞enable
Switch1#vlan database
Switch1(vlan)#vlan 10 name VLAN10
Switch1(vlan)#vlan 20 name VLAN20        ！没有创建 VLAN30、VLAN40 这台交换机当二层用
Switch1(vlan)#exit
Switch1#configure terminal
Switch1(config)#interface FastEthernet0/1
Switch1(config-if)#switchport access vlan 10
Switch1(config)#interface FastEthernet0/2
Switch1(config-if)#switchport access vlan 20
Switch1(config)#interface FastEthernet0/24
Switch1(config-if)#switchport trunk encapsulation dot1q
Switch1(config-if)#switchport mode trunk


Switch2＞enable
Switch2#vlan database
Switch2(vlan)#vlan 10 name VLAN10    ！创建 VLAN10、VLAN20、VLAN30、VLAN40
Switch2(vlan)#vlan 20 name VLAN20
Switch2(vlan)#vlan 30 name VLAN30
Switch2(vlan)#vlan 40 name VLAN40
Switch2(vlan)#exit
Switch2#configure terminal
Switch2(config)#interface FastEthernet0/3   ！给 VLAN30、VLAN40 分配接口
Switch2(config-if)#switchport access vlan 30
Switch2(config)#interface range FastEthernet0/1,FastEthernet0/10/4
Switch2(config-if-range)#switchport access vlan 40
Switch2(config-if-range)#interface FastEthernet0/24 号！跨交换机相连接口配置 TRUNK 模式
Switch2(config-if)#switchport trunk encapsulation dot1q
Switch2(config-if)#switchport mode trunk
Switch2(config-if)#interface vlan 10！配置 VLAN10、VLAN20、VLAN30、VLAN40 的 SVI 接口
Switch2(config-if)#ip address 192.168.10.1 255.255.255.0
Switch2(config-if)#no shutdown
Switch2(config-if)#interface vlan 20
Switch2(config-if)#ip address 192.168.20.1 255.255.255.0
Switch2(config-if)#no shutdown
Switch2(config-if)#interface vlan 30
Switch2(config-if)#ip address 192.168.30.1 255.255.255.0
```

项目五 三层交换机与路由器互联配置与管理

```
Switch2(config-if)#no shutdown
Switch2(config-if)#interface vlan 40
Switch2(config-if)#ip address 192.168.40.1 255.255.255.0
Switch2(config-if)#no shutdown
Switch2(config-if)#exit
Switch2(config)#router rip            !配置动态 RIP 路由
Switch2(config-router)#network 192.168.10.0
Switch2(config-router)#network 192.168.20.0
Switch2(config-router)#network 192.168.30.0
Switch2(config-router)#network 192.168.40.0
Switch2(config-router)#version 2
```

(2)配置路由器相应接口 IP 地址,并配置到 VLAN10、VLAN20、VLAN30 静态路由。

```
R2811>enable
R2811#configure terminal
R2811(config)#interface FastEthernet0/0
R2811(config-if)#ip address 192.168.50.1 255.255.255.0
R2811(config-if)#no shutdown
R2811(config-if)#exit
R2811(config)#interface FastEthernet0/1
R2811(config-if)#ip address 192.168.40.2 255.255.255.0
R2811(config-if)#no shutdown
R2811(config-if)#exit
R2811(config)#router rip              !配置动态 RIP 路由
R2811(config-router)#network 192.168.40.0
R2811(config-router)#network 192.168.50.0
R2811(config-router)#version 2
```

任务三　三层交换机与路由器互联路由重分布

一、情境描述

假设你是公司网络工程师,公司因为业务的扩展,收购了另外一个新公司,新收购的公司原来的网络运行 OSPF 协议,总公司及其下属公司运行 RIP 协议,为了使总公司和子公司正常更新路由信息,需要进行路由双向重分布,你将如何实现。

二、知识储备

1. 路由重分布原理

将一种路由选择协议获悉的网络告知另一种路由选择协议,以便网络中每台工作站能到达其他的任何一台工作站,这一过程被称为路由重分布。路由重分布只能在针对同一种第三层协议的路由选择进程之间进行,也就是说,OSPF,RIP,IGRP 等之间可以路由重分布,因为他们都属于 TCP/IP 协议栈的协议,而 AppleTalk 或者 IPX 协议栈的协议与 TCP/IP 协议栈的路由选择协议就不能相互重分布路由了。

为了实现全网互通,我们需要路由器能在不同协议之间交换路由信息或者全网运行同一种路由协议,但实际网络中往往需要运行多种路由协议。这涉及路由重分布即引入其他路由协议发现的路由。比如你可以将 OSPF 路由域中的路由重新分布后通告到 RIP 路由域中,也可以将 RIP 路由域的路由重新分布后通告到 OSPF 路由域中。路由的相互重分布可以在所有的 IP 路由协议之间进行。

2. 路由重分布的作用

可以使得多种路由协议之间,多重厂商环境中进行路由信息交换,路由重分布为在同一个互联网络中高效地支持多种路由协议提供了可能。执行路由重分布的路由器被称为边界路由器。因为他们位于两个或多个自治系统的边界上。

3. 路由重分布原则

(1) 当重新分配路由时,必须为路由分配一个接收协议可以理解的度量值。

(2) 在多种路由协议之间,需要为路由源分配管理距离,可把管理距离看作可信度的一个量度,管理距离越小,协议的可信度越高。

(3) 在从无类别路由选择协议向有类别路由选择协议重新分配时也会使用到,仅在掩码相同的接口之间通告路由这一特性。

4. 路由重分布的配置步骤

(1) 找出将要进行重发布配置的边界路由器,其中使用命令 redistribute 指定路由源点。

(2) 选定哪个路由协议是核心或主干协议,通常是 BGP 或 OSPF。

(3) 必须为重新分配的路由指定度量值,如果没有指明度量值,那么重新分配到 OSPF 的路由的度量值为 20;而重新分配到其他协议路由度量值的缺省值为 0,ISIS 可以理解 0 度量,但是 RIP 不能,因为它的跳数在 1 到 16 之间;0 度量与 IGRP 和 EIGRP 的多度量格式也不兼容;因此 RIP,IGRP,EIGRP 都必须为重新分配的路由分配合适的度量,否则重新分配将不能进行。

例如:

router ospf 1

redistribute rip metric 10

这是说将从 rip 学到的路由条目注入到 OSPF 中,让 OSPF 也学到这些路由。但是 OSPF 和 RIP 的 metric 意义是不同的。OSPF 是以 COST——开销定义 metric,而 RIP 是以跳数定义 metric。所以为了让 OSPF 看得懂 RIP 的 metric,将 RIP 发布过来的路由条目指定为开销 10(这个 10 是人为定义的,真实开销不一定是 10,仅仅是重发布的时候需要这个值,指明一下而已,有的时候为了做最优路径或负载均衡才会特别的考虑取值)。

例如:

router rip

version 2

redistribute ospf 100 metric 1

含义与上面的相似。为了让 RIP 看得懂 OSPF 的 metric,人为定义从 OSPF 重分布过来的 metric 是 1,就是让 RIP 认为从 OSPF 学到的路由条目的跳数是 1 跳(真实是不是 1 跳,是不一定的,仅仅是让双方都看得懂对方的 metric),别的路由协议发布到 RIP 的时候,要注意 metric 的取值,因为 RIP 大于 15 跳的路由条目是不会被放进路由表的,因此重发布的时候 metric 取值在 1—14 之间,一般如果不是为了特殊要求,都会习惯性的选择 1。

三、任务实施

【任务目的】
1. 理解路由重分布实现原理。
2. 掌握 OSPF 与 RIP 路由协议之间的路由重分布。

【任务设备】
1. 三层交换机 2 台,路由器 1 台(思科、锐捷、神州数码品牌均可)
2. PC 机 4 台
3. Console 线 1 根,网线若干

【任务拓扑】
路由重分布实验网络拓扑结构如图 5-9 所示。

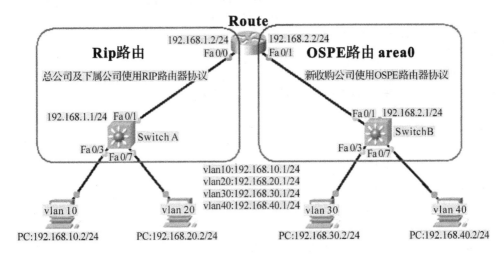

图 5-9　路由重分布

【任务步骤】
第 1 步:硬件连接
按照图 5-9 拓扑结构图所示连接路由器与 PC 机。
第 2 步:配置 PC 机 IP 地址,子网掩码,网关
按拓扑结构图所示配置各 PC 机 IP 地址,子网掩码,网关。
PC1:192.168.10.2,255.255.255.0,192.168.10.1
PC2:192.168.20.2,255.255.255.0,192.168.20.1
PC3:192.168.30.2,255.255.255.0,192.168.30.1
PC4:192.168.40.2,255.255.255.0,192.168.40.1
验证测试:测试此时 PC1、PC2、PC3、PC4 为非连通状态。
第 3 步:配置图 4-41 动态 OSPF 路由

(1) 总公司核心交换机 SwitchA 配置

```
Switch>enable
Switch#config terminal
Switch(config)#hostname switchA
SswitchA(config)#vlan 10          ！创建 VLAN
SwitchA(config-vlan)#vlan 20
SwitchA(config-vlan)#exit
SwitchA(config)#interface fa0/3   ！给 VLAN 分配接口
SwitchA(config-if)#switchport mode access
SwitchA(config-if)#switchport access vlan 10
SwitchA(config-if)#exit
SwitchA(config)#interface fa0/7
SwitchA(config-if)#switchport mode access
SwitchA(config-if)#switchport access vlan 20
SwitchA(config-if)#exit
SwitchA(config)#interface vlan 10    ！配置路由接口 IP 地址
SwitchA(config-if)#ip address 192.168.10.1 255.255.255.0
SwitchA(config-if)#no shutdown
SwitchA(config-if)#exit
SwitchA(config)#interface vlan 20
SwitchA(config-if)#ip address 192.168.20.1 255.255.255.0
SwitchA(config-if)#no shutdown
SwitchA(config-if)#exit
SwitchA(config)#interface fa0/1
SwitchA(config-if)#no switchport
SwitchA(config-if)#ip address 192.168.1.1 255.255.255.0
SwitchA(config-if)#no shutdown
SwitchA(config-if)#exit
SwitchA(config)#router rip           ！配置 RIP 路由
SwitchA(config-router)#network 192.168.10.0
SwitchA(config-router)#network 192.168.20.0
SwitchA(config-router)#network 192.168.1.0
SwitchA(config-router)#version 2      ！使用 RIP$_v$2 路由
SwitchA(config-router)#no auto-summary   ！关闭路由自动汇总
SwitchA(config-router)#exit
SwitchA(config)#line vty 0 4      ！配置远程登录登录密码
SwitchA(config-line)#login
SwitchA(config-line)#password 123456
SwitchA(config-line)#exit
SwitchA(config)#enable secret level 1 123456    ！配置远程 Telnet 登录密码
SwitchA(config)#enable secret level 15 123456   ！配置远程 Telnet 登录进入特权用户密码
SwitchA(config)#exit
SwitchA#end
```

验证测试:配置好后 PC1 和 PC2 相互连通,但与 PC3 和 PC4 不通,PC3 和 PC4 也不通。

(2)新收购公司核心交换机 SwitchB 配置

```
Switch>enable
Switch#config terminal
Switch(config)#hostname switchB
SwitchB(config)#vlan 10
SwitchB(config-vlan)#vlan 20
SwitchB(config-vlan)#exit
SwitchB(config)#interface fa0/3
SwitchB(config-if)#switchport access vlan 10
SwitchB(config-if)#no shutdown
SwitchB(config-if)#exit
SwitchB(config)#interface fa0/7
SwitchB(config-if)#switchport access vlan 20
SwitchB(config-if)#no shutdown
SwitchB(config-if)#exit
SwitchB(config)#interface vlan 10
SwitchB(config-if)#ip address 192.168.30.1 255.255.255.0
SwitchB(config-if)#no shutdown
SwitchB(config-if)#exit
SwitchB(config)#interface vlan 20
SwitchB(config-if)#ip address 192.168.40.1 255.255.255.0
SwitchB(config-if)#no shutdown
SwitchB(config-if)#exit
SwitchB(config)#interface fa0/1
SwitchB(config-if)#no switchport
SwitchB(config-if)#ip address 192.168.2.1 255.255.255.0
SwitchB(config-if)#no shutdown
SwitchB(config-if)#exit
SwitchB(config)#router ospf 1
SwitchB(config-router)#network 192.168.30.0 0.0.0.255 area 0
SwitchB(config-router)#network 192.168.40.0 0.0.0.255 area 0
SwitchB(config-router)#network 192.168.2.0 0.0.0.255 area 0
SwitchB(config-router)#exit
SwitchB(config)#line vty 0 4
SwitchB(config-line)#login
SwitchB(config-line)#password 123456
SwitchB(config-line)#exit
SwitchB(config)#enable secret level 1 123456
SwitchB(config)#enable secret level 15 123456
SwitchB(config)#exit
SwitchB#end
```

验证测试:配置好后 PC1 和 PC2 相互连通,但与 PC3 和 PC4 不通,PC3 和 PC4 相互连通。

(3) 总公司与新收购公司路由器 router 配置

```
router>enable
router#config terminal
router(config)#interface fa0/0
router(config-if)#ip address 192.168.1.2 255.255.255.0
router(config-if)#no shutdown
router(config-router)#exit
router(config)#interface fa0/1
router(config-if)#ip address 192.168.2.2 255.255.255.0
router(config-if)#no shutdown
router(config-if)#exit
router(config)#router rip
router(config-router)#network 192.168.1.0
router(config-router)#network 192.168.2.0
router(config-router)#version 2
router(config-router)#no auto-summary
router(config-router)#redistribute ospf 1 metric 3    ！设置路由重分布，将 rip 重分布到 ospf 中
router(config-router)#exit
router(config)#router ospf
router(config-router)#network 192.168.1.0 0.0.0.255 area 0
router(config-router)#network 192.168.2.0 0.0.0.255 area 0
router(config-router)#redistriblute rip subnets    ！设置路由重分布，将 ospf 重分布到 rip 中
router(config-router)#exit
router(config)#line vty 0 4
router(config-line)#login
router(config-line)#password 123456
router(config-line)#exit
router(config)#enable secret level 1 123456
router(config)#enable secret level 15 123456
router(config)#exit
router#end
```

验证测试：配置好后 PC1、PC2、PC3、PC4 均相互连通，路由重分布配置成功。

(4) 配置好后，查看三台设备的路由表情况

```
Router#show ip route
！配置好后，查看路由器的路由表如下：
Codes:C-connected, S-static,  R-RIP B-BGP
      O-OSPF, IA-OSPF inter area
      N1-OSPF NSSA external type 1, N2-OSPF NSSA external type 2
      E1-OSPF external type 1, E2-OSPF external type 2
      i-IS-IS, L1-IS-IS level-1, L2-IS-IS level-2, ia-IS-IS inter area
      *-candidate default
Gateway of last resort is no set
C    192.168.1.0/24 is directly connected, FastEthernet 0/0
```

```
C    192.168.2.0/24 is directly connected, FastEthernet 0/1
R    192.168.10.0/24 [120/1] via 192.168.1.1, 00:00:15, FastEthernet 0/0
R    192.168.20.0/24 [120/1] via 192.168.1.1, 00:00:15, FastEthernet 0/0
O    192.168.30.0/24 [110/2] via 192.168.2.1, 1d,22:44:08, FastEthernet 0/1
O    192.168.40.0/24 [110/2] via 192.168.2.1, 1d,22:44:08, FastEthernet 0/1

SwitchA # show ip route
```
! 配置好后,查看 SwitchA 的路由表如下:
```
Codes:C - connected, S - static,   R - RIP B - BGP
      O - OSPF, IA - OSPF inter area
      N1 - OSPF NSSA external type 1, N2 - OSPF NSSA external type 2
      E1 - OSPF external type 1, E2 - OSPF external type 2
      i - IS - IS, L1 - IS - IS level - 1, L2 - IS - IS level - 2, ia - IS - IS inter area
      * - candidate default
Gateway of last resort is no set
C    192.168.1.0/24 is directly connected, FastEthernet 0/1
C    192.168.10.0/24 is directly connected, VLAN 10
C    192.168.20.0/24 is directly connected, VLAN 20
C    192.168.20.1/32 is local host.
R    192.168.30.0/24 [120/1] via 192.168.1.2, 00:00:15, FastEthernet 0/0
R    192.168.40.0/24 [120/1] via 192.168.1.2, 00:00:15, FastEthernet 0/0
R    192.168.2.0/24 [120/1] via 192.168.1.2, 00:00:15, FastEthernet 0/0

switchB # show ip route
```
! 配置好后,查看 SwitchB 的路由表如下:
```
Codes:C - connected, S - static,   R - RIP B - BGP
      O - OSPF, IA - OSPF inter area
      N1 - OSPF NSSA external type 1, N2 - OSPF NSSA external type 2
      E1 - OSPF external type 1, E2 - OSPF external type 2
      i - IS - IS, L1 - IS - IS level - 1, L2 - IS - IS level - 2, ia - IS - IS inter area
      * - candidate default
Gateway of last resort is no set
O       192.168.1.0/24 [110/2] via 192.168.2.2, 00:20:43, FastEthernet0/1
C       192.168.2.0/24 is directly connected, FastEthernet0/1
O E2    192.168.10.0/24 [110/20] via 192.168.2.2, 00:03:40, FastEthernet0/1
O E2    192.168.20.0/24 [110/20] via 192.168.2.2, 00:03:40, FastEthernet0/1
C       192.168.30.0/24 is directly connected, Vlan30
C       192.168.40.0/24 is directly connected, Vlan40
```
验证结论:根据上述的路由表的分析我们得知 RIP 与 OSPF 的路由重分布成功。

(5)验证测试连通性

PC1>ping 192.168.30.2   ! 从 PC1 ping PC3 为连通状态。

此时 PC1,PC2,PC3、PC4 已经全网连通。

四、归纳总结

1.将其他的路由协议重分布进 RIP 跟 EIGRP 的时候需要添加 METRIC，RIP 的 METRIC 比较简单就一个跳数，如果不加默认为 16 就是到达不了，如果是分布进 EIGRP 那么需要五个参数来做 metric。

2.将其他的路由协议重分布进 OSPF 的时候需要键入 subnets，metric 计算时候考虑分布进去的 subnet 接口的 cost 跟 bandwidth。

3.将其他协议重分布进去 ISIS 的时候，那么默认的是 LEVEL－2 的路由并且 METRIC 的值是 0。

4.直接连接或者静态的路由进入 RIP 跟 EIGRP 的时候不需要强制加入 metric，当然也可以指定。

五、任务思考

1.如果实验中边界路由器 Route 只配置动态 RIP 和 OSPF 路由，不配置路由重分布，结果总公司网络和新收购公司网络会连通吗？能收到至此的路由信息吗？

2.路由重分布的边界路由器如何确定？如何配置路由重分布的度量值？

3.配置如图 5-10 路由重分布，分别配置路由重分布的路由器为 R1 和 R2 会有什么不同？

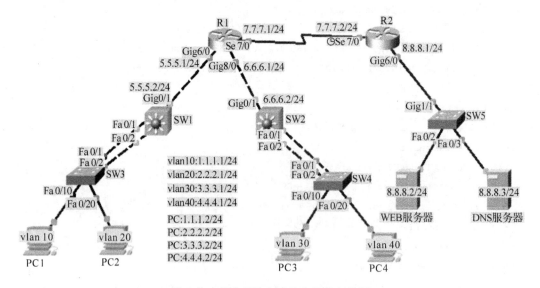

图 5-10　某公司路由重分布网络拓扑图

提示：

该拓扑图中运行 RIPv2 和 OSPF 两种路由协议。重分布发生在 R1 就会出问题，重启后 3 层交换机学习不到 8.8.8.0 网段的路由，R1 本身有 8.8.8.0 的路由信息，但是不会 rip 通告给 3 层。如图 5-11 所示：

如果重分布发生在 R2 身上，就没有问题了。如图 5-12 所示：

参考配置：

SW1 配置：

Switch＞enable

项目五 三层交换机与路由器互联配置与管理

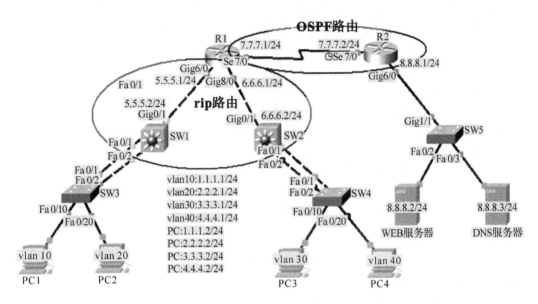

图 5-11 重分布发生在 R1 上网络拓扑图

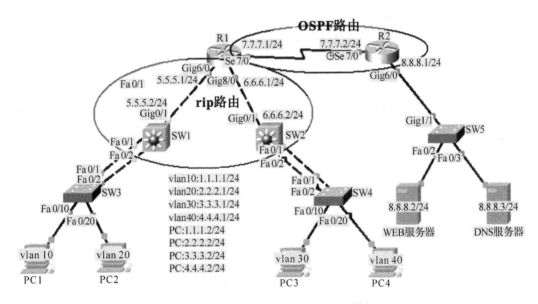

图 5-12 重分布发生在 R2 上网络拓扑图

```
Switch# configure terminal
Switch(config)# hostname SW1
SW1(config)# vlan 10          ! 创建 VLAN
SW1(config-vlan)# name vlan10
SW1(config-vlan)# vlan 20
SW1(config-vlan)# name vlan20
SW1(config-vlan)# interface range fa0/1-2      ! 聚合接口并配置成 trunk 接口,以思科为例
SW1(config-if-range)# switchport trunk encapsulation dot1q   ! 思科三层交换机 trunk 必须先封装
SW1(config-if-range)# switchport mode trunk
SW1(config-if-range)# channel-group 1 mode on    ! 思科、锐捷、神州数码接口聚合命令不一样
```

```
SW1(config-if-range)# interface port-channel 1
SW1(config-if)# switchport mode trunk
SW1(config-if)# interface vlan 10         ! 配置三层交换机 SVI 接口
SW1(config-if)# ip address 1.1.1.1 255.255.255.0
SW1(config-if)# no shutdown
SW1(config-if)# interface vlan 20
SW1(config-if)# ip address 2.2.2.1 255.255.255.0
SW1(config-if)# no shutdown
SW1(config-if)# interface gi0/1           ! 配置三层交换机路由接口
SW1(config-if)# no switchport
SW1(config-if)# ip address 5.5.5.2 255.255.255.0
SW1(config-if)# no shutdown
SW1(config-if)# exit
SW1(config)# router rip                   ! 配置三层交换机的 RIPv2 路由
SW1(config-router)# version 2
SW1(config-router)# network 1.1.1.0
SW1(config-router)# network 2.2.2.0
SW1(config-router)# network 5.5.5.0
SW1(config-router)# no auto-summary       ! 关闭路由汇总功能
```

SW2 配置：

```
Switch> enable
Switch# configure terminal
Switch(config)# hostname SW2
SW2(config)# vlan 30
SW2(config-vlan)# name vlan30
SW2(config-vlan)# vlan 40
SW2(config-vlan)# name vlan40
SW2(config-vlan)# interface range fa0/1-2
SW2(config-if-range)# switchport trunk encapsulation dot1q
SW2(config-if-range)# switchport mode trunk
SW2(config-if-range)# channel-group 1 mode on
SW2(config-if-range)# interface port-channel 1
SW2(config-if)# switchport mode trunk
SW2(config-if)# interface vlan 30
SW2(config-if)# ip address 3.3.3.1 255.255.255.0
SW2(config-if)# no shutdown
SW2(config-if)# interface vlan 40
SW2(config-if)# ip address 4.4.4.1 255.255.255.0
SW2(config-if)# no shutdown
SW2(config-if)# interface gi0/1
SW2(config-if)# no switchport
SW2(config-if)# ip address 6.6.6.2 255.255.255.0
SW2(config-if)# no shutdown
```

```
SW2(config-if)#exit
SW2(config)#router rip
SW2(config-router)#version 2
SW2(config-router)#network 3.3.3.0
SW2(config-router)#network 4.4.4.0
SW2(config-router)#network 6.6.6.0
SW2(config-router)#no auto-summary
```

SW3 配置：
```
Switch>enable
Switch#configure terminal
Switch(config)#hostname SW3
SW3(config)#vlan 10
SW3(config-vlan)#name VLAN10
SW3(config-vlan)#exit
SW3(config)#vlan 20
SW3(config-vlan)#name VLAN20
SW3(config-vlan)#exit
SW3(config)#interface FastEthernet0/10
SW3(config-if)#switchport access vlan 10
SW3(config-if)#exit
SW3(config)#interface FastEthernet0/20
SW3(config-if)#switchport access vlan 20
SW3(config-if)#interface range fa0/1-2
SW3(config-if-range)#switchport mode trunk
SW3(config-if-range)#channel-group 1 mode on
SW3(config)#interface port-channel 1
SW3(config-if)#switchport mode trunk
SW3(config-if-range)#end
```

SW4 配置：
```
Switch>enable
Switch#configure terminal
Switch(config)#hostname SW4
SW4(config)#vlan 30
SW4(config-vlan)#name VLAN30
SW4(config-vlan)#exit
SW4(config)#vlan 40
SW4(config-vlan)#name VLAN40
SW4(config-vlan)#exit
SW4(config)#interface FastEthernet0/10
SW4(config-if)#switchport access vlan 30
SW4(config-if)#exit
SW4(config)#interface FastEthernet0/20
```

```
SW4(config-if)#switchport access vlan 40
SW4(config-if)#interface range fa0/1-2
SW4(config-if-range)#switchport mode trunk
SW4(config-if-range)#channel-group 1 mode on
SW4(config)#interface port-channel 1
SW4(config-if)#switchport mode trunk
SW4(config-if-range)#end
```

R1 配置：
```
Router>enable
Router#configure terminal
Router(config)#hostname R1
R1(config)#interface Serial7/0
R1(config-if)#ip address 7.7.7.1 255.255.255.0
R1(config-if)#no shutdown
R1(config-if)#exit
R1(config)#interface GigabitEthernet6/0
R1(config-if)#ip address 5.5.5.1 255.255.255.0
R1(config-if)#no shutdown
R1(config-if)#exit
R1(config)#interface GigabitEthernet8/0
R1(config-if)#ip address 6.6.6.1 255.255.255.0
R1(config-if)#no shutdown
R1(config-if)#exit
R1(config)#router rip
R1(config-router)#version 2
R1(config-router)#network 5.5.5.0
R1(config-router)#network 6.6.6.0
R1(config-router)#network 7.7.7.0
R1(config-router)#no auto-summary
R1(config-router)#end
```

R2 配置：
```
Router>enable
Router#configure terminal
Router(config)#hostname R2
R2(config)#interface Serial7/0
R2(config-if)#ip address 7.7.7.2 255.255.255.0
R2(config-if)#clock rate 64000
R2(config-if)#no shutdown
R2(config-if)#exit
R2(config)#interface GigabitEthernet6/0
R2(config-if)#ip address 8.8.8.1 255.255.255.0
R2(config-if)#no shutdown
```

```
R2(config - if)#exit
R2(config)#router rip
R2(config - router)#version 2
R2(config - router)#network 7.7.7.0
R1(config - router)#no auto - summary
R2(config - router)#redistribute ospf 1 metric 2
R2(config - router)#router ospf 1
R2(config - router)#network 8.8.8.0 0.0.0.255 area 0
R2(config - router)# redistribute rip subnets
R2(config - router)#end
```

项目六　园区网络安全配置与管理

某企业随着业务不断增长,企业规模也在不断地扩大,企业电子商务,企业信息化也给网络安全问题带来严峻考验,公司要求网络工程师对网络进行严格控制。为了防止公司内部用户 IP 地址冲突,防止公司内部的网络攻击和破坏,为每一位员工固定 IP 地址、MAC 地址及端口号;由于公司一些重要部门网络不允许其他部门访问,并且控制员工有选择性的访问服务器上的网络服务,公司采用访问控制列表 ACL 来实现;为了公司内网安全及 IP 资源不足等问题,公司要求 NAT 方式来接入互联网。作为网络工程师,你将如何实现。

一、教学目标

最终目标:交换机端口安全配置、三层交换机及路由器 ACL 安全策略配置、路由器的 NAT 配置。

促成目标:

1. 掌握交换机的端口安全配置;
2. 掌握三层交换机的命名标准 ACL 原理及配置;
3. 掌握三层交换机的命名扩展 ACL 原理及配置;
4. 掌握路由器的编号标准 ACL 原理及配置;
5. 掌握路由器的编号扩展 ACL 原理及配置;
6. 掌握路由器的 NAT 原理及配置;
7. 掌握路由器的 NAPT 原理及配置。

二、工作任务

1. 配置交换机的端口安全;
2. 配置三层交换机的命名标准 ACL;
3. 配置三层交换机的命名扩展 ACL;
4. 配置路由器编号标准 ACL;
5. 配置路由器编号扩展 ACL;
6. 配置路由器的 NAT;
7. 配置路由器的 NAPT。

任务一 配置交换机端口安全

一、情境描述

假设你是某公司的网络管理员,为了防止公司内部用户 IP 地址冲突,防止公司内部的 ARP 及 DNS 等各种欺骗攻击。公司要求对网络进行严格控制,对每一个员工的 PC 机分配固定 IP 地址及端口号,使得固定 IP 地址及 MAC 地址的主机接入交换机指定的端口才能访问网络,并且每个接口最大连接数限制为 1 个连接。

二、知识储备

1. Cisco Catalyst 交换机端口安全(Port-Security)原理及配置

(1)Cisco29 系列交换机可以做基于 2 层的端口安全,即 MAC 地址与端口进行绑定。

(2)Cisco3550 以上交换机均可做基于 2 层和 3 层的端口安全,即 MAC 地址与端口绑定以及 MAC 地址与 IP 地址绑定。

(3)以 Cisco3550 交换机为例,做 MAC 地址与端口绑定的可以实现以下两种应用:

• 设定一端口只接受第一次连接该端口的计算机 MAC 地址,当该端口第一次获得某计算机 MAC 地址后,其他计算机接入到此端口所发送的数据包则认为非法,做丢弃处理。

• 设定一端口只接受某一特定计算机 MAC 地址,其他计算机均无法接入到此端口。

• 实现方法:针对第(3)条的两种应用,具有不同的实现方法。

方法 1:接受第一次接入该端口计算机的 MAC 地址

```
Switch#config terminal
Switch(config)#interface interface-id          ！进入需要配置的端口
Switch(config-if)#switchport mode access       ！设置端口模式为接入模式
Switch(config-if)#switchport port-security     ！打开端口安全模式
Switch(config-if)#switchport port-security violation {protect | restrict | shutdown}
```

针对非法接入计算机,端口处理模式{protect 丢弃数据包,不发警告 | restrict 丢弃数据包,在 console 发警告 | shutdown 关闭端口为 err-disable 状态,除非管理员手工激活,否则该端口失效。

方法 2:接受某特定计算机 MAC 地址

```
Switch#config terminal
Switch(config)#interface interface-id
Switch(config-if)#switchport mode access
Switch(config-if)#switchport port-security
Switch(config-if)#switchport port-security violation {protect | restrict | shutdown}  ！以上步骤与 a 同
Switch(config-if)#switchport port-security mac-address sticky
Switch(config-if)#switchport port-security aging static  ！打开静态映射
Switch(config-if)#switchport port-security mac-address sticky XXXX.XXXX.XXXX   ！为端口输
```

入特定的允许通过的 mac 地址

(4)破解方法:破解方法有很多,主要是通过更改新接入计算机网卡的 MAC 地址来实现,此方法实际应用中基本没有什么作用,原因很简单,如果不是网管,其他一般人员平时根本不可能去注意合法计算机的 MAC 地址,一般情况也无法进入合法计算机去获得 MAC 地址,除非其本身就是该局域网的用户。

2. MAC 地址与 IP 地址绑定基本原理

在交换机内建立 MAC 地址和 IP 地址对应的映射表。端口获得的 IP 和 MAC 地址将匹配该表,不符合则丢弃该端口发送的数据包。

实现方法:

Switch#config terminal
Switch(config)#arp 1.1.1.1 0001.0001.1111 arpa

该配置的主要注意事项:需要将网段内所有 IP 都建立 MAC 地址映射,没有使用的 IP 地址可以与 0000.0000.0000 建立映射。否则该绑定对于网段内没有建立映射的 IP 地址无效。

最常用的对端口安全的理解就是可根据 MAC 地址来做对网络流量的控制和管理,比如 MAC 地址与具体的端口绑定,限制具体端口通过的 MAC 地址的数量,或者在具体的端口不允许某些 MAC 地址的帧流量通过。稍微引申下端口安全,就是可以根据 802.1X 来控制网络的访问流量。

3. 端口安全配置应用举例

(1)MAC 地址与端口绑定,当发现主机的 MAC 地址与交换机上指定的 MAC 地址不同时,交换机相应的端口将 down 掉。当给端口指定 MAC 地址时,端口模式必须为 access 或者 Trunk 状态。

2960#conf t
2960(config)#int f0/1
2960(config-if)#switchport mode access   !指定端口模式。
2960(config-if)#switchport port-security mac-address 00-90-F5-10-79-C1 !配置 MAC 地址。
2960(config-if)#switchport port-security maximum 1   !限制此端口允许通过的 MAC 地址数为 1。
2960(config-if)#switchport port-security violation shutdown   !当发现与上述配置不符时,端口 down 掉。

(2)通过 MAC 地址来限制端口流量,此配置允许一接口最多通过 100 个 MAC 地址,超过 100 时,但来自新的主机的数据帧将丢失。

3550#conf t
3550(config)#int f0/1
3550(config-if)#switchport mode access
3550(config-if)#switchport port-security maximum 100 !允许此端口通过的最大 MAC 数目为 100。
3550(config-if)#switchport port-security violation protect !当主机 MAC 地址数目超过 100 时,交换机继续工作,但来自新的主机的数据帧将丢失。

(3)上面 a 和 b 的配置是根据 MAC 地址来允许流量,下面的配置则是根据 MAC 地址来拒绝流量,此配置在Catalyst交换机中只能对单播流量进行过滤,对于多播流量则无效。

3550(config)#mac-address-table static 00-90-F5-10-79-C1 vlan 2 drop ！在相应的Vlan丢弃流量。

3550(config)#mac-address-table static 00-90-F5-10-79-C1 vlan 2 int f0/1 ！在相应的接口丢弃流量。

4.三种违规模式

配置了交换机的端口安全功能后,当实际应用超出配置的要求,你可以配置接口的三种违规模式：

- Protect　　当安全地址个数满后,安全端口将丢弃未知名地址的包
- Restrict　　当违例产生时,将发送一个Trap通知。
- Shutdown　　当违例产生时,将关闭端口并发送一个Trap通知。

一个导致接口马上shutdown,并且发送SNMP陷阱的端口安全违规动作。当一个安全端口处在error-disable状态,你要恢复正常必须全局模式下输入errdisable recovery cause psecure-violation命令,或者先关闭该端口shutdown再开启该端口no shutdown,恢复端口的默认状态。

Cisco Catalyst交换机端口默认为动态dynamic port端口,不具有端口安全Port Security功能,只有静态接入端口access或中继端口trunk才具有端口安全Port Security功能。要将模式切换为access或者trunk模式。

3550(config-if)#switchport port-security

Command rejected: FastEthernet0/1 is a dynamic port　！命令被拒绝,fa0/1是dynamic port端口。

！---Port security can only be configured on static access ports or trunk ports　！端口安全仅仅在静态端口access ports端口或者trunk ports之上。

三、任务实施

【任务目的】

掌握IP+MAC+交换机端口号绑定,并限制端口连接数为1,实现交换机端口安全功能,防止各种IP地址及或MAC地址欺骗攻击。

【任务设备】

交换机选择：工作组级交换机思科Catalyst 2960系列交换机(2960-24TT)一台

PC机选择：有以太网口及RS232串口的PC机3台

传输设备：直通线3条,配置线一条

【任务拓扑】

网络拓扑结构图如下图6-1所示。

【任务步骤】

第1步：按拓扑结构图正确连线,注意PC1连接交换机Fa0/1,PC2连接交换机Fa0/2,PC3连接交换机Fa0/3,按拓扑图所示IP地址配置PC机的IP地址及子网掩码,在PC1上验证其连通性,验证结果：PC1、PC2、PC3全通。

第2步：配置交换机交换机端口安全功能,使Fa0/1端口与PC1网卡MAC地址000A.41C4.E3DA绑定,限制端口允许通过的MAC地址数为1,发现违例时关闭端口Fa0/1。

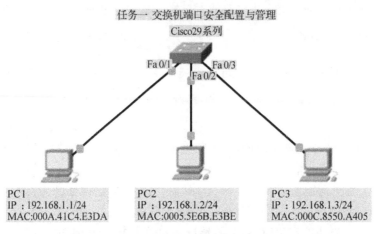

图 6-1 交换网络拓扑图

```
PC>ping 192.168.1.2

Pinging 192.168.1.2 with 32 bytes of data:

Reply from 192.168.1.2: bytes=32 time=125ms TTL=128
Reply from 192.168.1.2: bytes=32 time=62ms TTL=128
Reply from 192.168.1.2: bytes=32 time=62ms TTL=128
Reply from 192.168.1.2: bytes=32 time=63ms TTL=128

Ping statistics for 192.168.1.2:
    Packets: Sent = 4, Received = 4, Lost = 0 (0% loss),
Approximate round trip times in milli-seconds:
    Minimum = 62ms, Maximum = 125ms, Average = 78ms
```

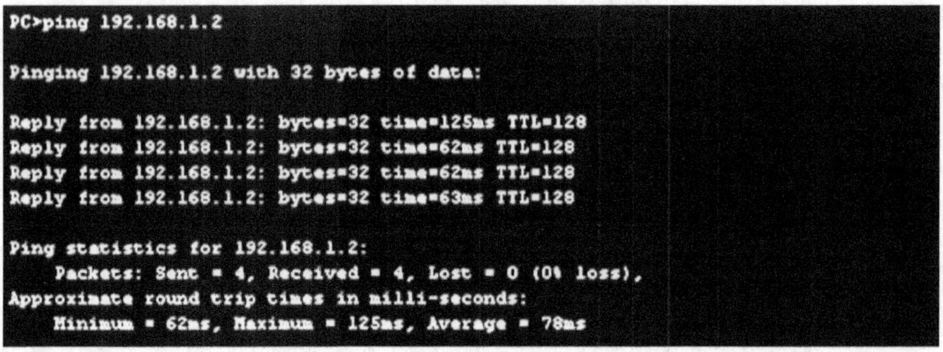

图 6-2 交换网络拓扑图

```
Switch#configure terminal  ! 特权模式进入全局配置模式
Switch(config)#hostname 2960
2960(config)#interface fa0/1  ! 全局配置模式进入接口配置模式
2960(config-if)#switchport mode access  ! 指定端口模式
2960(config-if)#switchport port-security mac-address 000A.41C4.E3DA  ! 绑定 MAC 地址
2960(config-if)#switchport port-security maximum 1  ! 限制允许通过的 MAC 地址数为 1
2960(config-if)#switchport port-security violation shutdown  ! 发现违例时关闭端口
```

第 3 步：配置完成验证测试其连通性，因为 PC1 的 MAC 地址与端口 Fa0/1 绑定，而 PC1 此时连接在端口 Fa0/1 上，因此继续连通，如图 6-3 所示。

第 4 步：交换 PC1 和 PC2 连接端口再进行验证测试连通性，如图 6-4 所示，注意与图 6-1 连线区别。

此时因为 PC1 的 MAC 地址与端口 Fa0/1 绑定，而 PC1 此时连接在端口 Fa0/2 上、PC2 连接在端口 Fa0/1，因此已经不再连通，如图 6-5 所示。但是由于 PC1 与 PC3 相连端口 Fa0/2 与 Fa0/3 没有配置端口安全功能，因此 PC1 与 PC3 仍然为连通状态。

因为 PC2 连接在端口 Fa0/1 上，连通性测试违例 Fa0/1 端口关闭，拓扑图中 Fa0/1 端口颜色已经变为红色（绿色为开启，红色为关闭），如图 6-6 所示。

如果要恢复端口的默认状态，必须全局模式下输入 errdisable recovery cause psecure—

```
PC>ping 192.168.1.2

Pinging 192.168.1.2 with 32 bytes of data:

Reply from 192.168.1.2: bytes=32 time=46ms TTL=128
Reply from 192.168.1.2: bytes=32 time=63ms TTL=128
Reply from 192.168.1.2: bytes=32 time=49ms TTL=128
Reply from 192.168.1.2: bytes=32 time=62ms TTL=128

Ping statistics for 192.168.1.2:
    Packets: Sent = 4, Received = 4, Lost = 0 (0% loss),
Approximate round trip times in milli-seconds:
    Minimum = 46ms, Maximum = 63ms, Average = 55ms
```

图 6-3　端口安全配置后连通性测试结果

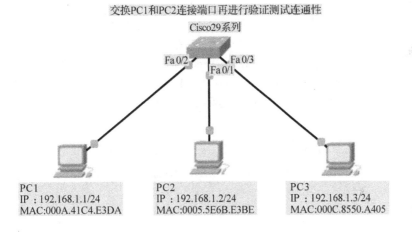

图 6-4　交换 PC1 和 PC2 连接端口拓扑结构

```
PC>ping 192.168.1.2

Pinging 192.168.1.2 with 32 bytes of data:

Request timed out.
Request timed out.
Request timed out.
Request timed out.

Ping statistics for 192.168.1.2:
    Packets: Sent = 4, Received = 0, Lost = 4 (100% loss),
```

图 6-5　交换 PC1 和 PC2 连接端口连通性测试结果

violation 命令，或者先关闭该端口 shutdown 再开启该端口 no shutdown。

四、归纳总结

1. MAC 地址与端口绑定

当发现主机的 MAC 地址与交换机上指定的 MAC 地址不同时，交换机相应的端口将 down 掉。当给端口指定 MAC 地址时，端口模式必须为 access 或者 Trunk 状态。

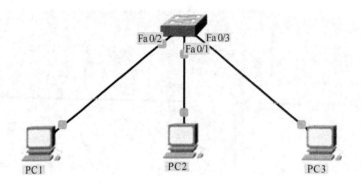

图 6-6　违例端口 Fa0/1 连接状态为关闭

S#conf t
S(config)#int f0/1
S(config-if)#switchport mode access！指定端口模式
S(config-if)#switchport port-security mac-address 00-90-F5-10-79-C1！配置 MAC 地址
S(config-if)#switchport port-security maximum 1！限制端口允许通过的 MAC 地址数为 1
S(config-if)#switchport port-security violation shutdown！当发现与上述配置不符时,端口 down 掉。

2. 通过 MAC 地址来限制端口流量

此配置允许一 TRUNK 口最多通过 100 个 MAC 地址,超过 100 时,来自新的主机的数据帧将丢失。

S#conf t
S(config)#int f0/1
S(config-if)#switchport trunk encapsulation dot1q
S(config-if)#switchport mode trunk！配置端口模式为 TRUNK。
S(config-if)#switchport port-security maximum 100！允许此端口通过的最大 MAC 地址数目为 100。
S(config-if)#switchport port-security violation protect！当主机 MAC 地址数目超过 100 时,交换机继续工作,但来自新的主机的数据帧将丢失。

3. 根据 MAC 地址来拒绝流量

S(config)#mac-address-table static 00-90-F5-10-79-C1 vlan 2 drop！在相应的 Vlan 丢弃流量。
S(config)#mac-address-table static 00-90-F5-10-79-C1 vlan 2 int f0/1！在相应的接口丢弃流量。

4. 安全端口的限制

安全端口只能是一个 access port 端口;安全端口不能在动态的 access 端口;安全端口不能是一个 aggregate port 端口;安全端口不能是一个被保护的端口;安全端口不能是 SPAN 的目的地址;安全端口不能属于 GEC 或 FEC 的组;安全端口不能属于 802.1x 认证端口。

5. 端口开启 802.1x 认证,启用 AAA 来认证,认证使用本地用户名和密码

S#conf t

S(config)#aaa new-model ！启用 AAA 认证。

S(config)#aaa authentication dot1x default local ！全局启用 802.1X 协议认证,并使用本地用户名与密码。

S(config)#int range f0/1-24

S(config-if-range)#dot1x port-control auto ！在所有的接口上启用 802.1X 身份验证。

6. 配置接口的三种违规模式

（1）protect－当 MAC 地址的数量达到了这个端口所最大允许的数量,带有未知的源地址的包就会被丢弃,直到删除了足够数量的 MAC 地址,来降下最大数值之后才会不丢弃。

（2）restrict－一个限制数据和并引起"安全违规"计数器的增加的端口安全违规动作。

（3）shutdown－一个导致接口马上 shutdown,并且发送 SNMP 陷阱的端口安全违规动作。当一个安全端口处在 error－disable 状态,你要恢复正常必须得敲入全局下的 errdisable recovery cause psecure－violation 命令,或者你可以手动的 shutdown 再 no shutdown 端口。这个是端口安全违规的默认动作。

五、任务思考

1. 端口安全有哪些作用？有哪些方法可以实现交换机端口安全？
2. 交换机的端口安全如何配置？
3. 交换机的端口安全有哪些限制？哪些情况下不能配置端口安全？

任务二　IP 标准访问控制列表 ACL

一、情境描述

假设你是某公司的网络工程师,随着公司业务不断扩展,公司生产部有专门的服务器控制生产,财务部是一个独立的部门。为了公司网络的安全,公司领导要求你对网络进行安全策略控制,实现公司生产部门服务器只允许生产部门访问,财务部不允许生产部访问,分公司财务科可以访问总公司财务部。

二、知识储备

1. 什么是访问控制列表 ACL

访问控制列表 ACL（Access Control List 的简写）是应用在网络互联设备接口上的访问控制策略指令列表。这些访问控制策略指令列表用来告诉网络互联设备中哪些数据包可以收、哪能数据包需要拒绝。至于数据包是被接收还是被拒绝,可以在数据包中封装的源地址、目的地址、端口号、协议等的特定指示条件来决定。

访问控制列表 ACL 不但可以起到控制网络流量、流向的作用,而且在很大程度上起到保护网络设备、服务器的关键作用。作为外网进入企业内网的第一道关卡,路由器上的访问控制列表成为保护内网安全的有效手段。

在网络互联设备的许多其他配置任务中都需要使用访问控制列表,如网络地址转换

(Network Address Translation,NAT)、按需拨号路由(Dial on Demand Routing,DDR)、路由重分布(Routing Redistribution)、策略路由(Policy－Based Routing,PBR)等很多场合都需要访问控制列表。

2. ACL 的种类

(1)编号标准 IP 访问控制列表

一个编号标准 IP 访问控制列表匹配 IP 包中的源地址或源地址中的一部分,可对匹配的包采取拒绝或允许两个操作。编号范围是从 1～99 以及 1300～1999 的访问控制列表是标准 IP 访问控制列表。只能根据第 3 层信息来过滤流量,且只对流量来源进行过滤。

(2)编号扩展 IP 访问控制列表

扩展 IP 访问控制列表比标准 IP 访问控制列表具有更多的匹配项,包括协议类型、源地址、目的地址、源端口、目的端口、建立连接的和 IP 优先级等。编号范围是从 100～199 以及 2000～2699 的访问控制列表是扩展 IP 访问控制列表。可以根据第 3 层、第 4 层信息来过滤 IP 流量,且对流量来源、目的地均可进行过滤。

(3)命名的 IP 访问控制列表

命名的 IP 访问控制列表是以列表名代替列表编号来定义 IP 访问控制列表,同样包括命名标准 IP ACL 和命名扩展 IP ACL 两种列表,定义过滤的语句与编号方式中相似。使用命名访问控制列表可以用来删除某一条特定的控制条目,这样可以让我们在使用过程中方便地进行修改。在使用命名访问控制列表时,要求路由器的 IOS 在 11.2 以上的版本,并且不能以同一名字命名多个 ACL,不同类型的 ACL 也不能使用相同的名字。一般在交换机上应用。

(4)定时 ACL(Time－range ACL)

定时 ACL 是一种扩展 ACL,并且还可以定义什么时间段 ACL 被激活。基于时间访问列表的设计中,用 time－range 命令来指定时间范围的名称,然后用定义绝对时间 absolute 命令,或者一个或多个相对时间 periodic 命令来具体定义时间范围。

3. 定义标准访问控制列表 ACL

(1)定义编号标准 ACL

格式:

Router(config)# access-list ＜1-99 或者 1300～1999＞ {permit|deny} 源地址 [反掩码]

- permit 允许通过,deny 禁止通过。
- 使用"通配符"定义一段 IP 地址范围。
- 使用关键字"any"用于定义所有 IP 地址,通配反掩码 255.255.255.255。
- 使用"host 源主机地址"用于定义一个主机地址,通配反掩码 0.0.0.0。

例如:

Router(config)# access-list 1 deny host 192.168.1.1   !拒绝一台主机 192.168.1.1 流量
Router(config)# access-list 2 deny 192.168.1.0 0.0.0.255   !拒绝一个网段 192.168.1.0 流量
Router(config)# access-list 3 permit any   !允许所有流量通过

(2)定义编号扩展 ACL

格式:

Router(config)# access-list ＜100-199 或者 2000～2699＞ {permit/deny} 协议 源地址 反掩码

［源端口］目的地址 反掩码［目的端口］

- permit 允许通过,deny 禁止通过。
- 协议包括:TCP;UDP;IP;ICMP 等。
- 端口号:TCP 或 UDP 的端口号,范围为 0－65535。

例如:

Router(config)# access-list 111 permit tcp 192.168.1.0 0.0.255.255 host 192.168.3.3 eq www

　! 允许网络 192.168.1.0 内所有主机访问 www 服务器 192.168.3.3,拒绝其他主机使用网络

(3)定义命名标准 ACL

格式:

Switch(config)# ip access-list standard {ACL 命名}　　! 先命名 ACL,一般用于交换机
Switch(config-std-nacl)# {deny | permit} 源地址 ［反掩码］　　! 再定义访问控制列表规则

例如:

Switch(config)# ip access-list standard deny_vlan20　　! 定义名为 deny_vlan20 的命名标准 ACL
Switch(config-std-nacl)# deny 192.168.2.0 0.0.0.255　　! 拒绝来自于 192.168.2.0 网段的流量通过
Switch(config-std-nacl)# permit any　　　　　　　　! 允许其他任何流量通过

(4)定义命名扩展 ACL

格式:

Switch(config)# ip access-list extended {ACL 命名}　　! 先命名 ACL,一般用于交换机
Switch(config-std-nacl)# {deny | permit} 协议 源地址 反掩码［源端口］目的地址 反掩码［目的端口］　! 再定义访问控制列表规则

例如:

Switch(config)# ip access-list standard permit_vlan20　　! 定义名为 permit_vlan20 的命名扩展 ACL
Switch(config-ext-nacl)# permit tcp 192.168.2.0 0.0.0.255 host 172.16.1.1 eq www　! 只允许 192.168.2.0 网段上主机访问 IP 地址为 172.16.1.1 的 www 服务器
Switch(config-ext-nacl)# deny ip any any　　　　　　! 定义允许后其他默认都是拒绝,可省略

(5)定义定时 ACL

格式:

Router(config)# time-range {时间组名}　　! 命名时间组
Router(config-time-range)# absolute [start time date] [end time date] and/or periodic days-of-the-week hh:mm to [days-of-the-week] hh:mm　　　　! 定义一组绝对时间或者同期性时间
Router(config)# access-list <1-99 或者 1300~1999> { permit |deny } 源地址 ［反掩码］ time-range {时间组名}　　! 把 ACL 与时间组关联

例如:

Router(config)# time-range freetime　　! 定义名为 freetime 的一组时间

Router(config-time-range)# absolute start 8:00 1 jan 2011 end 18:00 30 dec 2010　　!定义绝对时间
Router(config-time-range)# periodic weekdays 8:00 to 17:00　　!定义周期性时间
Router(config)# access-list 2 deny 192.168.1.0 0.0.0.255 freetime　!把ACL与时间组关联

4. 在接口上应用ACL

(1) ACL的应用位置选择

规则1：只根据数据报文源地址进行过滤的ACL，例如标准ACL，应放在离数据报文的目的地尽可能近的地方。

规则2：根据数据报文中的源地址信息、目的地址信息、源端口、目的端口等多种信息进行过滤的ACL，例如扩展ACL，应放在离数据报文源地址尽可能近的地方。

(2) 入栈IN或出栈OUT的选择

对于一个接口中，当要把ACL数据流从设备外流入设备内时做访问控制时就选择IN，当要把ACL数据流从设备内流出设备时做访问控制时就选择OUT，一个接口一个方向上只能应用一个ACL。

5. ACL配置步骤

第1步：定义ACL
第2步：应用ACL
第3步：查看ACL

具体配置标准ACL命令及步骤如表6-1所示。

表6-1 标准ACL配置步骤

序　号	操　作	相关命令
第1步	定义标准ACL	编号标准：access-list 或 命名标准：ip access-list
第2步	在接口或线路上应用ACL	ip access-group
第3步	检查ACL配置和应用情况	show access-list show ip interface

三、任务实施

【任务目的】

1. 了解标准ACL的功能和用途。
2. 掌握路由器编号标准ACL配置技能。
3. 掌握交换机命名标准ACL配置技能。

【任务设备】

交换机选择：工作组级交换机思科Catalyst 2960系列交换机(2960-24TT)1台
PC机选择：有以太网卡的PC机2台，两台PC机的IP地址必须在同一网段。
传输设备：直通线2条

【任务拓扑】

网络拓扑结构图如下图6-7所示。

项目六 园区网络安全配置与管理

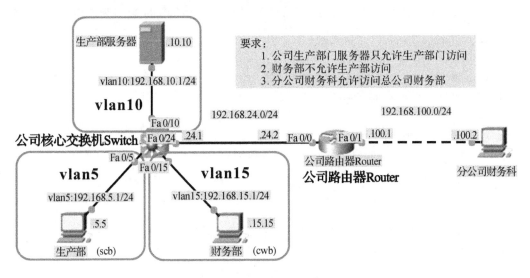

图 6-7 IP 标准 ACL 网络拓扑

【任务步骤】

第 1 步：公司核心三层交换机的基本配置

(1) 创建 VLAN5、VLAN10、VLAN15

```
Switch>enable
Switch#configure terminal
Switch(config)#vlan 5
Switch(config-vlan)#name scb
Switch(config-vlan)#exit
Switch(config)#vlan 10
Switch(config-vlan)#name scbserver
Switch(config-vlan)#exit
Switch(config)#vlan 15
Switch(config-vlan)#name cwb
```

(2) 给 VLAN VLAN5、VLAN10、VLAN15 分配端口

```
Switch(config-vlan)#exit
Switch(config)#interface fastEthernet 0/5
Switch(config-if)#switchport mode access
Switch(config-if)#switchport access vlan 5
Switch(config-if)#exit
Switch(config)#interface fastEthernet 0/10
Switch(config-if)#switchport mode access
Switch(config-if)#switchport access vlan 10
Switch(config-if)#exit
Switch(config)#interface fastEthernet 0/15
Switch(config-if)#switchport mode access
Switch(config-if)#switchport access vlan 15
```

(3)配置 VLAN5、VLAN10、VLAN15 的 SVI 接口,配置 fa0/24 接口为路由接口

```
Switch(config-if)#exit
Switch(config)#interface vlan 5
Switch(config-if)#ip address 192.168.5.1 255.255.255.0
Switch(config-if)#no shutdown
Switch(config-if)#exit
Switch(config)#interface vlan 10
Switch(config-if)#ip address 192.168.10.1 255.255.255.0
Switch(config-if)#no shutdown
Switch(config-if)#exit
Switch(config)#interface vlan 15
Switch(config-if)#ip address 192.168.15.1 255.255.255.0
Switch(config-if)#no shutdown
Switch(config-if)#exit
Switch(config)#interface FastEthernet0/24
Switch(config-if)#no switchport          !配置三层交换接口为路由接口
Switch(config-if)#ip address 192.168.24.1 255.255.255.0   !只有路由接口才能配置 IP
Switch(config-if)#no shutdown
Switch(config-if)#exit
```

(4)测试 VLAN5、VLAN10、VLAN15 连能性

按图 6-7 所示配置 PC 和服务器 IP 地址、子网掩码、网关。

生产部 PC:192.168.5.5、255.255.255.0、192.168.5.1。

财务部 PC:192.168.15.15、255.255.255.0、192.168.15.1。

生产部服务器:192.168.10.10、255.255.255.0、192.168.10.1。

测试结果:生产部 PC、财务部 PC、生产部服务器互能 ping 通(交换机相连 VLAN 全网互通)。

第 2 步:公司路由器的基本配置

(1)配置路由器各接口 IP 地址并开启各接口

```
Route>enable
Route#configure terminal
Router(config)#interface FastEthernet0/0
Router(config-if)#ip address 192.168.24.2 255.255.255.0
Router(config-if)#no shutdown
Router(config-if)#exit
Router(config)#interface FastEthernet0/1
Router(config-if)#ip address 192.168.100.1 255.255.255.0
Router(config-if)#no shutdown
Router(config-if)#exit
```

(2)连通性测试

配置分公司教务科 IP 地址、子网掩码、网关

财务科 PC:192.168.100.2、255.255.255.0、192.168.100.1

测试结果:生产部 PC、财务部 PC、生产部服务器与路由器相连财务科不能 ping 通(没路由)

第 3 步:三层交换机、路由器动态 RIP 路由配置
(1)配置三层交换机的动态 RIP 路由

Switch(config)# router rip
Switch(config-router)# version 2
Switch(config-router)# network 192.168.5.0
Switch(config-router)# network 192.168.10.0
Switch(config-router)# network 192.168.15.0
Switch(config-router)# network 192.168.24.0
Switch(config-router)# exit
Switch(config)# show ip route

(2)配置路由器的动态 RIP 路由

Route(config)# router rip
Route(config-router)# version 2
Route(config-router)# network 192.168.24.0
Route(config-router)# network 192.168.100.0
Switch(config-router)# exit
Switch(config)# show ip route

(3)连通性测试

测试结果:生产部 PC、财务部 PC、生产部服务器与路由器相连财务科能 ping 通(全网互通)

第 4 步:三层交换机、路由器上配置 IP 标准访问控制列表
(1)生产部门服务器只允许生产部访问

Switch(config)# ip access-list standard scbserver_permit_scb   ! 三层交换机命名 ACL
Switch(config-std-nacl)# permit 192.168.5.0 0.0.0.255   ! 允许生产部访问
Switch(config-std-nacl)# deny any   ! 配置允许之后默认全部拒绝,可以省略
Switch(config-std-nacl)# exit
Switch(config)# interface vlan 10   ! 标准 ACL 应用在目标接口
Switch(config-if)# ip access-group scbserver_permit_scb out   ! 应用标准 ACL
Switch(config-if)# exit

测试连通性:此时只有生产部 192.168.5.0 能 ping 能服务器,其他 PC 都不能 ping 通服务器。

(2)配置公司财务部不允许生产部访问,允许分公司财务科访问

Switch(config)# ip access-list standard cwb_deny_scb_permit_cwk
Switch(config-std-nacl)# deny 192.168.5.0 0.0.0.255
Switch(config-std-nacl)# permit 192.168.100.0 0.0.0.255
Switch(config-std-nacl)# exit
Switch(config)# interface vlan 15
Switch(config-if)# ip access-group standard cwb_deny_scb_permit_cwk out

```
Switch(config-if)#exit
```

测试连通性：应用 ACL 前，生产部和教务科都能 ping 通财务部，应用 ACL 之后，只有财务科能 ping 通财务部。

(3) 配置分公司财务科拒绝生产部访问但允许总公司财务部访问

```
Router(config)#access-list 1 deny 192.168.5.0 0.0.0.255     ！此时应该在路由器上配置 ACL
Router(config)#access-list 1 permit 192.168.15.0 0.0.0.255   ！路由器配置编号标准 ACL
Router(config)#interface fastEthernet 0/1                     ！路由器在离目标网络接口处应用 ACL
Router(config-if)#ip access-group 1 out                       ！标准 ACL 一般都是在出栈 OUT 处应用
Router(config-if)#exit
```

测试连通性：应用 ACL 前，生产部能 ping 通教务科 192.168.200.2，应用 ACL 之后，只有财务部能 ping 通财务科，但生产部能 ping 通财务科网关 192.168.200.1。

四、归纳总结

1. 访问控制列表 ACL 掩码使用的是反掩码。

2. 访问控制列表必须在相应接口下应用才生效，标准访问控制列表 ACL 的应用应该尽量靠近目的网段的接口中。

3. 编号标准访问控制列表 ACL 的编号为 1～99 以及 1300～1999。

4. 配置拒绝 deny 某个网段后应该配置允许 permit 其他网段，不然全部拒绝。配置允许某个 permit 网段之后不必要配置拒绝，默认全部拒绝。

5. 锐捷交换机只能使用命名标准 ACL，锐捷路由器只能使用编号标准 ACL。思科交换机、路由器两者均可使用。使用命名访问控制列表可以用来删除某一条特定的控制条目，这样可以让我们在使用过程中方便地进行修改。

五、任务思考

1. 访问控制列表的种类以及实现的数据过滤的区别。

2. 编号标准访问控制列表和命名标准访问控制列表的区别与联系。

3. 配置如图 6-8 所示编号标准访问控制列表 ACL。

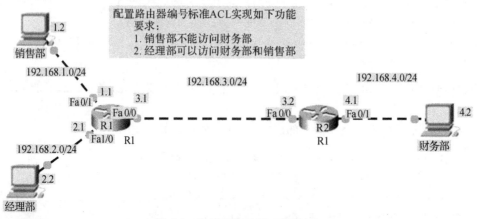

图 6-8　编号标准 ACL 习题拓扑

参考配置：

R1 配置如下：

Router＞enable
Router#configure terminal
Router(config)#hostname R1
R1(config)#interface FastEthernet0/0
R1(config-if)#ip address 192.168.3.1 255.255.255.0
R1(config-if)#no shutdown
R1(config-if)#
R1(config-if)#exit
R1(config)#interface FastEthernet0/1
R1(config-if)#ip address 192.168.1.1 255.255.255.0
R1(config-if)#no shutdown
R1(config-if)#
R1(config-if)#exit
R1(config)#interface FastEthernet1/0
R1(config-if)#ip address 192.168.2.1 255.255.255.0
R1(config-if)#no shutdown
R1(config-if)#
R1(config-if)#exit
R1(config)#ip route 192.168.4.0 255.255.255.0 192.168.3.2

R2 配置如下：

Router＞enable
Router#configure terminal
Router(config)#hostname R2
R2(config)#interface FastEthernet0/0
R2(config-if)#ip address 192.168.3.2 255.255.255.0
R2(config-if)#no shutdown
R2(config-if)#
R2(config-if)#exit
R2(config)#interface FastEthernet0/1
R2(config-if)#ip address 192.168.4.1 255.255.255.0
R2(config-if)#no shutdown
R2(config-if)#
R2(config-if)#exit
R2(config)#ip route 192.168.1.0 255.255.255.0 192.168.3.1
R2(config)#ip route 192.168.2.0 255.255.255.0 192.168.3.1
R2(config)#access-list 1 deny 192.168.1.0 0.0.0.255
R2(config)#access-list 1 permit 192.168.2.0 0.0.0.255
R2(config)#interface fastEthernet 0/1
R2(config-if)#ip access-group 1 out

4. 配置如图 6-9 所示命名标准访问控制列表 ACL。

参考配置：

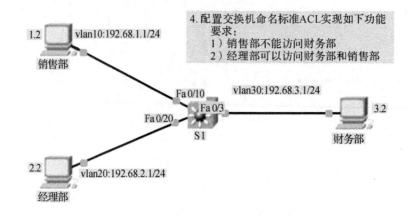

FTP服务器   WEB服务器

图 6-9 命名标准 ACL 习题拓扑

Switch>enable
Switch#configure terminal
Switch(config)#hostname S1
S1(config)#vlan 10
S1(config-vlan)#name xsb
S1(config-vlan)#exit
S1(config)#vlan 20
S1(config-vlan)#name jlb
S1(config-vlan)#exit
S1(config)#vlan 30
S1(config-vlan)#name cwb
S1(config-vlan)#exit
S1(config)#interface fastEthernet 0/10
S1(config-if)#S1port mode access
S1(config-if)#S1port access vlan 10
S1(config-if)#exit
S1(config)#interface fastEthernet 0/20
S1(config-if)#S1port mode access
S1(config-if)#S1port access vlan 20
S1(config-if)#exit
S1(config)#interface fastEthernet 0/3
S1(config-if)#S1port mode access
S1(config-if)#S1port access vlan 30
S1(config-if)#exit
S1(config)#interface vlan 10
S1(config-if)#ip address 192.168.1.1 255.255.255.0
S1(config-if)#no shutdown
S1(config-if)#exit

```
S1(config)#interface vlan 20
S1(config-if)#ip address 192.168.2.1 255.255.255.0
S1(config-if)#no shutdown
S1(config-if)#exit
S1(config)#interface vlan 30
S1(config-if)#ip address 192.168.3.1 255.255.255.0
S1(config-if)#no shutdown
S1(config-if)#exit
S1(config)#ip access-list standard deny_xsb_permit_jlb
S1(config-std-nacl)#deny 192.168.1.0 0.0.0.255
S1(config-std-nacl)#permit 192.168.2.0 0.0.0.255
S1(config-std-nacl)#exit
S1(config)#interface vlan 30
S1(config-if)#ip access-group deny_xsb_permit_jlb out
S1(config-if)#exit
```

任务三 IP 扩展访问控制列表 ACL

一、情境描述

假设你是某学院的网络工程师,学院网络中心分别架设有 FTP 服务器和 WWW 服务器,学院网络分为教师办公网、学生宿舍网、学院服务器三部分组成,三个网段通过三层交换机路由,单位出口路由器连接院办企业网络。为了学院网络的安全,学院领导要求你对网络进行流量控制,实现如下功能:

(1) 院 FTP 服务器只供教师使用,学生及院办企业不得使用;
(2) 院 WEB 服务器教师、学生及院办企业均可使用。

二、知识储备

1. 访问控制列表 ACL 的编号范围

扩展 IP 访问控制列表比标准 IP 访问控制列表具有更多的匹配项,包括协议类型、源地址、目的地址、源端口、目的端口、建立连接的和 IP 优先级等。编号范围从 100—199 到 2000—2699 的访问控制列表是扩展 IP 访问控制列表。各类访问控制列表编号范围如表 6-2 所示:

表 6-2 各类访问控制列表编号范围

编号范围	ACL 类 型
1—99	IP 标准访问控制列表
100—199	IP 扩展访问控制列表
1100—1199	MAC 地址扩展访问控制列表
1300—1999	IP 标准访问控制列表

续表

编号范围	ACL 类　型
200—299	协议类型码访问控制列表
2000—2699	IP 扩展访问控制列表
700—799	MAC 地址访问控制列表

2. 定义扩展访问控制列表 ACL

(1) 定义编号扩展 ACL

格式：

Router(config)# access-list <100-199 或者 2000~2699> { permit/deny } 协议 源地址 反掩码 [源端口] 目的地址 反掩码 [目的端口]

- permit 允许通过，deny 禁止通过。
- 协议包括：TCP；UDP；IP；ICMP 等。
- 端口号：TCP 或 UDP 的端口号，范围为 0—65535。
- 匹配操作符含义：
  - ■ eq　　　等于端口号
  - ■ gt　　　大于端口号
  - ■ lt　　　小于端口号
  - ■ neq　　不先等于
  - ■ range　介于一组端口之间

例如：

Router (config)# access-list 111 permit tcp 192.168.1.0 0.0.255.255 host 192.168.3.3 eq www

! 允许网络 192.168.1.0 内所有主机访问 www 服务器 192.168.3.3，拒绝其他主机使用网络

(2) 定义命名扩展 ACL

格式：

Switch(config)# ip access-list extended {ACL 命名}　　! 先命名 ACL，一般用于交换机

Switch(config-std-nacl)# {deny | permit} 协议 源地址 反掩码 [源端口] 目的地址 反掩码 [目的端口]　　! 再定义访问控制列表规则

例如：

Switch(config)# ip access-list standard permit_vlan20　　! 定义名为 permit_vlan20 的命名扩展 ACL

Switch(config-ext-nacl)# permit tcp 192.168.2.0 0.0.0.255 host 172.16.1.1 eq www　　! 只允许 192.168.2.0 网段上主机访问 IP 地址为 172.16.1.1 的 www 服务器

Switch(config-ext-nacl)# deny ip any any　　! 定义允许后其他默认都是拒绝，可省略

3. 在接口上应用扩展访问控制列表 ACL

扩展访问控制列表 ACL 根据数据报文中的源地址信息、目的地址信息、源端口、目的端口等多种信息进行过滤的 ACL，应该应用在距离数据报文源网段尽可能近的地方。

对于一个接口中,当要把 ACL 数据流从设备外流入设备内时做访问控制时就选择 IN,当栈要把 ACL 数据流从设备内流出设备时做访问控制时就选择 OUT,一个接口一个方向上只能应用一个 ACL。

4. 扩展访问控制列表 ACL 配置步骤

第 1 步:定义扩展 ACL

第 2 步:应用扩展 ACL

第 3 步:查看扩展 ACL

具体配置命名及步骤如表 6-3 所示。

表 6-3　扩展 ACL 配置步骤

序　号	操　作	相关命令
第 1 步	定义扩展 ACL	编号扩展:access-list 或 命名扩展:ip access-list
第 2 步	在接口上应用扩展 ACL	ip access-group
第 3 步	检查 ACL 配置和应用情况	show access-list show ip interface

三、任务实施

【任务目的】

1. 了解扩展 ACL 的功能和用途。
2. 掌握路由器编号扩展 ACL 配置技能。
3. 掌握交换机命名扩展 ACL 配置技能。

【任务设备】

网络设备选择:三层交换机 1 台、路由器 1 台(思科、锐捷、神州数码均可)。

PC 机选择:PC 机 6 台,服务器 4 台。

传输设备:网线若干。

【任务拓扑】

网络拓扑结构图如下图 6-10 所示。

【任务步骤】

第 1 步:学院核心三层交换机的基本配置

(1)创建 VLAN5、VLAN10、VLAN15

```
Switch>enable
Switch#configure terminal
Switch(config)#vlan 5
Switch(config-vlan)#name student
Switch(config-vlan)#exit
Switch(config)#vlan 10
Switch(config-vlan)#name server
Switch(config-vlan)#exit
Switch(config)#vlan 15
```

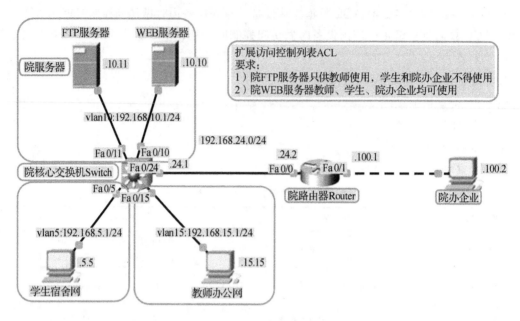

图 6-10　IP 扩展 ACL 网络拓扑

Switch(config-vlan)#name teacher

(2)给 VLAN VLAN5、VLAN10、VLAN15 分配端口

Switch(config-vlan)#exit

Switch(config)#interface fastEthernet 0/5

Switch(config-if)#switchport mode access

Switch(config-if)#switchport access vlan 5

Switch(config-if)#exit

Switch(config)#interface range fastEthernet 0/10-11

Switch(config-if-range)#switchport mode access

Switch(config-if-range)#switchport access vlan 10

Switch(config-if-range)#exit

Switch(config)#interface fastEthernet 0/15

Switch(config-if)#switchport mode access

Switch(config-if)#switchport access vlan 15

(3)配置 VLAN5、VLAN10、VLAN15 的 SVI 接口,配置 fa0/24 接口为路由接口

Switch(config-if)#exit

Switch(config)#interface vlan 5

Switch(config-if)#ip address 192.168.5.1 255.255.255.0

Switch(config-if)#no shutdown

Switch(config-if)#exit

Switch(config)#interface vlan 10

Switch(config-if)#ip address 192.168.10.1 255.255.255.0

Switch(config-if)#no shutdown

Switch(config-if)#exit

```
Switch(config)#interface vlan 15
Switch(config-if)#ip address 192.168.15.1 255.255.255.0
Switch(config-if)#no shutdown
Switch(config-if)#exit
Switch(config)#interface FastEthernet0/24
Switch(config-if)#no switchport        !配置三层交换接口为路由接口
Switch(config-if)#ip address 192.168.24.1 255.255.255.0  !只有路由接口才能配置IP
Switch(config-if)#no shutdown
Switch(config-if)#exit
```

(4)测试VLAN5、VLAN10、VLAN15连能性

按图6-10所示配置PC和服务器IP地址、子网掩码、网关。

学生宿舍网PC：192.168.5.5、255.255.255.0、192.168.5.1。

教师办公网PC：192.168.15.15、255.255.255.0、192.168.15.1。

学院服务器：192.168.10.10、255.255.255.0、192.168.10.1。

测试结果：核心交换机相连VLAN5、VLAN10、VLAN15全网互ping通。

第2步：学院与院办企业相连路由器的基本配置

(1)配置路由器各接口IP地址并开启各接口

```
Route>enable
Route#configure terminal
Router(config)#interface FastEthernet0/0
Router(config-if)#ip address 192.168.24.2 255.255.255.0
Router(config-if)#no shutdown
Router(config-if)#exit
Router(config)#interface FastEthernet0/1
Router(config-if)#ip address 192.168.100.1 255.255.255.0
Router(config-if)#no shutdown
Router(config-if)#exit
```

(2)连通性测试

配置院办企业IP地址、子网掩码、网关

院办企业PC：192.168.100.2、255.255.255.0、192.168.100.1

测试结果：学生网PC、教师PC、院服务器与院办企业网络不能ping通(没有配置路由)

第3步：三层交换机、路由器动态RIP路由配置

(1)配置三层交换机的动态RIP路由

```
Switch(config)# router rip
Switch(config-router)#version 2
Switch(config-router)#network 192.168.5.0
Switch(config-router)#network 192.168.10.0
Switch(config-router)#network 192.168.15.0
Switch(config-router)#network 192.168.24.0
Switch(config-router)#exit
Switch(config)#show ip route
```

(2)配置路由器的动态 RIP 路由

```
Route(config)# router rip
Route(config-router)# version 2
Route(config-router)# network 192.168.24.0
Route(config-router)# network 192.168.100.0
Switch(config-router)# exit
Switch(config)# show ip route
```

(3)连通性测试

测试结果:学生网 PC、教师 PC、院服务器与院办企业网络互相 ping 通(全网互通)

第 4 步:三层交换机、路由器上配置 IP 扩展 ACL

(1)学院 FTP 服务器只供教师使用、学生不得使用;学院 WEB 服务器教师、学生及院办企业均可访问。需在院核心三层交换机上配置命名扩展 ACL 如下:

```
Switch(config)# ip access-list extended deny_student_ftp  ! 三层交换机配置命名扩展 ACL
Switch(config-ext-nacl)# deny tcp 192.168.5.0 0.0.0.255 host 192.168.10.11 eq 21
    ! 拒绝学生网段 192.168.5.0 访问服务器 192.168.10.11
    ! 等价于 deny tcp 192.168.5.0 0.0.0.255 host 192.168.10.11 eq ftp
    ! 也可用 deny tcp 192.168.5.0 0.0.0.255 192.168.10.11 0.0.0.255 eq ftp
Switch(config-ext-nacl)# permit ip any any   ! 配置拒绝学生网段后必须配置允许其他网段
Switch(config-ext-nacl)# exit
Switch(config)# interface vlan 5      ! 扩展 ACL 应用到源接口不允许从源接口进入
Switch(config-if)# ip access-group deny_student_ftp in   ! 扩展 ACL 应用于源接口
Switch(config-if)# exit
```

测试连通性:分别在学生网、教师网和院办企业上访问院 FTP 和 WEB 服务器,结果是学生网只能访问 WEB 服务器、不能访问 FTP 服务器,教师网和院办企业都均可以访问。

(2)学院 FTP 服务器只供教师使用、院办企业不得使用;学院 WEB 服务器教师、学生及院办企业均可访问。需在院路由器上配置编号扩展 ACL 如下:

```
Router(config)# access-list 101 deny tcp 192.168.100.0 0.0.0.255 192.168.10.0 0.0.0.255 eq 21! 配置编号扩展 ACL,拒绝 192.168.100.0 访问 192.168.10.0tcp 的 21 端口
Router(config)# access-list 101 permit ip any any ! 拒绝某网段后必须配置允许其他网段
Router(config)# interface FastEthernet0/1
Switch(config-if)# ip access-group 101 in   ! 扩展 ACL 应用于源接口
Switch(config-if)# exit
```

测试连通性:分别在学生网、教师网上访问院办企业 FTP 和 WEB 服务器,结果是学生网和院办企业只能访问 WEB 服务器、不能访问 FTP 服务器,教师 PC 都均可以访问。

四、归纳总结

1.在进行规则匹配时,从上至下,匹配成功马上停止,不会继续匹配下面的规则。

2.访问控制列表必须在相应接口下应用才生效,扩展访问控制列表 ACL 的应用应该尽量离源网段最近的接口上。

3.编号扩展访问控制列表 ACL 的编号为 100~199 以及 2000~2699。

4. 所有访问列表默认规则是拒绝所有数据包,处理方式只有允许通过和拒绝通过。

5. 锐捷交换机只能使用命名扩展 ACL,锐捷路由器只能使用扩展标准 ACL。思科交换机、路由器两者均可用。一个端口在某一方向只能应用一组访问列表。

五、任务思考

1. 标准 ACL 和扩展 ACL 的区别。
2. 扩展 ACL 应用在什么位置？in 和 out 参数的含义是什么？
3. 配置如图 6-11 所示编号扩展访问控制列表 ACL。

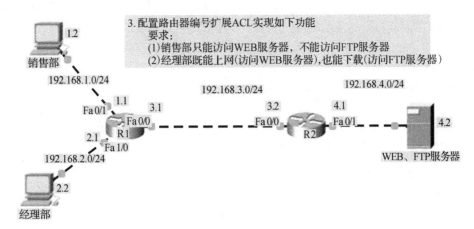

图 6-11　编号扩展 ACL 习题拓扑

参考配置：

R1 配置如下：

Router＞enable

Router＃configure terminal

Router(config)＃hostname R1

R1(config)＃interface FastEthernet0/0

R1(config-if)＃ip address 192.168.3.1 255.255.255.0

R1(config-if)＃no shutdown

R1(config-if)＃

R1(config-if)＃exit

R1(config)＃interface FastEthernet0/1

R1(config-if)＃ip address 192.168.1.1 255.255.255.0

R1(config-if)＃no shutdown

R1(config-if)＃

R1(config-if)＃exit

R1(config)＃interface FastEthernet1/0

R1(config-if)＃ip address 192.168.2.1 255.255.255.0

R1(config-if)＃no shutdown

R1(config-if)＃

R1(config-if)＃exit

R1(config)＃ip route 192.168.4.0 255.255.255.0 192.168.3.2

R1(config)#access-list 100 deny tcp 192.168.1.0 0.0.0.255 192.168.4.0 0.0.0.255 eq ftp ！源路由器上

R1(config)#access-list 100 permit ip any any

R1(config)#interface fastEthernet 0/1 ！编号扩展ACL应用在源接口上

R1(config-if)#ip access-group 100 in

R2 配置如下：

Router>enable

Router#configure terminal

Router(config)#hostname R2

R2(config)#interface FastEthernet0/0

R2(config-if)#ip address 192.168.3.2 255.255.255.0

R2(config-if)#no shutdown

R2(config-if)#

R2(config-if)#exit

R2(config)#interface FastEthernet0/1

R2(config-if)#ip address 192.168.4.1 255.255.255.0

R2(config-if)#no shutdown

R2(config-if)#

R2(config-if)#exit

R2(config)#ip route 192.168.1.0 255.255.255.0 192.168.3.1

R2(config)#ip route 192.168.2.0 255.255.255.0 192.168.3.1

4．配置如图 6-12 所示命名扩展访问控制列表 ACL。

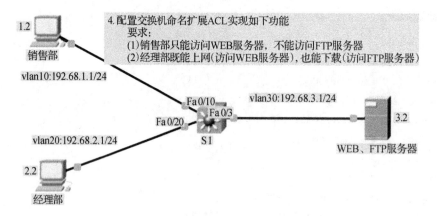

图 6-12　命名扩展 ACL 习题拓扑

Switch>enable

Switch#configure terminal

Switch(config)#hostname S1

S1(config)#vlan 10

S1(config-vlan)#name xsb

S1(config-vlan)#exit

S1(config)#vlan 20

S1(config-vlan)#name jlb

```
S1(config-vlan)#exit
S1(config)#vlan 30
S1(config-vlan)#name web_ftp_server
S1(config-vlan)#exit
S1(config)#interface fastEthernet 0/10
S1(config-if)#S1port mode access
S1(config-if)#S1port access vlan 10
S1(config-if)#exit
S1(config)#interface fastEthernet 0/20
S1(config-if)#S1port mode access
S1(config-if)#S1port access vlan 20
S1(config-if)#exit
S1(config)#interface fastEthernet 0/3
S1(config-if)#S1port mode access
S1(config-if)#S1port access vlan 30
S1(config-if)#exit
S1(config)#interface vlan 10
S1(config-if)#ip address 192.168.1.1 255.255.255.0
S1(config-if)#no shutdown
S1(config-if)#exit
S1(config)#interface vlan 20
S1(config-if)#ip address 192.168.2.1 255.255.255.0
S1(config-if)#no shutdown
S1(config-if)#exit
S1(config)#interface vlan 30
S1(config-if)#ip address 192.168.3.1 255.255.255.0
S1(config-if)#no shutdown
S1(config-if)#exit
S1(config)#ip access-list extended deny_xsb_ftp        !命名扩展访问控制列表 ACL 拒绝销售部 ftp
S1(config-ext-nacl)#deny tcp 192.168.1.0 0.0.0.255 192.168.3.0 0.0.0.255 eq ftp !配置拒绝 tcp 等于 ftp
S1(config-ext-nacl)#permit ip any any        !配置拒绝后必须配置允许其他 IP 通过
S1(config-ext-nacl)#interface vlan 10        !扩展 ACL 应该应用在源接口上
S1(config-if)#ip access-group deny_xsb_ftp in        !应用源接口时应该规划不让进栈 in
S1(config-if)#exit
```

任务四　基于时间的访问控制列表 ACL

一、情境描述

假设你是某学院的网络工程师,为保证公司上班时的工作效率,公司要求公司员工在上班时间(周一到周五早上 8 点到下午 5 点)只允许访问公司服务器,下班后公司员工上网不受限制。请你配置公司出口路由器实现此功能。

二、知识储备

1. 基于时间访问控制列表 ACL 定义

基于时间的访问控制列表由两部分组成,第一部分是定义时间段,第二部分是用扩展访问控制列表定义规则。这里我们主要讲解下定义时间段,具体格式如下:

time-range   时间段名称
absolute start [小时:分钟] [日 月 年] [end] [小时:分钟] [日 月 年]
例如:time-range softer
absolute start 0:00 1 may 2005 end 12:00 1 june 2005

意思是定义了一个时间段,名称为 softer,并且设置了这个时间段的起始时间为 2005 年 5 月 1 日零点,结束时间为 2005 年 6 月 1 日中午 12 点。我们通过这个时间段和扩展 ACL 的规则结合就可以指定出针对自己公司时间段开放的基于时间的访问控制列表了。当然我们也可以定义工作日和周末,具体要使用 periodic(周期性)命令。

CISCO(思科)路由器中的 access-list(访问列表)最基本的有两种,分别是标准访问列表和扩展访问列表,二者的区别主要是前者是基于目标地址的数据包过滤,而后者是基于目标地址、源地址和网络协议及其端口的数据包过滤。随着网络的发展和用户要求的变化,从 IOS12.0 开始,CISCO 路由器新增加了一种基于时间的访问列表。通过它,可以根据一天中的不同时间,或者根据一星期中的不同日期,当然也可以二者结合起来,控制对网络数据包的转发。

2. 基于时间 ACL 使用方法

这种基于时间的访问列表就是在原来的标准访问列表和扩展访问列表中加入有效的时间范围来更合理有效的控制网络。它需要先定义一个时间范围,然后在原来的各种访问列表的基础上应用它。并且,对于编号访问列表和命名访问列表都适用。

3. 基于时间 ACL 使用规则

用 time-range 命令来指定时间范围的名称,然后用 absolute 命令或者一个或多个 periodic 命令来具体定义时间范围。

格式为:

time-range time-range-name absolute [start time date] [end time date] periodic days-of-the week hh:mm to [days-of-the week] hh:mm

参数的详细情况介绍如下:

time-range:用来定义时间范围的命令

time-range-name:时间范围名称,用来标识时间范围,以便于在后面的访问列表中引用

absolute(绝对时间):该命令用来指定绝对时间范围。它后面紧跟这 start 和 end 两个关键字。在这两个关键字后面的时间要以 24 小时制、hh:mm(小时:分钟)表示,日期要按照日/月/年来表示。可以看到,他们两个可以都省略。如果省略 start 及其后面的时间,那表示与之相联系的 permit 或 deny 语句立即生效,并一直作用到 end 处的时间为止;若省略如果省

略 end 及其后面的时间,那表示与之相联系的 permit 或 deny 语句在 start 处表示的时间开始生效,并且永远发生作用,当然把访问列表删除了的话就不会起作用了。

例如:

absolute start 8:00 end 20:00　　!表示每天的早 8 点到晚 8 点
absolute start 6:00 1 December 2010 end 24:00 31 December 2012　　!表示 2010 年 12 月 1 日早 6 点开始起作用,直到 2012 年 12 月 31 日晚 24 点停止作用

periodic(周期性时间):该命令用来指定周期性时间范围。主要是以星期为参数来定义时间范围的一个命令,它的参数主要有 Monday(星期一),Tuesday(星期二),Wednesday(星期三),Thursday(星期四),Friday(星期五),Saturday(星期六),Sunday(星期日)中的一个或者几个组合,也可以是 daily(每天)、weekday(周一到周五)或者 weekend(周末)。

例如:

periodic weekday 9:00 to 22:30　　!表示每周一到周五的早 9 点到晚 10 点半
periodic Monday to Tuesday 20:00　　!表示每周一早 7 点到周二的晚 8 点

4. 基于时间 ACL 配置步骤

第 1 步:定义时间范围
第 2 步:定义 ACL
第 3 步:在接口应用 ACL
第 4 步:查看扩展 ACL

具体配置命名及步骤如表 6-4 所示:

表 6-4　基于时间 ACL 配置步骤

序　号	操　作	相关命令	必　要
第 1 步	定义时间范围	time-range	是
第 2 步	定义 ACL	access-list 或 ip access-list	是
第 3 步	在接口应用 ACL	ip access-group 或 access-class	是
第 4 步	检查 ACL 配置和应用情况	show access-list show ip interface	可选 可选

三、任务实施

【任务目的】

1. 理解基于时间 ACL 时间范围的定义。
2. 掌握基于时间 ACL 的配置技能。

【任务设备】

网络设备选择:交换机 1 台、路由器 1 台(思科、锐捷、神州数码均可)
PC 机选择:PC 机 1 台,服务器 1 台
传输设备:网线若干

【任务拓扑】

网络拓扑结构图如下图 6-10 所示。

要求：公司员工在上班时间（周一到周五早上8点到下午5点）只允许访问公司服务器，不允许访问其他网络。其他时间可以访问。

图 6-13 基于时间 ACL 网络拓扑

【任务步骤】

第 1 步：公司出口路由器的基本配置

Router＞enable
Router＃configure terminal
Router(config)＃interface FastEthernet0/0
Router(config-if)＃ip address 192.168.1.1 255.255.255.0
Router(config-if)＃no shutdown
Router(config-if)＃exit
Router(config)＃interface FastEthernet0/1
Router(config-if)＃ip address 200.1.1.1 255.255.255.0
Router(config-if)＃no shutdown
Router(config-if)＃exit

测试连通性：按图 6-13 所示配置 PC 和服务器 IP 地址、子网掩码、网关。
公司员工网 PC：192.168.1.2、255.255.255.0、192.168.1.1。
公司服务器：200.1.1.2、255.255.255.0、200.1.1.1。
测试结果：公司员工网 PC 能 ping 通公司服务器。

第 2 步：定义时间范围

Router(config)＃time-range freetime　！定义 time-range 时间组名称为 freetime 空闲时间
Router(config-time-range)＃absolute start 8：00 1 jan 2010 end 17：00 31 dec 2020
　！定义绝对时间从 2010 年 1 月 1 日早上 8 点到 2020 年 12 月 31 日下午 5 点止
Router(config-time-range)＃periodic daily 0：00 to 8：00　　！定义周期性非上班时间
Router(config-time-range)＃periodic daily 17：00 to 23：59　！定义周期性非上班时间
Router＃show time-range　！显示 time-range 时间组 freetime 配置
time-range entry：freetime
 absolute start 08：00 1 jan 2010 end 17：00 31 December 2020
 periodic daily 00：00 to 08：00
 periodic daily 17：00 to 23：59

第 3 步：定义 ACL

Router(config)＃access-list 100 permit ip any host 200.1.1.2　　！定义编号扩展访问列表，允许访问主机 200.1.1.2
Router(config)＃access-list 100 permit ip any any time-range freetime　！关联 time-range 时间组 freetime，允许在规定时间段访问任何网络

第4步：在相应接口应用 ACL

Router(config)# interface fastethernet 0/0   ！进入源端最近接口 fa0/0
Router(config-if)# ip access-group 100 in   ！在接口的入口方向上应用ACL100 不让匹配规划的时候不让进入用 in。
Router# show ip interface fastEthernet 1/0   ！查看端口信息
Router# show access-lists   ！显示所有访问列表配置
Extended IP access list 100
permit ip any host 200.1.1.1
permit ip any any

第5步：测试测试

(1) 配置路由器的时钟为上班时间进行测试

Router# show clock   ！查看路由器的时钟
Clock：1987-1-16 5：19：9
Router(config)# clock set 9：03：40 27 april 2011-4-27   ！配置路由器的时钟
Router# show clock
Clock：2011-4-27 9：04-9
C:\>ping 200.1.1.1   ！验证在工作时间可以访问服务器 200.1.1.1，此时能 ping 通
现在更改服务器的 IP 地址为 200.1.1.5（或用另一台服务器），再进行测试，此时不能 ping 通

(2) 配置路由器的时钟为非上班时间进行测试

Router# show clock
Clock：2011-4-27 9：04-9
Router(config)# clock set 18：00：00 27 april 2011-4-27
Router# show clock
Clock：2011-4-27 18：00-9
C:\>ping 200.1.1.1   ！验证在工作时间可以访问服务器 200.1.1.1，此时能 ping 通
现在更改服务器的 IP 地址为 200.1.1.5（或用另一台服务器），再进行测试，此时也能 ping 通

四、归纳总结

1. Time－range 接口上只允许配置一条绝对时间 absolute 规则。
2. Time－range 接口上允许配置多条周期性时间 periodic 规则，在 ACL 进行匹配时，只要能匹配任意一条 periodic 规则认为匹配成功，而不是要求必须同时匹配多条 periodic 规则。
3. Time－range 接口上同时允许 absolute 规则和 periodic 规则并存，但是 ACL 必须先匹配 absolute 规则再匹配 periodic 规则。
4. 如果 ACL 上关联的 Time－range 接口不存在，系统就认为 ACL 已经在时间上匹配，就忽略时间因素。
5. Time－range 接口规则上的时间是以路由器的系统时间为准，在使用 ACL 后，必须确保路由器的系统时间与本地时间一致。

五、任务思考

1. 如何定义绝对时间 absolute 规则？举例说明。

2. 如何定义周期性时间 periodic 规则？举例说明。

3. 如何修改路由器的系统时钟？举例说明。

任务五　路由器静态 NAT 安全接入互联网

一、情境描述

假设你是某学院的网络工程师，学院网络中心分别架设有 FTP 服务器和 WWW 服务器，学院网络分为教师办公网、学生宿舍网、学院服务器三部分组成，三个网段通过三层交换机路由，单位出口路由器连接外网 Internet。为了学院网络的安全，学院要求从公网使用公网 IP 访问私网服务器，要求你在公司路由器上配置静态 NAT 实现。

二、知识储备

1. 网络地址转换(NAT)概述

网络地址转换(NAT,Network Address Translation)属接入广域网(WAN)技术，是一种将私有(保留)地址转化为合法 IP 地址的转换技术，它被广泛应用于各种类型 Internet 接入方式和各种类型的网络中。

私有地址只能用于局域网中，不能在 Internet 上使用，路由器不向 Internet 上转发带私有地址的数据包，如果使用私有地址的计算机需要和 Internet 通信，必须采用 NAT 地址转换技术。

2. 网络地址转换(NAT)作用

NAT 首先把内网中使用的私有地址转换为 Internet 上的公有地址，以解决 Internet 上地址不足的问题。随着对 Internet 安全需求的提升，NAT 又逐渐演变为隔离内外网络，能够有效地避免来自网络外部的攻击，隐藏并保护网络内部的计算机、保障网络安全的基本手段。

3. 网络地址转换(NAT)相关概念

NAT 技术把地址分成两大部分，即内部地址和外部地址。内部地址分为内部本地(IL,Inside Local Address)地址和内部全局(IG,Inside Global Address)地址，外部地址分为外部本地(OL,Outside Local Address)地址和外部全局(OG,Outside Global Address)地址。

(1)内部本地地址(IL)：分配给网络内部主机的 IP 地址，一般为私有 IP 地址。

(2)内部全局地址(IG)：合法的 IP 地址，是由网络信息中心(NIC)或者服务提供商提供，用以转换内网的一个或多个内部本地地址。

(3)外部本地地址(OL)：出现在外部网络内主机的私有 IP 地址，该地址不一定是合法的地址，也可以在内网的地址空间进行分配。

(4)外部全局地址(OG)：外部网络内主机连接到 Internet 的公有地址。

4. 网络地址转换(NAT)种类

通常，路由器上 NAT 分四类，分别适用于不同的需求。

(1)静态 NAT：适用于企业内部服务器向企业网外部提供服务(如 Web,E－mail 等)，需要建立服务器内部地址到固定合法 IPv4 地址的静态映射。

(2)动态 NAT:建立一种内外部 IPv4 地址的动态转换机制,常适用于租用的 IPv4 地址数量较多的情况。企业可以根据访问需求,建立多个 IPv4 地址池,绑定到不同的部门。这样既增强了管理的力度,又简化了排错的过程。

(3)静态 NAPT:适用于企业内部服务器向企业网外部提供服务(如 Web,E-mail 等)。但又缺少全局地址,或者根本没有申请全局地址时,就可以考虑静态 NAPT,可以使用路由器外部接口地址作为 NAPT 内部全局地址。

(4)动态 NAPT:适用于 IPv4 地址数很少,多个用户需要同时访问互联网的情况。如网吧、网络机房和分支机构的办公室等。

5. 网络地址转换(NAT)的配置步骤

(1)配置静态 NAT

第 1 步:定义内部源本地地址与外部全局地址的静态转换关系

 格式:ip nat inside source static 本地地址 全局地址

第 2 步:定义内部接口

 格式:interface 内部接口

   ip nat inside

第 3 步:定义外部接口

 格式:interface 外部接口

   ip nat outside

(2)配置动态 NAT

第 1 步:定义全局地址池

 格式:ip nat pool 地址池名 开始地址 结束地址 network 子网掩码

第 2 步:定义被转换地址列表(允许访问的地址列表)

 格式:access-list 列表编号(1-99) permit 子网地址 反掩码

第 3 步:定义内部源地址与全局地址池的转换关系

 格式:ip nat inside source list 列表编号 pool 地址池名

第 4 步:定义内部接口

 格式:interface 内部接口

   ip nat inside

第 5 步:定义外部接口

 格式:interface 外部接口

   ip nat outside

(3)配置静态 NAPT

第 1 步:定义内部源地址、端口号与外部全局地址、端口号的静态转换关系

 格式:ip nat inside source static 协议{UDP | TCP} 本地地址 端口号 全局地址 端口号

第 2 步:定义内部接口

 格式:interface 内部接口

   ip nat inside

第 3 步:定义外部接口

 格式:interface 外部接口

        ip nat outside
(4)配置动态 NAPT
第 1 步:定义全局地址池
    格式:ip nat pool 地址池名 开始地址 结束地址 network 子网掩码
第 2 步:定义被转换地址列表(允许访问的地址列表)
    格式:access-list 列表编号(1—99) permit 子网地址 反掩码
第 3 步:定义内部源地址与全局地址池的转换关系
    格式:ip nat inside source list 列表编号 pool 地址池名 overload
第 4 步:定义内部接口
    格式:interface 内部接口
        ip nat inside
第 5 步:定义外部接口
    格式:interface 外部接口
        ip nat outside

三、任务实施

【任务目的】
1.理解静态 NAT 的概念及含义。
2.掌握静态 NAT 的配置步骤及配置技巧。

【任务设备】
网络设备选择:三层交换机 1 台、路由器 1 台(思科、锐捷、神州数码均可)
PC 机选择:PC 机 2 台,服务器 2 台
传输设备:网线若干

【任务拓扑】
网络拓扑结构图如下图 6-14 所示。

【任务步骤】
第 1 步:学院核心三层交换机的基本配置
(1)创建 VLAN5、VLAN10、VLAN15

```
Switch>enable
Switch#configure terminal
Switch(config)#vlan 5
Switch(config-vlan)#name student
Switch(config-vlan)#exit
Switch(config)#vlan 10
Switch(config-vlan)#name server
Switch(config-vlan)#exit
Switch(config)#vlan 15
Switch(config-vlan)#name teacher
```

(2)给 VLAN VLAN5、VLAN10、VLAN15 分配端口

```
Switch(config-vlan)#exit
```

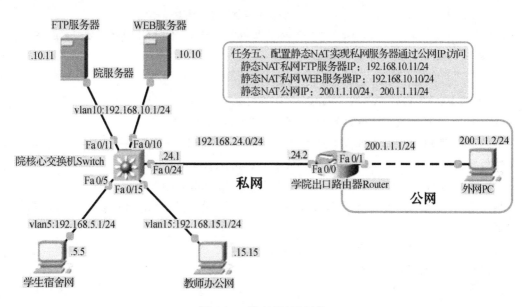

图 6-14　静态 NAT 拓扑

```
Switch(config)#interface fastEthernet 0/5
Switch(config-if)#switchport mode access
Switch(config-if)#switchport access vlan 5
Switch(config-if)#exit
Switch(config)#interface range fastEthernet 0/10-11
Switch(config-if-range)#switchport mode access
Switch(config-if-range)#switchport access vlan 10
Switch(config-if-range)#exit
Switch(config)#interface fastEthernet 0/15
Switch(config-if)#switchport mode access
Switch(config-if)#switchport access vlan 15
```

(3)配置 VLAN5、VLAN10、VLAN15 的 SVI 接口,配置 fa0/24 接口为路由接口

```
Switch(config-if)#exit
Switch(config)#interface vlan 5
Switch(config-if)#ip address 192.168.5.1 255.255.255.0
Switch(config-if)#no shutdown
Switch(config-if)#exit
Switch(config)#interface vlan 10
Switch(config-if)#ip address 192.168.10.1 255.255.255.0
Switch(config-if)#no shutdown
Switch(config-if)#exit
Switch(config)#interface vlan 15
Switch(config-if)#ip address 192.168.15.1 255.255.255.0
Switch(config-if)#no shutdown
Switch(config-if)#exit
Switch(config)#interface FastEthernet0/24
```

```
Switch(config-if)#no switchport            !配置三层交换接口为路由接口
Switch(config-if)#ip address 192.168.24.1 255.255.255.0   !只有路由接口才能配置 IP
Switch(config-if)#no shutdown
Switch(config-if)#exit
```

(4)测试 VLAN5、VLAN10、VLAN15 连能性

按图 6-14 所示配置 PC 和服务器 IP 地址、子网掩码、网关。

学生宿舍网 PC：192.168.5.5、255.255.255.0、192.168.5.1。

教师办公网 PC：192.168.15.15、255.255.255.0、192.168.15.1。

学院服务器：192.168.10.10、255.255.255.0、192.168.10.1。

测试结果：核心交换机相连 VLAN5、VLAN10、VLAN15 互相 ping 通，但与路由器不能 ping 通。

第 2 步：学院与外网相连出口路由器的基本配置

(1)配置路由器各接口 IP 地址并开启各接口

```
Route>enable
Route#configure terminal
Router(config)#interface FastEthernet0/0
Router(config-if)#ip address 192.168.24.2 255.255.255.0
Router(config-if)#no shutdown
Router(config-if)#exit
Router(config)#interface FastEthernet0/1
Router(config-if)#ip address 200.1.1.1 255.255.255.0
Router(config-if)#no shutdown
Router(config-if)#exit
```

(2)连通性测试

测试结果：学生网 PC、教师 PC、院服务器与外网 PC 不能 ping 通（没有配置路由）。

第 3 步：三层交换机、路由器动态 RIP 路由配置

(1)配置三层交换机的动态 RIP 路由

```
Switch(config)#router rip
Switch(config-router)#version 2
Switch(config-router)#network 192.168.5.0
Switch(config-router)#network 192.168.10.0
Switch(config-router)#network 192.168.15.0
Switch(config-router)#network 192.168.24.0
Switch(config-router)# #no auto-summary
Switch(config-router)#exit
Switch(config)#show ip route
```

(2)配置路由器的动态 RIP 路由

```
Route(config)#router rip
Route(config-router)#version 2
Route(config-router)#network 192.168.24.0
```

```
Route(config-router)#network 200.1.1.0
Router(config-router)#no auto-summary
Switch(config-router)#exit
Switch(config)#show ip route
```

(3) 连通性测试

测试结果:学生网 PC、教师 PC、院服务器与外网 PC 互相 ping 通(全网互通)。

注意:本实验环境是模拟环境,真实环境中私网 IP 与公网 IP 是不能 ping 通的,必须通过 NAT 进行网络地址转换后才能相通。

第 4 步:路由器上配置静态 NAT

学院要求从公网使用公网 IP 访问私网服务器,NAT 静态转换关系如下:

静态 NAT:私网 WEB 服务器 IP:192.168.10.10/24——》公网 IP:200.1.1.10/24。

静态 NAT:私网 FTP 服务器 IP:192.168.10.11/24——》公网 IP:200.1.1.11/24。

```
Router(config)#ip nat inside source static 192.168.10.11 200.1.1.11
Router(config)#ip nat inside source static 192.168.10.10 200.1.1.10
Router(config)#interface fastEthernet 0/0
Router(config-if)#ip nat inside
Router(config-if)#exit
Router(config)#interface fastEthernet 0/1
Router(config-if)#ip nat outside
Router(config-if)#end
```

第 5 步:验证测试

(1) 在外网 PC 上访问院 FTP 和 WEB 服务器映射地址

C:\>ping 200.1.1.10   !验证与 WEB 服务器静态 NAT 转换关系,此时能 ping 通。

C:\>ping 200.1.1.11   !验证与 ftp 服务器静态 NAT 转换关系,此时能 ping 通。

```
Router#show ip nat translations
Pro    Inside global        Inside local        Outside local       Outside global
icmp   200.1.1.10:25        192.168.10.10:25    200.1.1.2:25        200.1.1.2:25
icmp   200.1.1.10:26        192.168.10.10:26    200.1.1.2:26        200.1.1.2:26
icmp   200.1.1.10:27        192.168.10.10:27    200.1.1.2:27        200.1.1.2:27
icmp   200.1.1.10:28        192.168.10.10:28    200.1.1.2:28        200.1.1.2:28
icmp   200.1.1.11:29        192.168.10.11:29    200.1.1.2:29        200.1.1.2:29
icmp   200.1.1.11:30        192.168.10.11:30    200.1.1.2:30        200.1.1.2:30
icmp   200.1.1.11:31        192.168.10.11:31    200.1.1.2:31        200.1.1.2:31
icmp   200.1.1.11:32        192.168.10.11:32    200.1.1.2:32        200.1.1.2:32
```

(2) 在教师和学生网上访问院 FTP 和 WEB 服务器直接用私网地址

C:\>ping 192.168.10.10   !验证与 WEB 服务器转换关系,此时能 ping 通。

C:\>ping 192.168.10.11   !验证与 ftp 服务器转换关系,此时能 ping 通。

```
Router#show ip nat translations
Pro    Inside global        Inside local        Outside local       Outside global
---    200.1.1.10           192.168.10.10       ---                 ---
```

- - - 200.1.1.11   192.168.10.11   - - -   - - -

验证测试结果：内网访问内网服务器，不需要静态 NAT，公网访问私网服务器，需要静态 NAT。

四、归纳总结

1. 静态 NAT 转换就是将内部网络的私有 IP 地址转换成公有合法的 IP 地址，IP 地址的对应关系是一对一的，是不变的，即某个私有 IP 地址只能转换成某个固定的公有 IP 地址。

2. 静态 NAT 适用于企业内部服务器向企业网外部提供服务（如 Web，E－mail 等），需要建立服务器内部地址到固定合法 IP_{v4} 地址的静态映射。

3. 设置 NAT 功能的路由器需要由一个内部端口（Inside）和一个外部端口（Outside）。内部端口连接的网络用户使用的是内部 IP 地址（私有地址），外部端口连接的外部的网络使用的是外部 IP 地址（公有地址，具有全球唯一性），如因特网。

4. 要加上使数据包向外转发的路由，比如默认路由。

5. 尽量不要用广域网接口地址作为转换的全局地址。

五、任务思考

1. 网络地址转换 NAT 的种类有哪些？各适用于什么网络环境下？

2. 静态 NAT 的配置步骤有哪些？请举例说明？

3. 网络地址转换 NAT 的有哪些？

任务六　路由器静态 NAPT 安全接入互联网

一、情境描述

假设你是某学院的网络工程师，学院网络中心分别架设有 FTP 服务器和 WWW 服务器，学院网络分为教师办公网、学生宿舍网、学院服务器三部分组成，三个网段通过三层交换机路由，单位出口路由器连接外网 Internet。学院内部服务器向学院外部提供服务，学院根本没有申请全局公网 IP 地址时，只有学院出口路由器外部接口配置了一个静态公网 IP 地址，为了学院网络的安全，要求你在公司路由器上配置静态 NAPT 实现。

二、知识储备

1. 网络地址端口转换（NAPT）概述

NAT 可在内部局部地址和外部全局地址之间建立映射，由于通常局域网络只能分配有限个公网地址，这就需要将多个内部局部地址映射为一个外部全局地址，为了区别不同设备的连接，引入了 NAPT。

网络地址端口转换 NAPT（Network Address Port Translation）是把内部地址映射到外部网络的一个 IP 地址的不同端口上。NAPT 普遍应用于接入设备中，它可以将中小型的网络隐藏在一个合法的 IP 地址后面。NAPT 与动态地址 NAT 不同，它将内部连接映射到外部网络中的一个单独 IP 地址上,同时在该地址上加上一个由 NAT 设备选定的 TCP 端口号。

NAPT 也分为静态 NAPT 和动态 NAPT。静态 NAPT 需要有向外网络提供信息服务的服务器,提供永久的一对一"IP 地址＋端口"映射关系;动态 NAPT 只需要访问外网服务,不提供信息服务的服务器,提供临时的一对一"IP 地址＋ 端口"映射关系。

2. 静态 NAPT 适用范围

静态 NAPT 适用于企业内部服务器向企业网外部提供服务(如 Web、FTP、E－mail 等)。但又缺少全局地址,或者根本没有申请全局地址时,就可以考虑静态 NAPT,可以使用路由器外部接口地址作为 NAPT 内部全局地址。

3. 静态 NAPT 的配置步骤

第 1 步:定义内部源地址、端口号与外部全局地址、端口号的静态转换关系

  格式:ip nat inside source static 协议{UDP ｜ TCP} 本地地址 端口号 全局地址 端口号

第 2 步:定义内部接口

  格式:interface 内部接口

    ip nat inside

第 3 步:定义外部接口

  格式:interface 外部接口

    ip nat outside

例如:

Router(config)# ip nat inside source static tcp 192.168.10.10 80 200.1.1.1 80
Router(config)# ip nat inside source static tcp 192.168.10.11 21 200.1.1.1 21
Router(config)# interface fastEthernet 0/0
Router(config‐if)# ip nat inside
Router(config‐if)# exit
Router(config)# interface fastEthernet 0/1
Router(config‐if)# ip nat outside
Router(config‐if)# end

三、任务实施

【任务目的】

1. 理解静态 NAPT 的概念及含义。
2. 掌握静态 NAPT 的配置步骤及配置技巧。

【任务设备】

网络设备选择:三层交换机 1 台、路由器 1 台(思科、锐捷、神州数码均可)

PC 机选择:PC 机 2 台,服务器 2 台

传输设备:网线若干

【任务拓扑】

网络拓扑结构图如下图 6-15 所示。

【任务步骤】

第 1 步:学院核心三层交换机的基本配置

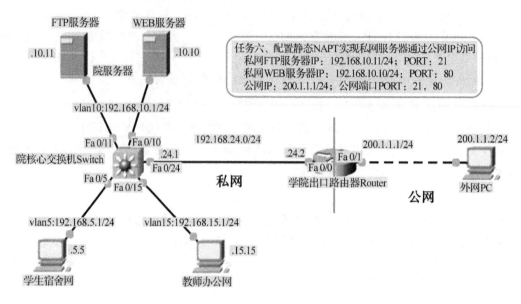

图 6-15 静态 NAPT 网络拓扑

(1)创建 VLAN5、VLAN10、VLAN15

```
Switch>enable
Switch#configure terminal
Switch(config)#vlan 5
Switch(config-vlan)#name student
Switch(config-vlan)#exit
Switch(config)#vlan 10
Switch(config-vlan)#name server
Switch(config-vlan)#exit
Switch(config)#vlan 15
Switch(config-vlan)#name teacher
```

(2)给 VLAN VLAN5、VLAN10、VLAN15 分配端口

```
Switch(config-vlan)#exit
Switch(config)#interface fastEthernet 0/5
Switch(config-if)#switchport mode access
Switch(config-if)#switchport access vlan 5
Switch(config-if)#exit
Switch(config)#interface range fastEthernet 0/10-11
Switch(config-if-range)#switchport mode access
Switch(config-if-range)#switchport access vlan 10
Switch(config-if-range)#exit
Switch(config)#interface fastEthernet 0/15
Switch(config-if)#switchport mode access
Switch(config-if)#switchport access vlan 15
```

(3)配置 VLAN5、VLAN10、VLAN15 的 SVI 接口,配置 fa0/24 接口为路由接口

```
Switch(config-if)#exit
Switch(config)#interface vlan 5
Switch(config-if)#ip address 192.168.5.1 255.255.255.0
Switch(config-if)#no shutdown
Switch(config-if)#exit
Switch(config)#interface vlan 10
Switch(config-if)#ip address 192.168.10.1 255.255.255.0
Switch(config-if)#no shutdown
Switch(config-if)#exit
Switch(config)#interface vlan 15
Switch(config-if)#ip address 192.168.15.1 255.255.255.0
Switch(config-if)#no shutdown
Switch(config-if)#exit
Switch(config)#interface FastEthernet0/24
Switch(config-if)#no switchport          ！配置三层交换接口为路由接口
Switch(config-if)#ip address 192.168.24.1 255.255.255.0  ！只有路由接口才能配置 IP
Switch(config-if)#no shutdown
Switch(config-if)#exit
```

(4)测试 VLAN5、VLAN10、VLAN15 连能性

按图 6-15 所示配置 PC 和服务器 IP 地址、子网掩码、网关

学生宿舍网 PC：192.168.5.5、255.255.255.0、192.168.5.1

教师办公网 PC：192.168.15.15、255.255.255.0、192.168.15.1

学院服务器：192.168.10.10、255.255.255.0、192.168.10.1

测试结果：核心交换机相连 VLAN5、VLAN10、VLAN15 互相 ping 通，但与路由器不能 ping 通。

第 2 步：学院与外网相连出口路由器的基本配置

(1)配置路由器各接口 IP 地址并开启各接口

```
Route>enable
Route#configure terminal
Router(config)#interface FastEthernet0/0
Router(config-if)#ip address 192.168.24.2 255.255.255.0
Router(config-if)#no shutdown
Router(config-if)#exit
Router(config)#interface FastEthernet0/1
Router(config-if)#ip address 200.1.1.1 255.255.255.0
Router(config-if)#no shutdown
Router(config-if)#exit
```

(2)连通性测试

配置外网 PC 的地址、子网掩码、网关

外网 PC：200.1.1.2、255.255.255.0、200.1.1.1

测试结果：学生网 PC、教师 PC、院服务器与外网 PC 不能 ping 通（没有配置路由）

第 3 步：三层交换机、路由器动态 RIP 路由配置

(1) 配置三层交换机的动态 RIP 路由

Switch(config)# router rip
Switch(config-router)# version 2
Switch(config-router)# network 192.168.5.0
Switch(config-router)# network 192.168.10.0
Switch(config-router)# network 192.168.15.0
Switch(config-router)# network 192.168.24.0
Switch(config-router)# #no auto-summary
Switch(config-router)# exit
Switch(config)# show ip route

(2) 配置路由器的动态 RIP 路由

Route(config)# router rip
Route(config-router)# version 2
Route(config-router)# network 192.168.24.0
Route(config-router)# network 200.1.1.0
Router(config-router)# no auto-summary
Switch(config-router)# exit
Switch(config)# show ip route

(3) 连通性测试

测试结果：学生网 PC、教师 PC、院服务器与外网 PC 互相 ping 通（全网互通）。

注意：本实验环境是模拟环境，真实环境中私网 IP 与公网 IP 是不能 ping 通的，必须通过 NAT 进行网络地址转换后才能相通。

第 4 步：路由器上配置静态 NAPT

学院要求从公网使用公网 IP 访问私网服务器，NAPT 静态转换关系如下：

私网 WEB 服务器 IP：192.168.10.10/24，PORT：80——》公网 IP：200.1.1.1/24，PORT：80

私网 FTP 服务器 IP：192.168.10.11/24，PORT：21——》公网 IP：200.1.1.1/24，PORT：21

Router(config)# ip nat inside source static tcp 192.168.10.10 80 200.1.1.1 80
Router(config)# ip nat inside source static tcp 192.168.10.11 21 200.1.1.1 21
Router(config)# interface fastEthernet 0/0
Router(config-if)# ip nat inside
Router(config-if)# exit
Router(config)# interface fastEthernet 0/1
Router(config-if)# ip nat outside
Router(config-if)# end

第 5 步：验证测试

(1) 在公网 PC 上访问院 FTP 和 WEB 服务器映射地址

浏览器访问 200.1.1.1　　！验证与 WEB 服务器静态 NAPT 转换关系，此时能访问 WEB 页面

C:\> ftp 200.1.1.1　　！验证与 FTP 服务器静态 NAPT 转换关系,此时能登录到 FTP 服务器

```
Router#show ip nat translations
Pro    Inside global       Inside local         Outside local        Outside global
tcp 200.1.1.1:80         192.168.10.10:80      200.1.1.2:1025       200.1.1.2:0
tcp 200.1.1.1:80         192.168.10.10:80      200.1.1.2:1026       200.1.1.2:0
tcp 200.1.1.1:80         192.168.10.10:80      200.1.1.2:1028       200.1.1.2:1028
tcp 200.1.1.1:21         192.168.10.11:21      200.1.1.2:1027       200.1.1.2:0
tcp 200.1.1.1:21         192.168.10.11:21      200.1.1.2:1029       200.1.1.2:1029
```

(2)在教师和学生网上访问院 FTP 和 WEB 服务器直接用私网地址

浏览器访问 192.168.10.10　　！验证与 WEB 服务器静态 NAPT 转换关系,此时能访问 WEB 页面

C:\> ftp 192.168.10.11　！验证与 FTP 服务器静态 NAPT 转换关系,此时能登录到 FTP 服务器

```
Router#show ip nat translations
Pro    Inside global       Inside local         Outside local        Outside global
tcp 200.1.1.1:80         192.168.10.10:80      - - -                - - -
tcp 200.1.1.1:21         192.168.10.11:21      - - -                - - -
```

验证测试结果:本地私网可以与全局公网映射永久的一对一的"IP 地址+端口"映射关系。

四、归纳总结

1. 静态 NAPT 需要有向外网络提供信息服务的服务器,提供永久的一对一"IP 地址+端口"映射关系。

2. 静态 NAPT 适用于企业内部服务器向企业网外部提供服务(如 Web、FTP、E-mail 等)。但又缺少全局地址,或者根本没有申请全局地址时,就可以考虑静态 NAPT,可以使用路由器外部接口地址作为 NAPT 内部全局地址。

3. 要加上使数据包向外转发的路由,比如默认路由。

4. 尽量不要用广域网接口地址作为转换的全局地址。

五、任务思考

1. 静态 NAPT 的适用范围。
2. 静态 NAPT 的配置步骤,请举例说明。
3. 静态 NAPT 与静态 NAT 的区别与联系?

任务七　路由器动态 NAPT 安全接入互联网

一、情境描述

假设你是某学院的网络工程师,学院网络中心分别架设有 FTP 服务器和 WWW 服务器,

学院网络分为教师办公网、学生宿舍网、学院服务器三部分组成,三个网段通过三层交换机路由,单位出口路由器连接外网 Internet。学院只向 ISP 申请一条专线上网,分配一个全局公网 IP 地址,通过配置动态 NAPT 实现学院师生共享一个全局公网 IP 地址访问外网。

二、知识储备

1. PAT 概述

网络地址端口转换 NAPT 是锐捷路由器的称呼,在思科路由器上称为 PAT(Port Address Translation 端口多路复用)是改变外出数据包的源 IP 地址和源端口并进行端口转换,即端口地址转换采用端口多路复用方式。内部网络的所以主机均可共享一个合法外部 IP 地址实现因特网的访问,从而可以最大限度地节约 IP 地址资源。同时,又可以隐藏网络内部的所有主机,以有效地避免来自因特网的攻击。因此,目前网络中使用最多的就是端口多路复用方式。而内部局部地址是通过 TCP 或 UDP 端口号来彼此区分的。

2. 动态 NAT 和动态 NAPT 适用范围比较

动态 NAT:建立一种内外部 IP_v4 地址的动态转换机制,常适用于租用的 IP_v4 地址数量较多的情况。企业可以根据访问需求,建立多个 IP_v4 地址池,绑定到不同的部门。这样既增强了管理的力度,又简化了排错的过程。

动态 NAPT:适用于 IP_v4 地址数很少,多个用户需要同时访问互联网的情况。如网吧、网络机房和分支机构的办公室等中小型企业。目前网络中使用最多的就是端口多路复用方式。

3. 动态 NAT 和动态 NAPT 的配置步骤比较

配置动态 NAT 配置

第 1 步:定义全局地址池

 格式:ip nat pool 地址池名 开始地址 结束地址 network 子网掩码

第 2 步:定义被转换地址列表(允许访问的地址列表)

 格式:access-list 列表编号(1-99) permit 子网地址 反掩码

第 3 步:定义内部源地址与全局地址池的转换关系

 格式:ip nat inside source list 列表编号 pool 地址池名

第 4 步:定义内部接口

 格式:interface 内部接口

  ip nat inside

第 5 步:定义外部接口

 格式:interface 外部接口

  ip nat outside

配置动态 NAPT 配置

第 1 步:定义全局地址池

 格式:ip nat pool 地址池名 开始地址 结束地址 network 子网掩码

第 2 步:定义被转换地址列表(允许访问的地址列表)

 格式:access-list 列表编号(1-99) permit 子网地址 反掩码

第 3 步:定义内部源地址与全局地址池的转换关系

格式:ip nat inside source list 列表编号 pool 地址池名 overload

第 4 步:定义内部接口

格式:interface 内部接口

ip nat inside

第 5 步:定义外部接口

格式:interface 外部接口

ip nat outside

比较动态 NAT 和动态 NAPT 配置步骤可知,动态 NAPT 的配置和动态 NAT 的配置基本相同,就是在实现第 3 步(定义内部源地址与全局地址池的转换关系)的时候,需要在命令后面加上 overload 参数。

例如：

动态 NAT 映射:R(config)#ip nat inside source list 1 pool to_internet

动态 NAPT 映射:R(config)#ip nat inside source list 1 pool to_internet overload

三、任务实施

【任务目的】

1. 理解动态 NAPT 与动态 NAT 的区别与联系。
2. 掌握动态 NAPT 的配置步骤及配置技巧。

【任务设备】

网络设备选择:三层交换机 1 台、路由器 1 台(思科、锐捷、神州数码均可)

PC 机选择:PC 机 2 台,服务器 2 台

传输设备:网线若干

【任务拓扑】

网络拓扑结构图如下图 6-16 所示。

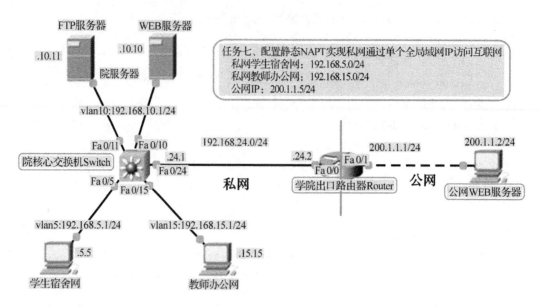

图 6-16 动态 NAPT 网络拓扑

【任务步骤】

第 1 步：学院核心三层交换机的基本配置

(1) 创建 VLAN5、VLAN10、VLAN15

```
Switch>enable
Switch#configure terminal
Switch(config)#vlan 5
Switch(config-vlan)#name student
Switch(config-vlan)#exit
Switch(config)#vlan 10
Switch(config-vlan)#name server
Switch(config-vlan)#exit
Switch(config)#vlan 15
Switch(config-vlan)#name teacher
```

(2) 给 VLAN VLAN5、VLAN10、VLAN15 分配端口

```
Switch(config-vlan)#exit
Switch(config)#interface fastEthernet 0/5
Switch(config-if)#switchport mode access
Switch(config-if)#switchport access vlan 5
Switch(config-if)#exit
Switch(config)#interface range fastEthernet 0/10-11
Switch(config-if-range)#switchport mode access
Switch(config-if-range)#switchport access vlan 10
Switch(config-if-range)#exit
Switch(config)#interface fastEthernet 0/15
Switch(config-if)#switchport mode access
```

Switch(config-if)# switchport access vlan 15

(3)配置 VLAN5、VLAN10、VLAN15 的 SVI 接口,配置 fa0/24 接口为路由接口

Switch(config-if)# exit
Switch(config)# interface vlan 5
Switch(config-if)# ip address 192.168.5.1 255.255.255.0
Switch(config-if)# no shutdown
Switch(config-if)# exit
Switch(config)# interface vlan 10
Switch(config-if)# ip address 192.168.10.1 255.255.255.0
Switch(config-if)# no shutdown
Switch(config-if)# exit
Switch(config)# interface vlan 15
Switch(config-if)# ip address 192.168.15.1 255.255.255.0
Switch(config-if)# no shutdown
Switch(config-if)# exit
Switch(config)# interface FastEthernet0/24
Switch(config-if)# no switchport
Switch(config-if)# ip address 192.168.24.1 255.255.255.0
Switch(config-if)# no shutdown
Switch(config-if)# exit

(4)测试 VLAN5、VLAN10、VLAN15 连能性

按图 6-16 所示配置 PC 和服务器 IP 地址、子网掩码、网关

学生宿舍网 PC:192.168.5.5、255.255.255.0、192.168.5.1

教师办公网 PC:192.168.15.15、255.255.255.0、192.168.15.1

学院服务器:192.168.10.10、255.255.255.0、192.168.10.1

测试结果:核心交换机相连 VLAN5、VLAN10、VLAN15 互相 ping 通,但与路由器不能 ping 通。

第 2 步:学院与外网相连出口路由器的基本配置

(1)配置路由器各接口 IP 地址并开启各接口

Route>enable
Route# configure terminal
Router(config)# interface FastEthernet0/0
Router(config-if)# ip address 192.168.24.2 255.255.255.0
Router(config-if)# no shutdown
Router(config-if)# exit
Router(config)# interface FastEthernet0/1
Router(config-if)# ip address 200.1.1.1 255.255.255.0
Router(config-if)# no shutdown
Router(config-if)# exit

(2)连通性测试

配置如图 6-16 所示公网 WEB 服务器的 IP 地址、子网掩码、网关

公网 PC：200.1.1.2、255.255.255.0、200.1.1.1

测试结果：学生网 PC、教师 PC、院服务器与外网 PC 不能 ping 通（没有配置路由）

第 3 步：三层交换机、路由器动态 RIP 路由配置

(1)配置三层交换机的动态 RIP 路由

Switch(config)# router rip
Switch(config-router)# version 2
Switch(config-router)# network 192.168.5.0
Switch(config-router)# network 192.168.10.0
Switch(config-router)# network 192.168.15.0
Switch(config-router)# network 192.168.24.0
Switch(config-router)# # no auto-summary
Switch(config-router)# exit
Switch(config)# show ip route

(2)配置路由器的动态 RIP 路由

Route(config)# router rip
Route(config-router)# version 2
Route(config-router)# network 192.168.24.0
Route(config-router)# network 200.1.1.0
Router(config-router)# no auto-summary
Switch(config-router)# exit
Switch(config)# show ip route

(3)连通性测试

测试结果：学生网 PC、教师 PC、院服务器与外网公网 WEB 服务器互相 ping 通（全网互通）。

注意：本实验环境是模拟环境，真实环境中私网 IP 与公网 IP 是不能 ping 通的，必须通过 NAT 进行网络地址转换后才能相通。

第 4 步：路由器上配置动态 NAPT

配置动态 NAPT 实现私网通过单个全局公网 IP 访问互联网，动态 NAPT 转换关系如下：

学生宿舍网：192.168.5.0/24——》公网 IP：200.1.1.5/24，端口随机
教师办公网：192.168.15.0/24——》公网 IP：200.1.1.5/24，端口随机
院服务器网：92.168.10.0/24——》公网 IP：200.1.1.5/24，端口随机

Router(config)# ip nat pool to_internet 200.1.1.5 200.1.1.5 netmask 255.255.255.0
Router(config)# access-list 1 permit 192.168.5.0 0.0.0.255
Router(config)# access-list 1 permit 192.168.15.0 0.0.0.255
Router(config)# access-list 1 permit 192.168.10.0 0.0.0.255
Router(config)# ip nat inside source list 1 pool to_internet overload
Router(config)# interface fastEthernet 0/0
Router(config-if)# ip nat inside
Router(config-if)# exit
Router(config)# interface fastEthernet 0/1

```
Router(config-if)#ip nat outside
Router(config-if)#end
```

第 5 步：验证测试

配置公网 WEB 服务器，在教师办公网，学生宿舍网分别访问公网 WEB 服务器 200.1.1.2 的网页

```
Router#show ip nat translations
Pro    Inside global      Inside local         Outside local         Outside global
tcp 200.1.1.5:1024    192.168.15.15:1025  200.1.1.15:80       200.1.1.15:80
tcp 200.1.1.5:1026    192.168.15.15:1026  200.1.1.2:80        200.1.1.2:80
tcp 200.1.1.5:1028    192.168.15.15:1027  200.1.1.2:80        200.1.1.2:80
tcp 200.1.1.5:1028    192.168.15.15:1028  200.1.1.2:80        200.1.1.2:80
```

验证测试结果：本地私网可以与全局公网映射永久的一对一的"IP 地址+端口"映射关系。

四、归纳总结

1. 静态 NAPT 需要有向外网络提供信息服务的服务器，提供永久的一对一"IP 地址+端口"映射关系。

2. 静态 NAPT 适用于企业内部服务器向企业网外部提供服务（如 Web、FTP、E-mail 等）。但又缺少全局地址，或者根本没有申请全局地址时，就可以考虑静态 NAPT，可以使用路由器外部接口地址作为 NAPT 内部全局地址。

3. 要加上使数据包向外转发的路由，比如默认路由。

4. 尽量不要用广域网接口地址作为转换的全局地址。

五、任务思考

1. 动态 NAT 和动态 NAPT 的区别与联系。

2. 动态 NAPT 的配置步骤，请举例说明？

3. 配置图 6-16 的动态 NAT 访问控制列表，公网 IP 为：200.1.1.5——200.1.1.10？

参考配置：

三层交换机 Switch 配置

```
Switch>enable
Switch#configure terminal
Switch(config)#vlan 5
Switch(config-vlan)#name student
Switch(config-vlan)#exit
Switch(config)#vlan 10
Switch(config-vlan)#name server
Switch(config-vlan)#exit
Switch(config)#vlan 15
Switch(config-vlan)#name teacher
Switch(config-vlan)#exit
```

```
Switch(config)#interface fastEthernet 0/5
Switch(config-if)#switchport mode access
Switch(config-if)#switchport access vlan 5
Switch(config-if)#exit
Switch(config)#interface range fastEthernet 0/10-11
Switch(config-if-range)#switchport mode access
Switch(config-if-range)#switchport access vlan 10
Switch(config-if-range)#exit
Switch(config)#interface fastEthernet 0/15
Switch(config-if)#switchport mode access
Switch(config-if)#switchport access vlan 15
Switch(config-if)#exit
Switch(config)#interface vlan 5
Switch(config-if)#ip address 192.168.5.1 255.255.255.0
Switch(config-if)#no shutdown
Switch(config-if)#exit
Switch(config)#interface vlan 10
Switch(config-if)#ip address 192.168.10.1 255.255.255.0
Switch(config-if)#no shutdown
Switch(config-if)#exit
Switch(config)#interface vlan 15
Switch(config-if)#ip address 192.168.15.1 255.255.255.0
Switch(config-if)#no shutdown
Switch(config-if)#exit
Switch(config)#interface FastEthernet0/24
Switch(config-if)#no switchport       !配置三层交换接口为路由接口
Switch(config-if)#ip address 192.168.24.1 255.255.255.0  !只有路由接口才能配置 IP
Switch(config-if)#no shutdown
Switch(config-if)#exit
Switch(config)# router rip
Switch(config-router)#version 2
Switch(config-router)#network 192.168.5.0
Switch(config-router)#network 192.168.10.0
Switch(config-router)#network 192.168.15.0
Switch(config-router)#network 192.168.24.0
Switch(config-router)#   #no auto-summary
Switch(config-router)#exit
Switch(config)#show ip route
```

路由器配置路由及动态 NAT

```
Route>enable
Route#configure terminal
Router(config)#interface FastEthernet0/0
Router(config-if)#ip address 192.168.24.2 255.255.255.0
```

```
Router(config-if)# no shutdown
Router(config-if)# exit
Router(config)# interface FastEthernet0/1
Router(config-if)# ip address 200.1.1.1 255.255.255.0
Router(config-if)# no shutdown
Router(config-if)# exit
Route(config)# router rip
Route(config-router)# version 2
Route(config-router)# network 192.168.24.0
Route(config-router)# network 200.1.1.0
Router(config-router)# no auto-summary
Switch(config-router)# exit
Switch(config)# show ip route
Router(config)# ip nat pool to_internet 200.1.1.5 200.1.1.10 netmask 255.255.255.0
Router(config)# access-list 1 permit 192.168.5.0 0.0.0.255
Router(config)# access-list 1 permit 192.168.15.0 0.0.0.255
Router(config)# access-list 1 permit 192.168.10.0 0.0.0.255
Router(config)# ip nat inside source list 1 pool to_internet
Router(config)# interface fastEthernet 0/0
Router(config-if)# ip nat inside
Router(config-if)# exit
Router(config)# interface fastEthernet 0/1
Router(config-if)# ip nat outside
Router(config-if)# end
```

项目七　路由器实现广域网接入验证

某公司随着业务不断增长,又把附近的两家同行公司收购,公司网络规模也随之拓展为三个独立的区域。新收购的两家公司原本都是自己的接入 Internet 网络,由于多年未进行扩建,速度慢,不稳定,不安全等因素,都需要从总公司接入 Internet。总公司与分公司之间的网络通过路由器相连,现要在路由器上做适当配置,实现总公司与分公司网内部主机相互通信,并且通过验证方式接入 Internet。网络拓扑结构如图 7-1 所示。

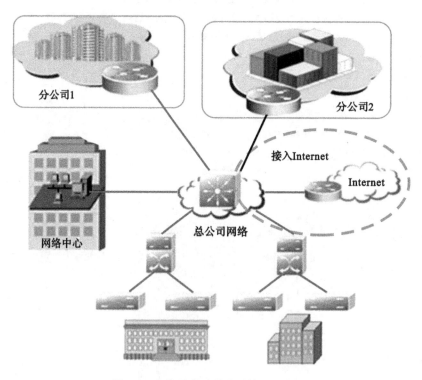

图 7-1　分公司通过总公司接入互联网

一、教学目标

最终目标:通过对路由器广域网接口协议封装、IP 地址设置、路由建立,实现两路由器通过验证接入互联网 Internet。

促成目标:

1. 了解广域网协议的类型和用途;

2. 掌握 PPP 协议配置封装的配置方法;

3. 掌握 PAP 协议验证原理及配置技能；
4. 掌握 CHAP 协议验证原理及配置技能。

二、工作任务

1. 配置 PPP 实现广域网协议封装；
2. 配置 PAP 实现广域网接入验证；
3. 配置 CHAP 实现广域网接入验证。

任务一　PPP 实现广域网协议封装

一、情境描述

假设你是某公司的网络管理员，通过广域网串口 Serial 连接总公司与分公司网络。分别对两台路由器的广域网端口串口 Serial 进行封装 PPP 协议、分配 IP 地址，并配置静态路由，现要在路由器上做适当配置，实现公司网络内的主机设置 IP 地址及网关后就可以相互通信了。

二、知识储备

1. 广域网及广域网协议定义

广域网（WAN，Wide Area Network）也称远程网，是一种跨地区的数据通讯网络，使用电信运营商提供的设备作为信息传输平台。对照 OSI 参考模型，广域网技术主要位于底层的 3 个层次，分别是物理层，数据链路层和网络层。下图列出了一些经常使用的广域网技术同 OSI 参考模型之间的对应关系。

广域网协议指 Internet 上负责路由器与路由器之间连接的数据链路层协议，是在 OSI 参考模型的最下面三层操作，定义了在不同的广域网介质上的通信。

2. 广域网的连接类型

（1）点对点链路

点对点链路提供的是一条预先建立的从客户端经过运营商网络到达远端目标网络的广域网通信路径。一条点对点链路就是一条租用的专线，可以在数据收发双方之间建立起永久性的固定连接。网络运营商负责点对点链路的维护和管理。点对点链路可以提供两种数据传送方式。一种是数据报传送方式，该方式主要是将数据分割成一个个小的数据帧进行传送，其中每一个数据帧都带有自己的地址信息，都需要进行地址校验。另外一种是数据流传送方式，该方式与数据报传送方式不同，用数据流取代一个个的数据帧作为数据发送单位，整个流数据具有 1 个地址信息，只需要进行一次地址验证即可。下图所显示的就是一个典型的跨越广域网的点对点链路。

（2）电路交换

电路交换是广域网所使用的一种交换方式。可以通过运行商网络为每一次会话过程建立，维持和终止一条专用的物理电路。电路交换也可以提供数据报和数据流两种传送方式。

电路交换在电信运营商的网络中被广泛使用,其操作过程与普通的电话拨叫过程非常相似。综合业务数字网(ISDN)就是一种采用电路交换技术的广域网技术。

(3)包交换(也叫分组交换)

包交换也是一种广域网上经常使用的交换技术,通过包交换,网络设备可以共享一条点对点链路通过运营商网络在设备之间进行数据包的传递。包交换主要采用统计复用技术在多台设备之间实现电路共享。ATM、帧中继、SMDS 以及 X.25 等都是采用包交换技术的广域网技术。

3. 广域网协议封装类型

(1)HDLC:高级数据链路控制(High－Level－Data－Link_Control,HDLC)协议,HDLC 协议是点对点专用链路和电路交换连接的默认封装类型。

(2)PPP:点对点协议(Point－Point－Protocol,PPP),PPP 通过同步和异步电路提供路由器到路由器和主机到网络的连接。

(3)SLIP:串行线路网际协议(Serial Line Internet Protocol,SLIP):SLIP 是使用 TCP/IP 的点到点串行连接的标准协议。

(4)X.25/LAPB:X.25 是在开放式系统互联(OSI)协议模型之前提出的,所以一些用来解释 x.25 的专用术语是不同的。这种标准在三个层定义协议,它和 OSI 协议栈的底下三层是紧密相关的。

(5)fram－relay:帧中继是一个交换式数据链路层协议的工业标准,它处理多个虚电路。

(6)ATM:异步传输控制(Asynchronous Transfer Mode,ATM),ATM 是单元转发的国际标准,它需要把各种服务类型的数据转成定长的小单元。

(7)ISO/OSI 广域网协议工作层次如表 7-1 所示:

表 7-1　现 ISO/OSI 广域网协议工作层次

OSI 参考模型	WAN 技术
网络层	X25
数据链路层	LAPB、Frame Relay、HDLC、PPP、SDLC
物理层	X21bits、EIA/TIA－232、EIA/TIA－449、V24V35、EIA－530

(8)第 2 层广域网协议封装类型如图 7-2 所示。

4. PPP 封装协议

(1)PPP 协议的组成和特点:
- PPP 协议是在 SLIP 基础上开发的,解决了动态 IP 和差错检验问题。
- PPP 协议包含数据链路控制协议 LCP 和网络控制协议 NCP。
- LCP 协议提供了通信双方进行参数协商的手段。
- NCP 协议使 PPP 可以支持 IP、IPX 等多种网络层协议及 IP 地址的自动分配。
- PPP 协议支持两种验证方式:PAP 和 CHAP。

(2)口令验证协议 PAP(Password Authentication Protocol),PAP 验证是简单认证方式,采用明文传输,验证只在开始联接时进行。

验证方式:
- 被验方先发起联接,将 username 和 Password 一起发给主验方。

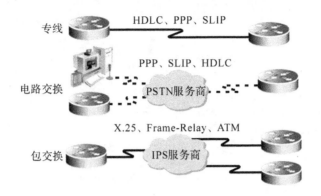

图 7-2　第 2 层广域网协议封装类型

• 主验方收到被验方 username 和 Password 后,在数据库中进行匹配,并回送 ACK 或 NAK。

(3)挑战握手验证协议 CHAP(Challenge－Handshake Authentication Protocol)。

CHAP 是要求握手验证方式,安全性较高,采用密文传送用户名。主验方和被验方两边都有数据库。要求双方的用户名互为对方的主机名,即本端的用户名等于对端的主机名,且口令相同。

验证方式:

• 主验方向被验证方发送随机报文,将自己的主机名一起发送。

• 被验方根据主验方的主机名在本端的用户表中查找口令字,将口令加密运算后加上自己的主机名及用户名回送主验方。

• 主验方根据收到的被验方的用户名在本端查找口令字,根据验证结果返回验证结果。

三、任务实施

【任务目的】
1.了解广域网的概念及分类。
2.掌握广域网协议 PPP 的特性及封装方法。

【任务设备】
1.网络设备选择:路由器 2—3 台(思科、锐捷、神州数码均可)
2.PC 机选择:有以太网口及 RS232 串口的 PC 机 2—3 台
3.传输设备:DCE 串口线 2 条,配置线一条,网线若干

【任务拓扑】
网络拓扑结构图如下图 7-3 所示。

【任务步骤】
第 1 步:总公司 RA 与分公司相连路由器的配置

Router>enable
Router#configure terminal
Router(config)#hostname RA
RA(config)#interface FastEthernet0/0　　!为以太口 FastEthernet0/0 分配 IP 地址
RA(config-if)#ip address 192.168.1.1 255.255.255.0

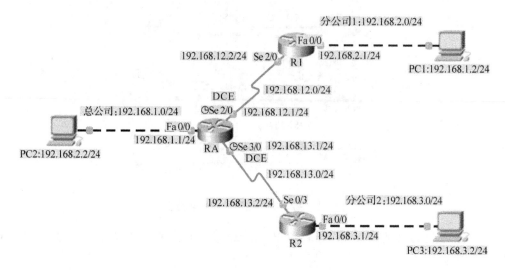

图 7-3 PPP 协议封装网络拓扑

```
RA(config-if)#no shutdown
RA(config-if)#exit
RA(config)#interface Serial2/0    ！为串口 Serial2/0 封装 PPP 协议并分配 IP 地址
RA(config-if)#encapsulation ppp   ！封装协议采用 PPP 协议
RA(config-if)#ip address 192.168.12.1 255.255.255.0
RA(config-if)#clock rate 64000    ！串口为 DCE 要配置时钟频率 64000
RA(config-if)#no shutdown
RA(config-if)#exit
RA(config)#interface Serial3/0    ！为串口 Serial3/0 封装 PPP 协议并分配 IP 地址
RA(config-if)#encapsulation ppp   ！封装协议采用 PPP 协议
RA(config-if)#ip address 192.168.13.1 255.255.255.0
RA(config-if)#clock rate 64000    ！串口为 DCE 要配置时钟频率 64000
RA(config-if)#no shutdown
RA(config-if)#exit
RA(config)#ip route 192.168.2.0 255.255.255.0 192.168.12.2   ！配置到公司1静态路由
RA(config)#ip route 192.168.3.0 255.255.255.0 192.168.13.2   ！配置到公司2静态路由
```

第 2 步：分公司 R1 与总公司相连路由器的配置

```
Router>enable
Router#configure terminal
Router(config)#hostname R1
R1(config)#interface FastEthernet0/0
R1(config-if)#ip address 192.168.2.1 255.255.255.0
R1(config-if)#no shutdown
R1(config-if)#exit
R1(config)#interface Serial2/0   ！为串口 Serial3/0 封装 PPP 协议并分配 IP 地址
R1(config-if)#encapsulation ppp       ！串口为 DTE 不需要配置时钟频率
R1(config-if)#ip address 192.168.12.2 255.255.255.0
R1(config-if)#no shutdown
```

```
R1(config-if)#exit
R1(config)#ip route 192.168.1.0 255.255.255.0 192.168.12.1    !配置到总公司静态路由
R1(config)#ip route 192.168.3.0 255.255.255.0 192.168.12.1    !配置到公司2静态路由
```

第3步：分公司R2与总公司相连路由器的配置

```
Router>enable
Router#configure terminal
Router(config)#hostname R2
R2(config)#interface FastEthernet0/0
R2(config-if)#ip address 192.168.3.1 255.255.255.0
R2(config-if)#no shutdown
R2(config-if)#exit
R2(config)#interface Serial3/0          !为串口Serial3/0封装PPP协议并分配IP地址
R2(config-if)#encapsulation ppp         !串口为DTE不需要配置时钟频率
R2(config-if)#ip address 192.168.13.2 255.255.255.0
R2(config-if)#no shutdown
R2(config-if)#exit
R2(config)#ip route 192.168.1.0 255.255.255.0 192.168.13.1    !配置到总公司静态路由
R2(config)#ip route 192.168.2.0 255.255.255.0 192.168.13.1    !配置到公司1静态路由
```

第4步：查看路由表

```
RA#show ip route      !查看总公司RA的路由表
Codes:C-connected, S-static, I-IGRP, R-RIP, M-mobile, B-BGP
      D-EIGRP, EX-EIGRP external, O-OSPF, IA-OSPF inter area
      N1-OSPF NSSA external type 1, N2-OSPF NSSA external type 2
      E1-OSPF external type 1, E2-OSPF external type 2, E-EGP
      i-IS-IS, L1-IS-IS level-1, L2-IS-IS level-2, ia-IS-IS inter area
      *-candidate default, U-per-user static route, o-ODR
      P-periodic downloaded static route
Gateway of last resort is not set
   C    192.168.1.0/24 is directly connected, FastEthernet0/0
   S    192.168.2.0/24 [1/0] via 192.168.12.2
   S    192.168.3.0/24 [1/0] via 192.168.13.2
   C    192.168.12.0/24 is directly connected, Serial2/0
   C    192.168.13.0/24 is directly connected, Serial3/0


R1#show ip route      !查看总公司R1的路由表
Codes:C-connected, S-static, I-IGRP, R-RIP, M-mobile, B-BGP
      D-EIGRP, EX-EIGRP external, O-OSPF, IA-OSPF inter area
      N1-OSPF NSSA external type 1, N2-OSPF NSSA external type 2
      E1-OSPF external type 1, E2-OSPF external type 2, E-EGP
      i-IS-IS, L1-IS-IS level-1, L2-IS-IS level-2, ia-IS-IS inter area
      *-candidate default, U-per-user static route, o-ODR
      P-periodic downloaded static route
Gateway of last resort is not set
```

```
S    192.168.1.0/24 [1/0] via 192.168.12.1
C    192.168.2.0/24 is directly connected, FastEthernet0/0
S    192.168.3.0/24 [1/0] via 192.168.12.1
C    192.168.12.0/24 is directly connected, Serial2/0
```

R2#show ip route   !查看总公司 R1 的路由表
```
Codes:C - connected, S - static, I - IGRP, R - RIP, M - mobile, B - BGP
      D - EIGRP, EX - EIGRP external, O - OSPF, IA - OSPF inter area
      N1 - OSPF NSSA external type 1, N2 - OSPF NSSA external type 2
      E1 - OSPF external type 1, E2 - OSPF external type 2, E - EGP
      i - IS - IS, L1 - IS - IS level - 1, L2 - IS - IS level - 2, ia - IS - IS inter area
      * - candidate default, U - per - user static route, o - ODR
      P - periodic downloaded static route

Gateway of last resort is not set
S    192.168.1.0/24 [1/0] via 192.168.13.1
S    192.168.2.0/24 [1/0] via 192.168.13.1
C    192.168.3.0/24 is directly connected, FastEthernet0/0
C    192.168.13.0/24 is directly connected, Serial3/0
```

分析路由表:RA、R1、R2 路由表可知,各路由器的路由表中既包含直连路由,也包含静态路由,证明路由配置成功

测试连通性:配置总公司 PC 主机、分公司1的 PC 主机和分公司2的 PC 主机 IP 地址、子网掩码和网关后,互相 PING 对方公司 PC 主机,结果全部 PING 通。

PC1:192.168.1.2、255.255.255.0、192.168.1.1。

PC2:192.168.2.2、255.255.255.0、192.168.2.1。

PC3:192.168.3.2、255.255.255.0、192.168.3.1。

PC1、PC2、PC3 互 ping 结果:PC1、PC2、PC3 全通。

第 5 步:查看串口封装 PPP 协议状态(默认封装协议为 HDLC)

```
RA#show interface serial 2/0     !查看 RA 的串口 Serial 2/0 的状态
Serial2/0 is up, line protocol is up (connected)
Hardware is HD64570
Internet address is 192.168.12.1/24
MTU 1500 bytes, BW 128 Kbit, DLY 20000 usec,
   reliability 255/255, txload 1/255, rxload 1/255
Encapsulation PPP, loopback not set, keepalive set (10 sec)   !封装协议为 PPP 协议
LCP Open
Open: IPCP, CDPCP
Last input never, output never, output hang never
Last clearing of "show interface" counters never
Input queue: 0/75/0 (size/max/drops); Total output drops: 0
Queueing strategy: weighted fair
Output queue: 0/1000/64/0 (size/max total/threshold/drops)
   Conversations  0/0/256 (active/max active/max total)
```

```
    Reserved Conversations 0/0 (allocated/max allocated)
    Available Bandwidth 96 kilobits/sec
 5 minute input rate 0 bits/sec, 0 packets/sec
 5 minute output rate 0 bits/sec, 0 packets/sec
    3 packets input, 384 bytes, 0 no buffer
    Received 0 broadcasts, 0 runts, 0 giants, 0 throttles
    0 input errors, 0 CRC, 0 frame, 0 overrun, 0 ignored, 0 abort
    4 packets output, 512 bytes, 0 underruns
    0 output errors, 0 collisions, 1 interface resets
    0 output buffer failures, 0 output buffers swapped out
    0 carrier transitions
    DCD = up   DSR = up   DTR = up   RTS = up   CTS = up
```

四、归纳总结

1. 必须分别对各台相连路由器的广域网串口 Serial 同时进行封装 PPP 协议才能生效。

2. 必须在路由器的 DCE 端配置时钟频率,时钟频率配置为 64000,DTE 端不用配置时钟频率。

3. PPP 协议支持两种验证方式:口令验证协议 PAP(Password Authentication Protocol)和挑战握手验证协议 CHAP(Challenge Handshake Authentication Protocol)。

4. 高级数据链路控制(HDLC)协议是 CISCO 串行线路缺省封装协议,只允许 CISCO 设备连接,与其他供应商设备不兼容。

5. PPP 协议与 HDLC、SLIP 协议比较。

PPP 协议	HDLC、SLIP 协议
支持同异步传输方式 采用 NCP 协议(如 IPCP、IPXCP),支持更多的网络层协议 具有验证协议 CHAP、PAP,更好保证了网络的安全性	只支持异步传输方式 只支持 IP 协议 没有验证机制

五、任务思考

1. 简述广域网的连接类型。
2. 简述广域网协议的封装类型及各自特点。
3. PPP 封装协议配置步骤及相应命令。

任务二 PAP 实现广域网接入验证

一、情境描述

假设你是某公司的网络管理员,公司通过路由器广域网串口 Serial 连接 ISP 路由器串口。公司接入 Internet 申请了专线接入,公司客户端路由器与 ISP 路由器进行链路协商时要求通过 PAP 身份验证,请你配置路由器验证链路的建立。

二、知识储备

1. 口令认证协议 PAP(Password Authentication Protocol)概述

是 PPP 协议集中的一种链路控制协议,主要是通过使用两次握手提供一种对等结点的建立认证的简单方法,这是建立在初始链路确定的基础上的。完成链路建立阶段之后,对等结点持续重复发送 ID/ 密码给验证者,直至认证得到响应或连接终止。PAP 并不是一种强有效的认证方法,其密码以明文方式在电路上进行发送,对于窃听、重放或重复尝试和错误攻击没有任何保护。

PAP 是一个简单的、实用的身份验证协议,PAP 认证进程只在双方的通信链路建立初期进行。如果认证成功,在通信过程中不再进行认证。如果认证失败,则直接释放链路。

当双方路由器都封装了 PPP 协议且要求进行 PAP 身份认证,同时它们之间的链路在物理层已激活后,认证客户端(被认证路由器)会不停地发送身份认证请求,直到身份认证成功。当认证客户端路由器发送了用户名或口令后,认证服务器会将收到的用户名和口令与本地数据库中的口令信息比较,如果正确则身份认证成功,否则认证失败。

2. PAP 协议认证过程

PAP(Password Authentication Protocol)验证,PAP 验证是简单认证方式,采用明文传输,验证只在开始连接时进行。如果正确则身份认证成功,否则认证失败。

验证方式有两种:

(1)被验证方先发起连接,将 username 和 Password 一起发给验证方。

(2)验证方收到被验证方 username 和 Password 后,与本地数据库中进行匹配,并回送 ACK 或 NAK。

3. PAP 协议配置步骤

第一步:定义接口封装类型

`Router(config-if)# encapsulation ppp`

第二步:定义验证方本地数据库

`Router(config)# username 用户名 password 密码`

第三步:定义 PAP 认证

`Router(config-if)# ppp authentication pap <callin>`

`Router(config-if)# ppp pap sent-username 用户名 password 密码`

三、任务实施

【任务目的】

1. 理解 PPP 的 PAP 协议工作原理。
2. 掌握 PAP 验证配置步骤及方法。

【任务设备】

1. 网络设备选择：路由器 2 台（思科、锐捷、神州数码均可）
2. PC 机选择：有以太网口及 RS232 串口的 PC 机 2 台
3. 传输设备：DCE 串口线 1 条，配置线一条，网线若干

【任务拓扑】

网络拓扑结构图如下图 7-4 所示。

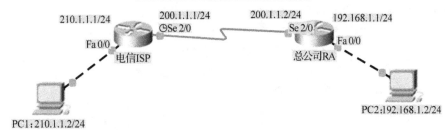

图 7-4　PAP 验证配置

【任务步骤】

第 1 步：总公司路由器 RA 的基本配置

Router>enable
Router#configure terminal
Router(config)#hostname RA
RA(config)#interface FastEthernet0/0
RA(config-if)#ip address 192.168.1.1 255.255.255.0
RA(config-if)#no shutdown
RA(config-if)#exit
RA(config)#interface Serial2/0　　！DTE 接口不需要配置时钟频率
RA(config-if)#ip address 200.1.1.2 255.255.255.0
RA(config-if)#no shutdown
RA(config-if)#exit
RA(config)#ip route 210.1.1.0 255.255.255.0 200.1.1.1　　！配置静态路由
RA(config)#exit
RA#show interface Serial2/0　　！查看串口 Serial2/0 状态
Serial2/0 is up, line protocol is up (connected)
Hardware is HD64570
Internet address is 200.1.1.2/24
MTU 1500 bytes, BW 128 Kbit, DLY 20000 usec,
　reliability 255/255, txload 1/255, rxload 1/255
Encapsulation HDLC, loopback not set, keepalive set (10 sec)　　！默认封装为 HDLC
Last input never, output never, output hang never
Last clearing of "show interface" counters never
Input queue: 0/75/0 (size/max/drops); Total output drops: 0
Queueing strategy: weighted fair
Output queue: 0/1000/64/0 (size/max total/threshold/drops)

```
      Conversations  0/0/256 (active/max active/max total)
      Reserved Conversations 0/0 (allocated/max allocated)
      Available Bandwidth 96 kilobits/sec
   5 minute input rate 0 bits/sec, 0 packets/sec
   5 minute output rate 0 bits/sec, 0 packets/sec
      3 packets input, 384 bytes, 0 no buffer
      Received 0 broadcasts, 0 runts, 0 giants, 0 throttles
      0 input errors, 0 CRC, 0 frame, 0 overrun, 0 ignored, 0 abort
      4 packets output, 512 bytes, 0 underruns
      0 output errors, 0 collisions, 1 interface resets
      0 output buffer failures, 0 output buffers swapped out
      0 carrier transitions
      DCD = up   DSR = up   DTR = up   RTS = up   CTS = up
```

第 2 步:电信路由器 ISP 的基本配置

```
Router>enable
Router#configure terminal
Router(config)#hostname ISP
ISP(config)#interface FastEthernet0/0
ISP(config-if)#ip address 210.1.1.1 255.255.255.0
ISP(config-if)#no shutdown
ISP(config-if)#exit
ISP(config)#interface Serial2/0
ISP(config-if)#ip address 200.1.1.1 255.255.255.0
ISP(config-if)#clock rate 64000      !DCE 接口配置时钟频率为 64000
ISP(config-if)#no shutdown
ISP(config-if)#exit
ISP(config)#ip route 192.168.1.0 255.255.255.0 200.1.1.2    !配置静态路由
ISP#show ip route      !查看路由表
Codes:C-connected, S-static, I-IGRP, R-RIP, M-mobile, B-BGP
      D-EIGRP, EX-EIGRP external, O-OSPF, IA-OSPF inter area
      N1-OSPF NSSA external type 1, N2-OSPF NSSA external type 2
      E1-OSPF external type 1, E2-OSPF external type 2, E-EGP
      i-IS-IS, L1-IS-IS level-1, L2-IS-IS level-2, ia-IS-IS inter area
      * - candidate default, U-per-user static route, o-ODR
      P-periodic downloaded static route
Gateway of last resort is not set
S    192.168.1.0/24 [1/0] via 200.1.1.2     !静态路由成功
C    200.1.1.0/24 is directly connected, Serial2/0
C    210.1.1.0/24 is directly connected, FastEthernet0/0
```

测试连通性:配置总公司 PC2 主机、电信 PC1 的 PC 主机的 PC 主机 IP 地址、子网掩码和网关后,互相 PING 对方公司 PC 主机,结果全部 PING 通。

  PC1:210.1.1.2、255.255.255.0、210.1.1.1
  PC2:192.168.1.2、255.255.255.0、192.168.1.1

PC1、PC2 互 ping 结果为连通。

第 3 步：配置总公司 RA 路由器与电信 ISP 路由器的端口 PPP 封装

RA(config)#interface Serial2/0
RA(config-if)#encapsulation ppp
ISP(config)#interface Serial2/0
ISP(config-if)#encapsulation ppp
ISP(config-if)#end
ISP#show interface serial 2/0
Serial2/0 is up, line protocol is down (disabled)
Hardware is HD64570
Internet address is 200.1.1.1/24
MTU 1500 bytes, BW 128 Kbit, DLY 20000 usec,
　　reliability 255/255, txload 1/255, rxload 1/255
Encapsulation PPP, loopback not set, keepalive set (10 sec)　　！接口封装为 PPP
LCP Closed
Closed: LEXCP, BRIDGECP, IPCP, CCP, CDPCP, LLC2, BACP
Last input never, output never, output hang never
Last clearing of "show interface" counters never
Input queue: 0/75/0 (size/max/drops); Total output drops: 0
Queueing strategy: weighted fair
Output queue: 0/1000/64/0 (size/max total/threshold/drops)
　　Conversations　0/0/256 (active/max active/max total)
　　Reserved Conversations 0/0 (allocated/max allocated)
　　Available Bandwidth 96 kilobits/sec
5 minute input rate 0 bits/sec, 0 packets/sec
5 minute output rate 0 bits/sec, 0 packets/sec
　　4 packets input, 512 bytes, 0 no buffer
　　Received 0 broadcasts, 0 runts, 0 giants, 0 throttles
　　0 input errors, 0 CRC, 0 frame, 0 overrun, 0 ignored, 0 abort
　　3 packets output, 384 bytes, 0 underruns
　　0 output errors, 0 collisions, 1 interface resets
　　0 output buffer failures, 0 output buffers swapped out
　　0 carrier transitions
　　DCD = up　DSR = up　DTR = up　RTS = up　CTS = up

第 4 步：配置认证方电信路由器 ISP 本地用户数据库并启用 PAP 验证

ISP(config)#username RA password 123456
ISP(config)#interface serial 2/0
ISP(config-if)#ppp authentication pap

第 5 步：配置被认证方总公司路由器 RA 的 PAP 验证

RA(config)#interface serial 2/0
RA(config-if)#ppp pap sent-username RA password 123456

第6步:查看PAP认证过程

RA(config)#exit
RA#debug ppp authentication

四、归纳总结

1. PAP 认证过程中,口令区别大小写。

2. 身份认证也可以是互相认证(双向认证),配置方法与单向认证类似,需要将双方同时配置成认证方和被认证方。例如:

ISP(config)#username RA password 123456
ISP(config)#interface serial 2/0
ISP(config-if)#ppp authentication pap
ISP(config-if)#ppp pap sent-username ISP password 123456
RA(config)# username ISP password 123456
RA(config)#interface serial 2/0
RA(config-if)#ppp authentication pap
RA(config-if)#ppp pap sent-username RA password 123456

3. 口令数据库也可存放在路由器以外的 AAA 服务器上。

五、任务思考

1. 简述 PAP 的认证过程。
2. 简述 PAP 的认证步骤。
3. 配置图 7-4 所示双向 PAP 认证。

参考配置:

ISP(config)#username RA password 123456
ISP(config)#interface serial 2/0
ISP(config-if)#ppp authentication pap
ISP(config-if)#ppp pap sent-username ISP password 123456
RA(config)# username ISP password 123456
RA(config)#interface serial 2/0
RA(config-if)#ppp authentication pap
RA(config-if)#ppp pap sent-username RA password 123456

任务三 CHAP 实现广域网接入验证

一、情境描述

假设你是某公司的网络管理员,公司通过路由器广域网串口 Serial 连接 ISP 路由器串口。公司接入 Internet 申请了专线接入,公司客户端路由器与 ISP 路由器进行链路协商时要求通过 CHAP 身份验证,请你配置路由器验证链路的建立,并保证链路的安全性。

二、知识储备

1. 挑战握手验证协议 CHAP(Challenge-Handshake Authentication Protocol)概述

CHAP 认证比 PAP 认证更安全,因为 CHAP 不在线路上发送明文密码,而是发送经过摘要算法加工过的随机序列,也被称为"挑战字符串"。同时,身份认证可以随时进行,包括在双方正常通信过程中。因此,非法用户就算截获并成功破解了一次密码,此密码也将在一段时间内失效。

CHAP 对系统要求很高,因为需要多次进行身份质询、响应。这需要耗费较多的 CPU 资源,因此只用在对安全要求很高的场合。

2. PAP 协议认证过程

询问握手认证协议(CHAP)通过三次握手周期性的校验对端的身份,在初始链路建立时完成,可以在链路建立之后的任何时候重复进行。

(1)链路建立阶段结束之后,认证者向对端点发送"challenge"消息。

(2)对端点用经过单向哈希函数计算出来的值做应答。

(3)认证者根据它自己计算的哈希值来检查应答,如果值匹配,认证得到承认;否则,连接应该终止。

(4)经过一定的随机间隔,认证者发送一个新的 challenge 给端点,重复步骤 1 到 3。

通过递增改变的标识符和可变的询问值,CHAP 防止了来自端点的重放攻击,使用重复校验可以限制暴露于单个攻击的时间。认证者控制验证频度和时间。

3. PAP 协议配置步骤

第一步:定义接口封装类型

```
Router(config-if)#encapsulation ppp
```

第二步:定义验证方本地数据库

```
Router(config)#username 用户名 password 密码
```

第三步:定义 PAP 认证

```
Router(config-if)#ppp authentication chap <callin>
Router(config-if)#ppp chap hostname username
Router(config-if)#ppp chap password password
```

三、任务实施

【任务目的】

1. 理解 PPP 的 CHAP 协议工作原理。
2. 掌握 CHAP 验证配置步骤及方法。

【任务设备】

1. 网络设备选择:路由器 2 台(思科、锐捷、神州数码均可)
2. PC 机选择:有以太网口及 RS232 串口的 PC 机 2 台
3. 传输设备:DCE 串口线 1 条,配置线一条,网线若干

【任务拓扑】

网络拓扑结构图如下图 7-5 所示。

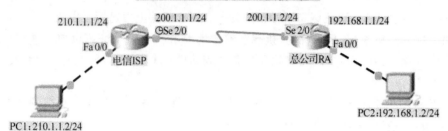

图 7-5 CHAP 验证配置

【任务步骤】

第 1 步：总公司路由器 RA 的基本配置

Router＞enable

Router＃configure terminal

Router(config)＃hostname RA

RA(config)＃interface FastEthernet0/0

RA(config-if)＃ip address 192.168.1.1 255.255.255.0

RA(config-if)＃no shutdown

RA(config-if)＃exit

RA(config)＃interface Serial2/0　　！DTE 接口不需要配置时钟频率

RA(config-if)＃ip address 200.1.1.2 255.255.255.0

RA(config-if)＃no shutdown

RA(config-if)＃exit

RA(config)＃ip route 210.1.1.0 255.255.255.0 200.1.1.1　　！配置静态路由

RA(config)＃exit

RA＃show interface Serial2/0　　！查看串口 Serial2/0 状态

Serial2/0 is up, line protocol is up (connected)

Hardware is HD64570

Internet address is 200.1.1.2/24

MTU 1500 bytes, BW 128 Kbit, DLY 20000 usec,

　reliability 255/255, txload 1/255, rxload 1/255

Encapsulation HDLC, loopback not set, keepalive set (10 sec)　　！默认封装为 HDLC

Last input never, output never, output hang never

Last clearing of "show interface" counters never

Input queue: 0/75/0 (size/max/drops); Total output drops: 0

Queueing strategy: weighted fair

Output queue: 0/1000/64/0 (size/max total/threshold/drops)

　Conversations　0/0/256 (active/max active/max total)

　Reserved Conversations 0/0 (allocated/max allocated)

　Available Bandwidth 96 kilobits/sec

5 minute input rate 0 bits/sec, 0 packets/sec

5 minute output rate 0 bits/sec, 0 packets/sec
　3 packets input, 384 bytes, 0 no buffer
　Received 0 broadcasts, 0 runts, 0 giants, 0 throttles
　0 input errors, 0 CRC, 0 frame, 0 overrun, 0 ignored, 0 abort
　4 packets output, 512 bytes, 0 underruns
　0 output errors, 0 collisions, 1 interface resets
　0 output buffer failures, 0 output buffers swapped out
　0 carrier transitions
　DCD = up　DSR = up　DTR = up　RTS = up　CTS = up

第 2 步：电信路由器 ISP 的基本配置

Router>enable
Router#configure terminal
Router(config)#hostname ISP
ISP(config)#interface FastEthernet0/0
ISP(config-if)#ip address 210.1.1.1 255.255.255.0
ISP(config-if)#no shutdown
ISP(config-if)#exit
ISP(config)#interface Serial2/0
ISP(config-if)#ip address 200.1.1.1 255.255.255.0
ISP(config-if)#clock rate 64000   ! DCE 接口配置时钟频率为 64000
ISP(config-if)#no shutdown
ISP(config-if)#exit
ISP(config)#ip route 192.168.1.0 255.255.255.0 200.1.1.2   ! 配置静态路由
ISP#show ip route   ! 查看路由表
Codes:C - connected, S - static, I - IGRP, R - RIP, M - mobile, B - BGP
　　　D - EIGRP, EX - EIGRP external, O - OSPF, IA - OSPF inter area
　　　N1 - OSPF NSSA external type 1, N2 - OSPF NSSA external type 2
　　　E1 - OSPF external type 1, E2 - OSPF external type 2, E - EGP
　　　i - IS - IS, L1 - IS - IS level - 1, L2 - IS - IS level - 2, ia - IS - IS inter area
　　　* - candidate default, U - per - user static route, o - ODR
　　　P - periodic downloaded static route
Gateway of last resort is not set
S　　192.168.1.0/24 [1/0] via 200.1.1.2   ! 静态路由成功
C　　200.1.1.0/24 is directly connected, Serial2/0
C　　210.1.1.0/24 is directly connected, FastEthernet0/0

测试连通性：配置总公司 PC2 主机、电信 PC1 的 PC 主机的 PC 主机 IP 地址、子网掩码和网关后，互相 PING 对方公司 PC 主机，结果全部 PING 通。

PC1：210.1.1.2、255.255.255.0、210.1.1.1
PC2：192.168.1.2、255.255.255.0、192.168.1.1
PC1、PC2 互 ping 结果为连通。

第 3 步：配置总公司 RA 路由器与电信 ISP 路由器的端口 PPP 封装

RA(config)#interface Serial2/0

```
RA(config-if)#encapsulation ppp
ISP(config)#interface Serial2/0
ISP(config-if)#encapsulation ppp
ISP(config-if)#end
ISP#show interface serial 2/0
Serial2/0 is up, line protocol is down (disabled)
Hardware is HD64570
Internet address is 200.1.1.1/24
MTU 1500 bytes, BW 128 Kbit, DLY 20000 usec,
   reliability 255/255, txload 1/255, rxload 1/255
Encapsulation PPP, loopback not set, keepalive set (10 sec)    ! 接口封装为 PPP
LCP Closed
Closed: LEXCP, BRIDGECP, IPCP, CCP, CDPCP, LLC2, BACP
Last input never, output never, output hang never
Last clearing of "show interface" counters never
Input queue: 0/75/0 (size/max/drops); Total output drops: 0
Queueing strategy: weighted fair
Output queue: 0/1000/64/0 (size/max total/threshold/drops)
   Conversations  0/0/256 (active/max active/max total)
   Reserved Conversations 0/0 (allocated/max allocated)
   Available Bandwidth 96 kilobits/sec
5 minute input rate 0 bits/sec, 0 packets/sec
5 minute output rate 0 bits/sec, 0 packets/sec
   4 packets input, 512 bytes, 0 no buffer
   Received 0 broadcasts, 0 runts, 0 giants, 0 throttles
   0 input errors, 0 CRC, 0 frame, 0 overrun, 0 ignored, 0 abort
   3 packets output, 384 bytes, 0 underruns
   0 output errors, 0 collisions, 1 interface resets
   0 output buffer failures, 0 output buffers swapped out
   0 carrier transitions
   DCD=up  DSR=up  DTR=up  RTS=up  CTS=up
```

第 4 步:配置认证方电信路由器 ISP 本地用户数据库并启用 CHAP 验证

```
ISP(config)#username RA password 123456
ISP(config)#interface serial 2/0
ISP(config-if)#ppp authentication chap
```

第 5 步:配置被认证方总公司路由器 RA 的 CHAP 验证

```
RA(config)#interface serial 2/0
RA(config-if)#username ISP password 123456
```

第 6 步:查看 CHAP 认证过程

```
RA(config)#exit
RA#debug ppp authentication
```

四、归纳总结

1. CHAP 认证过程中，口令区别大小写。

2. 身份认证也可以是双向认证（互相认证），配置方法与单向认证类似，需要将双方同时配置成认证方和被认证方。例如：

```
ISP(config)#username RA password 123456
ISP(config)#interface serial 2/0
ISP(config-if)#ppp authentication chap
RA(config)# username ISP password 123456
RA(config)#interface serial 2/0
RA(config-if)#ppp authentication chap
```

3. 口令数据库也可存放在路由器以外的 AAA 服务器上。

五、任务思考

1. 简述 CHAP 的认证过程。
2. 简述 CHAP 的认证步骤。
3. 配置图 7-5 所示双向 CHAP 认证。

参考配置：

```
ISP(config)#username RA password 123456
ISP(config)#interface serial 2/0
ISP(config-if)#ppp authentication chap
RA(config)#username ISP password 123456
RA(config)#interface serial 2/0
RA(config-if)#ppp authentication chap
```

项目八 远程安全接入 VPN 配置与管理

某公司随着业务不断增长,在全国均拥有自己的分公司,各分分司都拥有自己的网络,通过 Internet 和总公司连接为一体。由于公司业务面向全国,业务人员需要频繁出差,但业务人员在出差时需要经常访问公司内的网络数据库服务器、邮件服务器等资源,数据在 Internet 公网上传输,由于 Internet 网络的开放性,公司数据传输安全没有方法保障,因此公司启用 VPN 私有专用网络。VPN 的网络拓扑结构如图 8-1 所示。

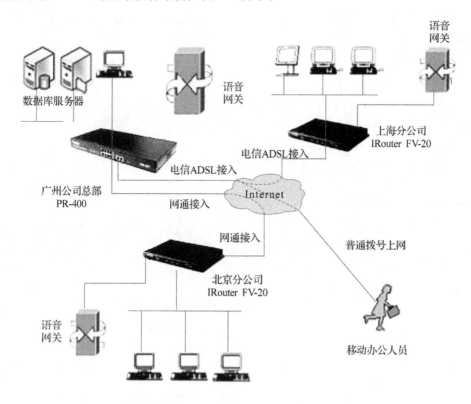

图 8-1 分公司通及移动用户通过 VPN 接入总公司

一、教学目标

最终目标:通过对 VPN 网络互联设备的配置、理解 VPN 的工作原理、主要采用的技术。掌握各种 VPN 的配置技能及配置步骤。

促成目标:

1. 了解 VPN 技术原理、主要采用的技术及 VPN 的类型；
2. 掌握远程访问 Access VPN 原理及配置方法；
3. 掌握企业内联网 Intranet VPN 原理及配置技能；
4. 掌握配置 IPSec VPN 原理及配置步骤。

二、工作任务

1. 配置远程访问 Access VPN；
2. 配置企业内联网 Intranet VPN；
3. 配置 IPSec VPN 并理解其工作原理。

！提示：本项目实验如果没有锐捷 VPN 设备，可以通过习题中的思科或锐捷路由器模拟实验。

任务一 远程访问 Access VPN 虚拟接入

一、情境描述

假设你是某公司的网络管理员，你公司的技术人员和销售人员经常在全国出差，但需要访问公司内部的数据库服务器资源，而这些服务器资源因安全性考虑并不直接在公网上开放，因此必须通过 VPN 设备与公司建立 VPN 隧道，再获得公司内部的数据库服务器资源。请你以通过配置 VPN 设备实现远程访问虚拟网（Access VPN）。

二、知识储备

1. 虚拟专用网 VPN 的定义

虚拟专用网络（Virtual Private Network，简称 VPN）指的是在公用网络上建立专用网络的技术。其之所以称为虚拟网，主要是因为整个 VPN 网络的任意两个节点之间的连接并没有传统专网所需的端到端的物理链路，而是架构在公用网络服务商所提供的网络平台，如 Internet、ATM（异步传输模式）、Frame Relay（帧中继）等之上的逻辑网络，用户数据在逻辑链路中传输。它涵盖了跨共享网络或公共网络的封装、加密和身份验证链接的专用网络的扩展。VPN 主要采用了隧道技术、加解密技术、密钥管理技术和使用者与设备身份认证技术。

2. 虚拟专用网 VPN 主要采用四项技术

（1）隧道技术（Tunneling）：实现 VPN 的最关键部分是在公网上建立虚信道，而建立虚信道是利用隧道技术实现的，IP 隧道的建立可以是在链路层和网络层。第二层隧道主要是 PPP 连接，如 PPTP，L2TP，其特点是协议简单，易于加密，适合远程拨号用户；第三层隧道是 IPinIP，如 IPSec，其可靠性及扩展性优于第二层隧道，但没有前者简单直接；

（2）加解密技术（Encryption&Decryption）：加解密技术是数据通信中一现较成熟的技术，VPN 可直接利用现有技术实现加解密；

（3）密钥管理技术（KeyManagement）：密匙管理技术的主要任务是如何在公用数据网上

安全地传递密匙而不被窃取;

(4)使用者与设备身份认证技术(Authentication):使用者与设备认证及时最常用的是使用者名称与密码或卡片式认证等方式。

3.虚拟专用网 VPN 的类型

(1)按 VPN 的协议分三种

VPN 的隧道协议主要有三种:PPTP、L2TP 和 IPSec。其中 PPTP 和 L2TP 协议工作在 OSI 模型的第二层,又称为二层隧道协议;IPSec 是第三层隧道协议,也是最常见的协议。L2TP 和 IPSec 配合使用是目前性能最好,应用最广泛的一种。

(2)按 VPN 的应用分三类

按 VPN 的应用分三类:Access VPN、Intranet VPN 和 Extranet VPN。

远程访问虚拟网(Access VPN):客户端到网关,使用公网作为骨干网在设备之间传输 VPN 的数据流量;

企业内部虚拟网(Intranet VPN):网关到网关,通过公司的网络架构连接来自同公司的资源;

企业扩展虚拟网(Extranet VPN):与合作伙伴企业网构成 Extranet,将一个公司与另一个公司的资源进行连接。

三、任务实施

【任务目的】

1.理解 Access VPN 的工作原理。

2.掌握 Access VPN 的配置步骤及配置方法。

【任务设备】

1.网络设备选择:锐捷 VPN 设备 1 台(RG－WALL V50)

2.PC 机选择:有以太网口及 RS232 串口的 PC 机 2 台

3.传输设备:配置线一条,网线若干

注意:本项目采用锐捷真实 VPN 图形配置界面,如果没有锐捷 VPN 设备,可直接采用本任务思考 3 思科模拟器进行实验。

【任务拓扑】

网络拓扑结构图如下图 8-2 所示。

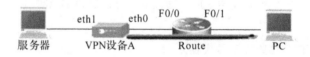

图 8-2　远程访问 Access VPN

【任务步骤】

第 1 步:准备好 PC 机和服务器

1.实验中既可以通过 PC 机来管理 VPN 设备 A,也可以通过服务器来管理 VPN 设备 A,请自行选择。假设决定用服务器来管理 VPN 设备 A,则请在服务器上安装 VPN 管理软件(见随机附带的光盘)

2. 在 PC 机上安装 RG－SRA 软件程序，安装步骤请看随机附带的光盘，这里不详述。

注意：RG－SRA 是 VPN 客户端软件程序，如果 PC 机上已预装其他厂家的 VPN 客户端程序，请先卸载其他厂家的 VPN 客户端程序，否则可能 RG－SRA 无法正常工作。

RG－SRA 作为安全产品，安装后会对系统的网卡、端口、协议等方面有改动，因此会和部分防火墙或者防病毒程序不兼容。目前经过测试，已知和市场主流的杀毒软件、防火墙是兼容的有：瑞星、天网、Symentec、微软等产品都兼容。已知的不兼容的软件有：卡巴司基、Sygate。因此建议用于测试的 PC 机卸载这两个程序。推荐用户使用没有安装任何第三方防火墙、防病毒程序的机器来做实验。

第 2 步：搭建图示实验拓扑，然后配置 PC 机、服务器、VPN 设备 A、route 的 IP 及必要路由。示例如下：

VPN 设备 A 的 eht1 口地址：192.168.2.1

VPN 设备 A 的 eth0 口地址：10.1.1.1

PC 机的 IP 地址：10.1.2.1

PC 机的网关地址：10.1.2.2

服务器的 IP 地址：192.168.2.2

服务器的网关地址：192.168.2.1

Route 的 F0/0 地址：10.1.1.2

Route 的 F0/1 地址：10.1.2.2

注意：PC 机及路由器的详细配置这里省略，请参考相关操作手册。

RG－WALL V50 设备接口标识为“WAN”口，对应系统内部显示为“eth1”的接口；接口标识为“LAN”口，对应系统内部显示为“eth0”的接口。

VPN 设备 A 接口及缺省路由配置如下：

1. 通过服务器的超级终端，在命令行下配置 VPN 设备 A 的 eth1 口地址，操作如图 8-3 所示：

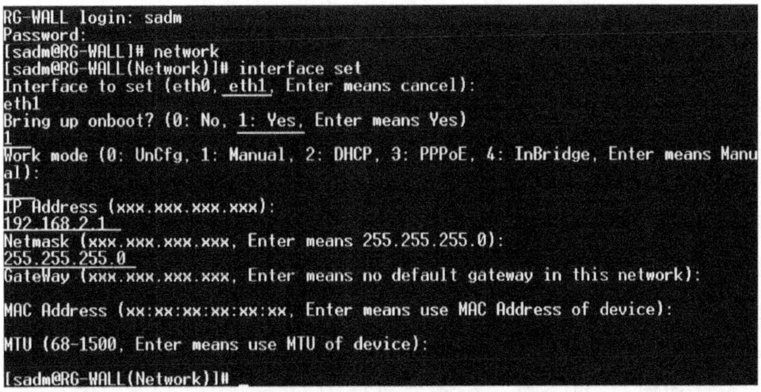
```
RG-WALL login: sadm
Password:
[sadm@RG-WALL]# network
[sadm@RG-WALL(Network)]# interface set
Interface to set (eth0, eth1, Enter means cancel):
eth1
Bring up onboot? (0: No, 1: Yes, Enter means Yes)
1
Work mode (0: UnCfg, 1: Manual, 2: DHCP, 3: PPPoE, 4: InBridge, Enter means Manual):
1
IP Address (xxx.xxx.xxx.xxx):
192.168.2.1
Netmask (xxx.xxx.xxx.xxx, Enter means 255.255.255.0):
255.255.255.0
GateWay (xxx.xxx.xxx.xxx, Enter means no default gateway in this network):

MAC Address (xx:xx:xx:xx:xx:xx, Enter means use MAC Address of device):

MTU (68-1500, Enter means use MTU of device):

[sadm@RG-WALL(Network)]# _
```

图 8-3　服务器的超级终端

注意：锐捷 VPN 出厂时 eth1 口默认地址为 192.168.1.1。

2. 通过服务器上的 VPN 管理软件登录 VPN 设备 A，然后配置 eth0 口地址，操作如图 8-4 所示：

设置 eth0 口地址如图图 8-5 所示：

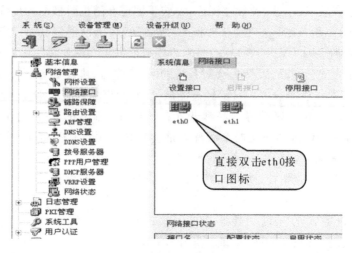

图 8-4　服务器的超级终端

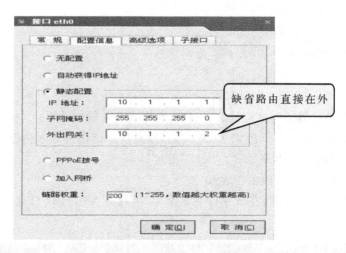

图 8-5　设置 eth0 口地址

验证测试：
  VPN 设备 A 可 Ping 通路由器的 F0/0 口；
  PC 机可以 Ping 通路由器的 F0/1 口；
  PC 机可以 Ping 通 VPN 设备 A 的 eth0 口；
  服务器可以 Ping 通 VPN 设备 A 的 eth1 口。
第 3 步：配置 IPSec VPN 隧道
1. 在 VPN 设备 A 上进行 IPSec VPN 隧道配置：
(1) 进入远程移动用户 VPN 隧道配置的界面
登录 VPN 设备 A 的管理界面，选择进入"远程用户管理"界面，如图图 8-6 所示。
(2)首先配置"允许访问子网"如图 8-7 所示。
(3) 配置"本地用户数据库"，如图 8-8、图 8-9、图 8-10、图 8-11 所示；
注意：添加完用户后一定要点击"用户生效"按钮，否则新添加的用户依然不可使用。

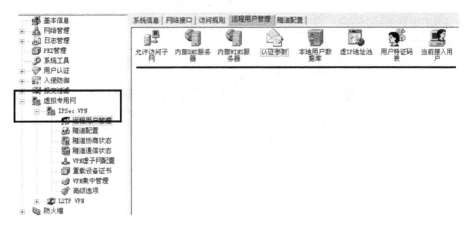

图 8-6　户 VPN 隧道配置

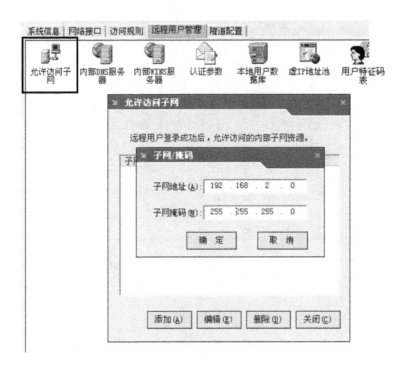

图 8-7　配置"允许访问子网"

图 8-8　选择"认证参数"

（4）配置"虚 IP 地址池"，如图 8-12，图 8-13，图 8-14，图 8-15 所示。

注意：分配 PC 机的虚拟 IP 地址，既可以是定义一个地址池，由 VPN 设备自动分配；也可

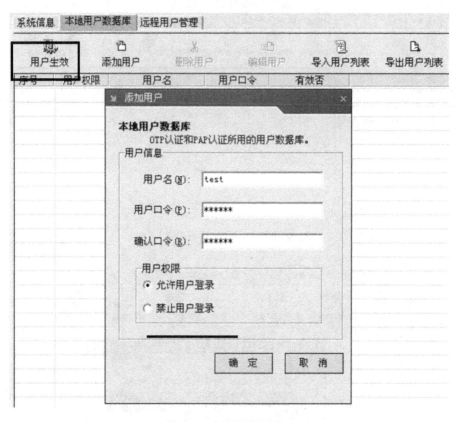

图 8-9 选择"添加用户"

图 8-10 选择"用户生效"

以是管理员一个 IP 对应一个用户的分配。本实验我们选择地址池方式，由系统自动分配。并且选择定义"子网地址"的地址池。

虚 IP 是网络管理员分配给远程移动用户的 IP，表示只有拥有该 IP 的 PC 机才能获得局域网内部的访问权限。因此，管理员设置的虚 IP 一定不要与远程 PC 的 IP 以及局域网内部的 IP 互相冲突，否则远程 PC 在和 VPN 设备建立隧道后，因地址冲突的问题，也无法访问局域网内部的服务器。本实验中虚 IP 地址池我们选择定义一个完全没有使用的网段。

（5）配置"用户特征码表"，如图 8-16，图 8-17 所示。

配置说明："用户特征码表"是为需要将远程 PC 的硬件和分配给用户的身份信息绑定的需求而设计的。选择了"允许接入并自动绑定"功能，则 VPN 设备会将远程用户的 PC 硬件特征码与该用户的身份认证信息相互绑定，绑定后该用户将无法用自己的身份信息再在其他 PC 设备上建立 VPN 隧道。

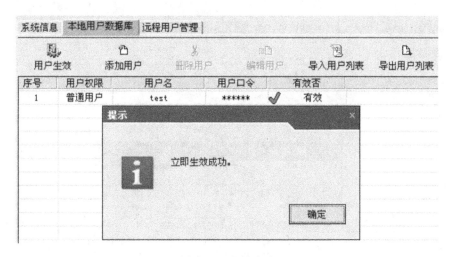

图 8-11 生效成功

图 8-12 选择本地用户数据库

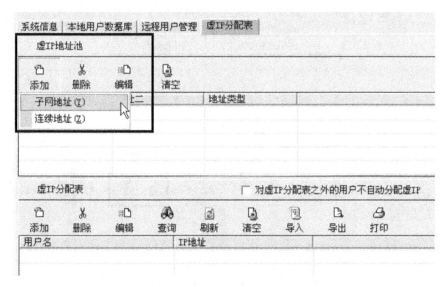

图 8-13 选择添加子网地址

该实验中我们既可以选择"允许接入",也可以选择"允许接入并自动绑定"。系统默认配置是"禁止接入"。图示选择的是"允许接入",这表示该用户的身份信息不会和其使用的 PC 硬件绑定。

其他注意事项:此次实验,移动用户身份认证方式采用的是口令方式,关于"数字签名"的

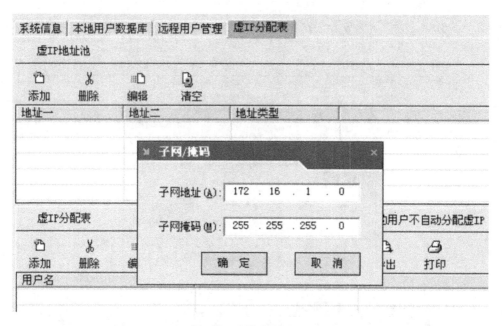

图 8-14 添加子网地址

图 8-15 添加子网地址效果图

图 8-16 选择用户特征码

方式将再另外的专题实验中练习。

"远程用户管理"界面的其他配置项,例如:"内部 DNS 服务器"、"内部 WINS 服务器"、"认证参数",用户可以根据实际需要选择设置。但该实验因为不涉及这些应用,故不需要进行设置。

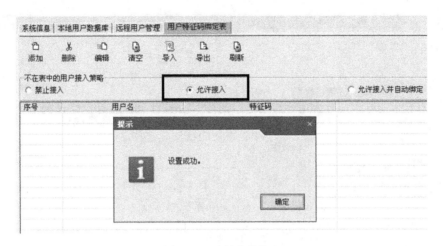

图 8-17　选择允许接入

2.在 PC 机上运行 RG－SRA 程序,开始建立 VPN 隧道:
(1)第一次运行 RG－SRA 程序后,如图 8-18 所示。

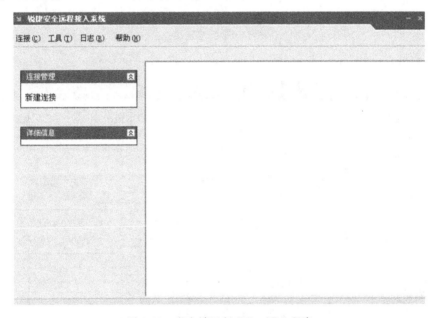

图 8-18　客户端运行 RG－SRA 程序

(2)建立一个与 VPN 设备 A 的隧道连接。
点击"新建连接"按钮,如图 8-19 所示。

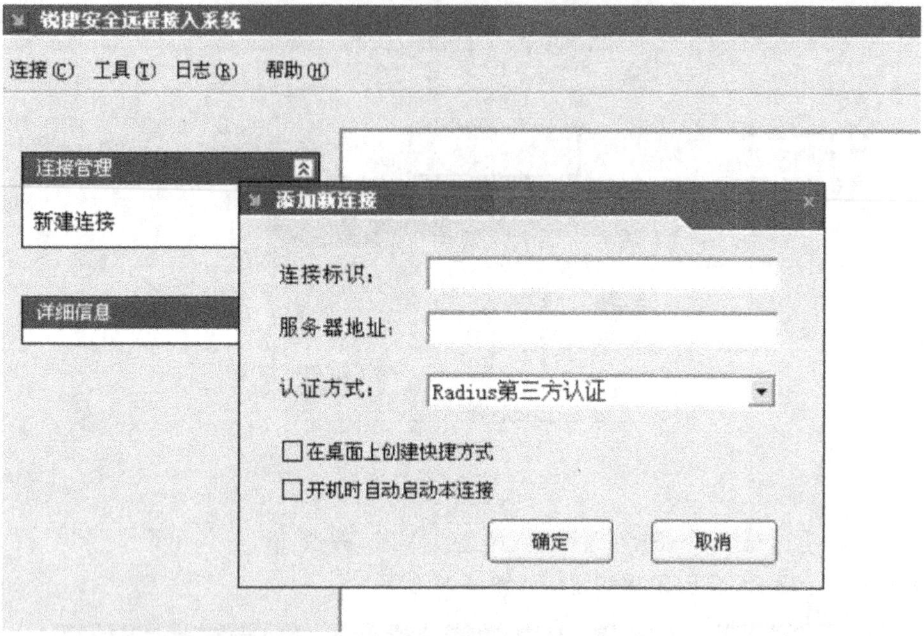

图 8-19　新建连接

填写基本信息，如图 8-20 所示。

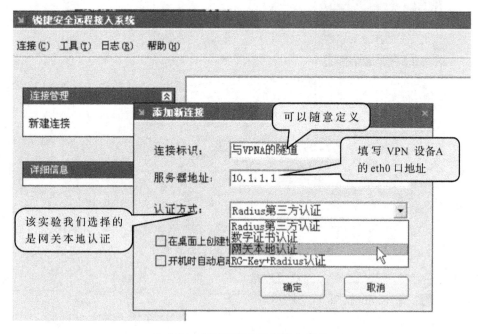

图 8-20　按实际案例填写基本信息

填写后如图 8-21 所示。

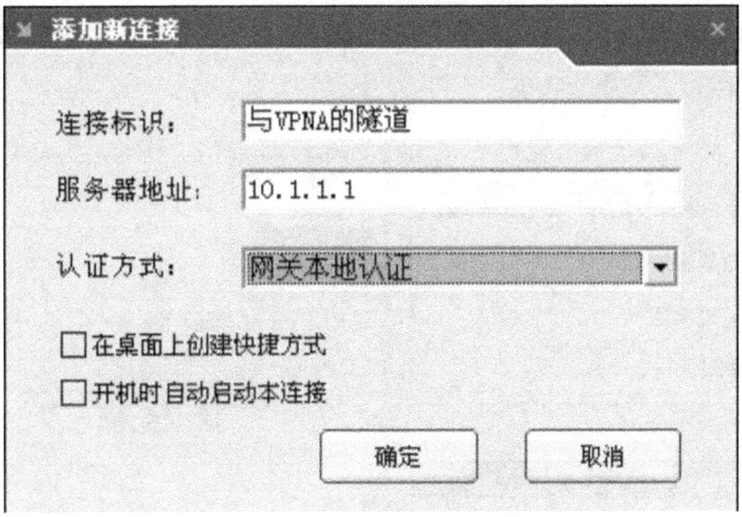

图 8-21 按如图设置

点击"确定"后如图 8-22 所示。

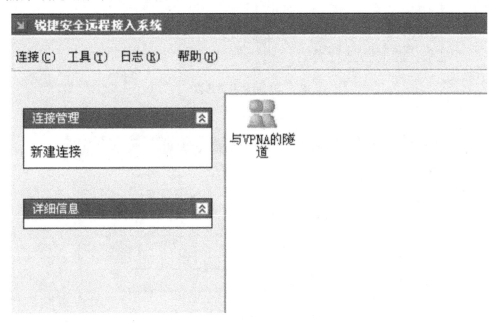

图 8-22 建立 VPNA 隧道连接

（3）运行该隧道连接，建立 VPN 隧道，单击右键，选择"启动连接"，如图 8-23 所示。

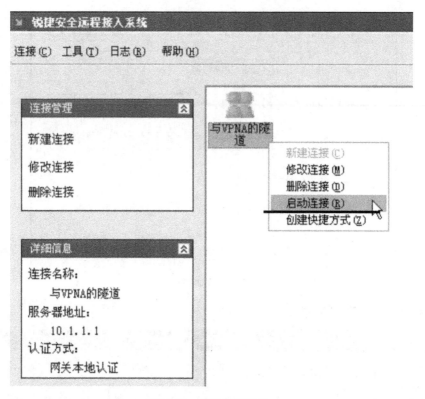

图 8-23 启动隧道连接

输入身份认证所必须的账号,即在 VPN 设备 A 上添加的用户,如图 8-24 所示。

图 8-24 输入远程接入的用户名及密码

点击"连接"按钮后,系统自动进行身份认证,并且开始 IKE 的协商,如图 8-25 所示。

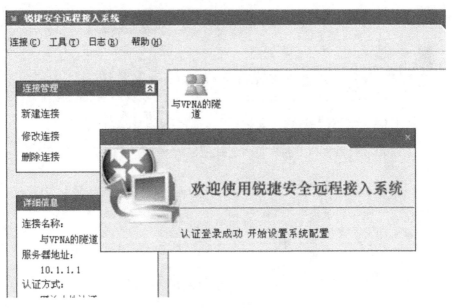

图 8-25 连接成功提示界面

完成身份认证和隧道建立的过程后，RG－SRA 程序会自动缩小图标显示在屏幕的右下角，如图 8-26 所示。

图 8-26 右下角隧道连接提示图标

验证测试：

（1）鼠标右键点击 RG－SRA 图标，在菜单中选择"详细配置"，可以查看到隧道信息，如图 8-27、图 8-28 所示。

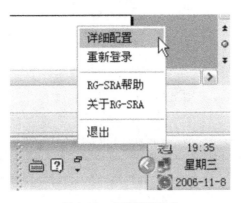

图 8-27 查看隧道信息

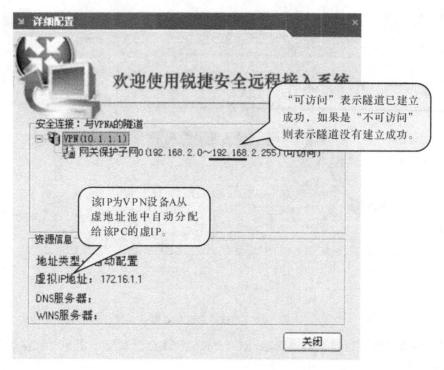

图 8-28　详细配置信息

(2) 在 VPN 设备 A 的管理界面也可看到已经建立成功的隧道信息。

隧道启动后可以在"隧道协商状态"栏目下看到隧道的协商状态,"隧道状态"显示"第二阶段协商成功",如图 8-29、图 8-30 所示。

图 8-29　选择隧道协商协态

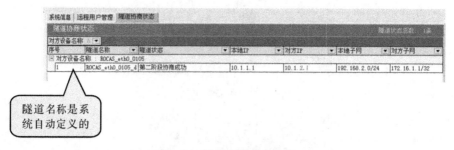

图 8-30　隧道协商状态信息

第 4 步：进行隧道通信

从 PC 机上去访问服务器提供的服务，服务应该成功。或者先在 PC 机上 Ping 一下服务器的 IP，应该能够 Ping 通。（没有 VPN 隧道前 Ping 会是失败的）

VPN 隧道的通信情况可以在"隧道通信状态"中查看到，如图 8-31、图 8-32 所示。

图 8-31　选择隧道通信状态

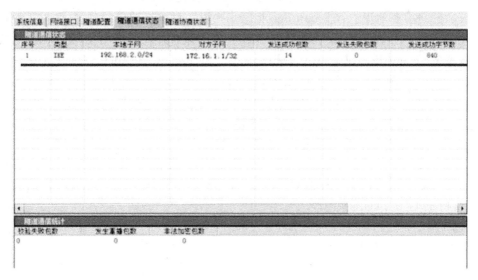

图 8-32　隧道通信状态信息

四、归纳总结

1. 实验环境 IP 可以随意定义，但请不要使用 1.1.1.0 这个网段的 IP，因为某些功能实现的需要，VPN 系统内部已占用该网段的部分 IP。

2. 该实验中，VPN 设备的防火墙规则为全部开放。但在实际的网络环境中，如果 VPN 设备直接连接 Internet 网络，则一定需要启用防火墙规则，关于防火墙规则的使用不在该实验中详述。

五、任务思考

1. 简述 VPN 的联网种类。

2. 简述 VPN 主要采用的技术。

3. 配置如图 8-33 所示思科路由器模拟远程访问 Access VPN(也可以在真实环境中利用思科路由器和锐捷路由器上配置实现)。

图 8-33　路由模拟 Access VPN 配置

【相关理论】

(1) AAA：就是认证(Authentication)，授权(Authorization)，记账(Accounting)这三个英文单词的缩写。Authentication：验证用户的身份与可使用的网络服务；Authorization：依据认证结果开放网络服务给用户；Accounting：记录用户对各种网络服务的用量，并提供给计费系统。简单讲 AAA 的基本工作原理就是，一个事件先必须通过认证才能接入进来，然后根据相应的授权策略，下发相应的权限，审计则记录发生的每件事情。常用的 AAA 协议是 Radius。

(2) Radius：远程用户拨号认证系统(Remote Authentication Dial In User Service)由 RFC2865，RFC2866 定义，是目前应用最广泛的 AAA 协议。RADIUS 协议认证机制灵活，可以采用 PAP、CHAP 或者 Unix 登录认证等多种方式。由于 RADIUS 协议简单明确，可扩充，因此得到了广泛应用，包括普通电话上网、ADSL 上网、小区宽带上网、IP 电话、VPDN (Virtual Private Dialup Networks，基于拨号用户的虚拟专用拨号网业务)、移动电话预付费等业务。最近 IEEE 提出了 802.1x 标准，这是一种基于端口的标准，用于对无线网络的接入认证，在认证时也采用 RADIUS 协议。

【参考配置】

(1) 实验的基本配置如下：

总部路由器：zongbu

interface FastEthernet0/0
ip address 192.168.1.254 255.255.255.0
no shutdown
interface FastEthernet0/1
ip address 100.1.1.2 255.255.255.0
no shutdown
ip route 0.0.0.0 0.0.0.0 100.1.1.1

Internet 路由器：

interface FastEthernet0/0
ip address 200.1.1.1 255.255.255.0
no shutdown

```
interface FastEthernet0/1
ip address 100.1.1.1 255.255.255.0
no shutdown
```

远程路由器的配置:yuancheng

```
interface FastEthernet0/0
ip address 200.1.1.2 255.255.255.0
ip nat outside
no shutdown
interface FastEthernet0/1
ip address 172.16.1.254 255.255.255.0
ip nat inside
no shutdown
ip nat inside source list 1 interface FastEthernet0/0 overload
ip route 0.0.0.0 0.0.0.0 200.1.1.1
access-list 1 permit 172.16.1.0 0.0.0.255
```

(2)总部路由器 Access VPN 的配置

第一步:建立路由器与 RADIUS 服务器映射(必须与 AAA_Server 服务器对应)

radius-server host 192.168.1.1 auth-port 1645 key 123   ! 指点 AAA 服务器的 IP 地址和密钥,1645 是 Radius 的默认端口号

第二步:为远程访问用户配置访问网络的 AAA 授权策略

```
aaa new-model                                  ! 开启或激活 AAA 认证
aaa authentication login eza group radius      ! 配置对远程接入使用 radius 认证
aaa authorization network ezo group radius     ! 配置对远程接入使用 radius 授权
```

第三步:创建 IP 地址池,为远程访问用户分配可本地使用的 IP 地址

```
ip local pool ez 192.168.3.1 192.168.3.100
```

第四步:定义 ISAKMP/IKE 第 1 阶段所需的各项参数

```
crypto isakmp policy 10            ! 定义 ISAKMP 策略的优先级
group 2                            ! 使用何种算法交换通信密钥
authentication pre-share           ! 身份认证方式采用预共享密钥进行对等体认证
encryption 3des                    ! 对等体通信协商采用的加密算法
hash md5                           ! 对等体通信完整性保证的加密密钥
```

第五步:创建推送到客户端的组策略

```
crypto isakmp client configuration group myez   ! 配置远程接入组为 myez
key 123                                         ! 配置远程接入组密码 123
pool ez                                         ! 配置远程接入下发的地址池 ez
```

第六步:定义 IPSec/IKE 第 2 阶段所所需的各项参数

```
crypto ipsec transform-set tim esp-md5-hmac     ! 配置名为 tim 变换集
crypto dynamic-map ezmap 10                     ! 配置名为 ezmap 的动态加密图
set transform-set tim                           ! 将 ezmap 加密图与 tim 变换集绑定
reverse-route                                   ! 启用反向路由注入
```

第七步:配置 IPSecVPN 加密映射图的认证、授权(配置允许路由器将信息分配给远程接入客户端,respond 参数使路由器等待客户端提示发送这些信息,然后路由器使用策略信息来回应)

```
crypto map tom client authentication list eza
```

```
crypto map tom isakmp authorization list ezo
crypto map tom client configuration address respond
crypto map tom 10 ipsec-isakmp dynamic ezmap
```
第八步:在相应端口激活加密映射图
```
zongbu(config)#int fa0/0
zongbu(config-if)#crypto map tom        在接口上激活静态加密图映射
```

(3) AAA 服务器配置图 8-34 所示

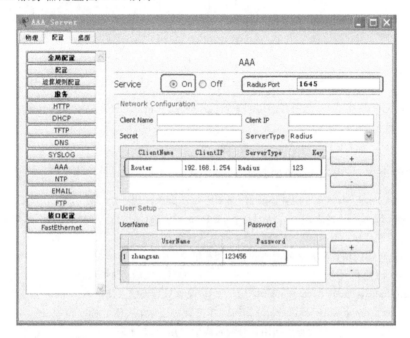

图 8-34　AAA 服务器配置

(4) 远程出差用户配置图 8-35 所示

图 8-35　远程用户拨号配置

组名:myez
组 key:123
服务器 IP:100.1.1.2
用户名:zhangsan
密码:123456

注意:初次 VPN 拨号可能不成功,ping192.168.1.254 不通,ping 通 100.1.1.2 之后再拨号就能拨通了。

远程 VPN 拨号访问结果如图 8-36 所示。

图 8-36　VPN 拨号结果显示

任务二　企业分部 Intranet VPN 虚拟接入

一、情境描述

假设你是某公司的网络管理员,你公司在上海开了新的分公司,分公司要远程访问总公司的各种服务器资源(ERP 系统、CRM 系统、FTP 系统等)。如果在 Internet 上传输企业内部数据,存在较大的安全隐患,为了保证企业内部数据在公网上传输的安全性,公司要求你通过采用 IPSec VPN 技术来实现企业内部网络通过 Intranet VPN 互联来保证数据在 Internet 上的安全传输。

二、知识储备

1. 企业内部虚拟网(Intranet VPN)概述

Intranet VPN:企业内联网 VPN(也称为站到站 VPN),越来越多的企业需要在全国乃至世界范围内建立各种办事机构、分公司、研究所等，各个分公司之间传统的网络连接方式一般是租用专线。显然，在分公司增多、业务开展越来越广泛时，网络结构趋于复杂，费用昂贵。利用 VPN 特性可以在 Internet 上组建世界范围内的 Intranet VPN。利用 Internet 的线路保证网络的互联性，而利用隧道、加密等 VPN 特性可以保证信息在整个 Intranet VPN 上安全传输。Intranet VPN 通过一个使用专用连接的共享基础设施，连接企业总部、远程办事处和分支机构。企业拥有与专用网络的相同架构策略，包括安全、服务质量（QoS）、可管理性和可靠性。

2. IPSec VPN 的基本原理

IPSec VPN 是目前 VPN 技术中点击率非常高的一种技术，同时提供 VPN 和信息加密两项技术。VPN 只是 IPSec 的一种应用方式，IPSec 其实是 IP Security 的简称，它的目的是为 IP 提供高安全性特性，VPN 则是在实现这种安全特性的方式下产生的解决方案。IPSec 是一个框架性架构，具体由两类协议组成：

（1）AH 协议（Authentication Header，使用较少）：可以同时提供数据完整性确认、数据来源确认、防重放等安全特性；AH 常用摘要算法（单向 Hash 函数）MD5 和 SHA1 实现该特性。

（2）ESP 协议（Encapsulated Security Payload，使用较广）：可以同时提供数据完整性确认、数据加密、防重放等安全特性；ESP 通常使用 DES、3DES、AES 等加密算法实现数据加密，使用 MD5 或 SHA1 来实现数据完整性。

为何 AH 使用较少呢？因为 AH 无法提供数据加密，所有数据在传输时以明文传输，而 ESP 提供数据加密；其次 AH 因为提供数据来源确认（源 IP 地址一旦改变，AH 校验失败），所以无法穿越 NAT。当然，IPSec 在极端的情况下可以同时使用 AH 和 ESP 实现最完整的安全特性，但是此种方案极其少见。

3. IPSec VPN 的配置步骤

构建 IPSec VPN，需要配置以下几项内容：
(1) 在哪些网络、主机间建立 IPSec VPN 安全隧道；
(2) 建立 ISAKMP SA 所需的各项参数；
(3) 建立 IPSec SA 所需的各项参数；
(4) 将 IPSec SA 与所要保护的网络、主机绑定在一起；
(5) 指定网络设备哪个接口来处理 IPSec VPN。

三、任务实施

【任务目的】
1. 理解 IPSec 协议的工作原理。
2. 掌握 Site to Site 的 IPSec VPN 隧道配置步骤及方法。

【任务设备】
1. 网络设备选择：锐捷路由器 1 台，锐捷 VPN 设备 2 台（RG—WALL V50）
2. PC 机选择：有以太网口及 RS232 串口的 PC 机 2 台
3. 传输设备：网线若干

注意：此实验采用的是锐捷真实 VPN 设备，配置是图形界面，便于理解。如果没有锐捷 VPN 设备，可直接采用本任务思考 3 思科模拟器进行实验。

【任务拓扑】

网络拓扑结构图如图 8-37 所示。

图 8-37　IPSec VPN 实验拓扑

【任务步骤】

第 1 步：准备好 PC1 和 PC2 后，先在 PC1 和 PC2 上 安装 VPN 管理软件（见随机附带的光盘）

第 2 步：搭建图示实验拓扑，然后配置 PC1、PC2、VPN 设备 A、VPN 设备 B、route 的 IP 及必要路由。示例如下：

VPN 设备 A 的 eht1 口地址：192.168.1.1

VPN 设备 A 的 eth0 口地址：10.1.1.1

PC 1 的 IP 地址：192.168.1.2

PC 1 的网关地址：192.168.1.1

VPN 设备 B 的 eth1 口地址：192.168.2.1

VPN 设备 B 的 eth0 口地址：10.1.2.1

PC 2 的 IP 地址：192.168.2.2

PC 2 的网关地址：192.168.2.1

Route 的 F0/0 地址：10.1.1.2

Route 的 F0/1 地址：10.1.2.2

注意：PC 机及路由器的详细配置这里省略，请参考相关操作手册。

RG－WALL V50 设备接口标识为"WAN"口，对应系统内部显示为"eth1"的接口；接口标识为"LAN"口，对应系统内部显示为"eth0"的接口。

1. VPN 设备 A 接口及缺省路由配置如下：

(1)通过 PC1 的超级终端，在命令行下配置 VPN 设备 A 的 eth1 口地址，操作如图 8-38 所示。

```
RG-WALL login: sadm
Password:
[sadm@RG-WALL]# network
[sadm@RG-WALL(Network)]# interface set
Interface to set (eth0, eth1, Enter means cancel):
eth1
Bring up onboot? (0: No, 1: Yes, Enter means Yes)
1
Work mode (0: UnCfg, 1: Manual, 2: DHCP, 3: PPPoE, 4: InBridge, Enter means Manual):
1
IP Address (xxx.xxx.xxx.xxx):
192.168.1.1
Netmask (xxx.xxx.xxx.xxx, Enter means 255.255.255.0):
255.255.255.0
GateWay (xxx.xxx.xxx.xxx, Enter means no default gateway in this network):

MAC Address (xx:xx:xx:xx:xx:xx, Enter means use MAC Address of device):

MTU (68-1500, Enter means use MTU of device):

[sadm@RG-WALL(Network)]#
```

图 8-38　PC1 超级终端配置

注意：锐捷 VPN 出厂时 eth1 口默认地址即为 192.168.1.1，因此你可以先查看接口配置,如果的确是如此则可以免去该配置步骤。

(2)通过 PC1 上的 VPN 管理软件登录 VPN 设备 A,然后配置 eth0 口地址,操作如图 8-39 所示。

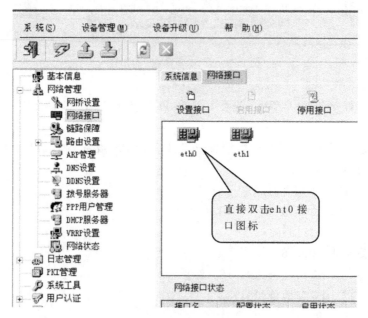

图 8-39　登录 VPN 设备 A

设置 eth0 口地址操作如图 8-40 所示。

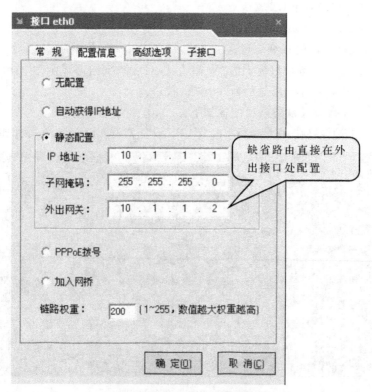

图 8-40　PC1 eth0 接口配置信息

2. VPN 设备 B 接口及缺省路由配置如下：

(1) 通过 PC2 的超级终端，在命令行下配置 VPN 设备 B 的 eth1 地址，操作如图 8-41 所示。

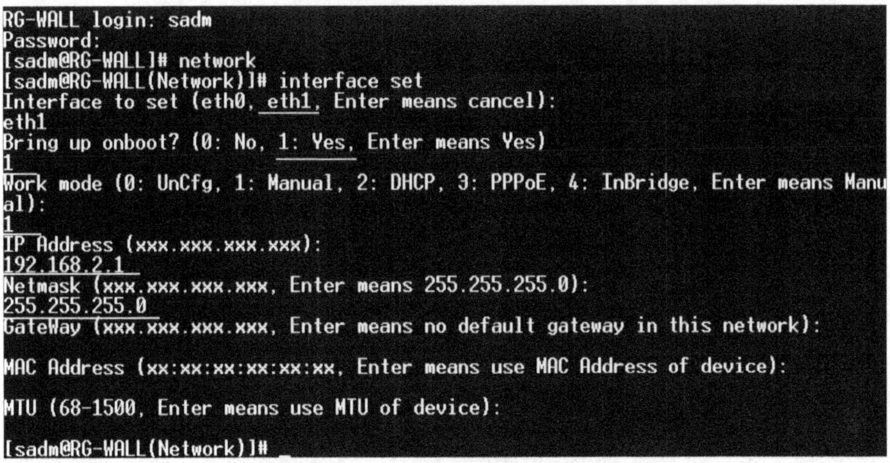

图 8-41　PC2 超级终端配置

(2) 通过 PC2 上的 VPN 管理软件登录 VPN 设备 B，然后配置 eth0 口地址，操作如图 8-42 所示。

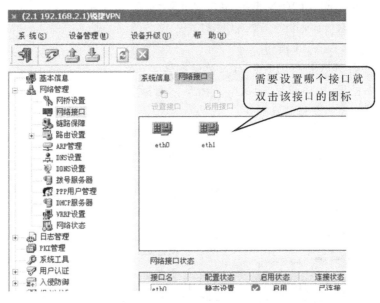

图 8-42　登录 VPN 设备 B

设置 eth0 口地址如图 8-43 所示。

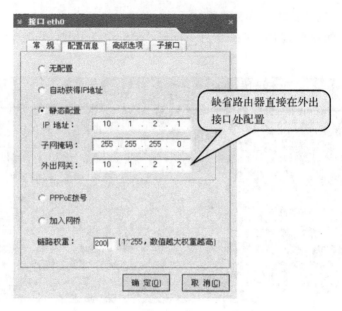

图 8-43 PC2 eth0 接口配置信息

验证测试：

PC1 可以 Ping 通 VPN 设备 A 的 eth1 口；

VPN 设备 A 可 Ping 通 VPN 设备 B(反之亦可)；

PC2 可以 Ping 通 VPN 设备 B 的 eth1 口。

第 3 步：配置 IPSec VPN 隧道

1.在 VPN 设备 A 上进行 IPSec VPN 隧道配置：

(1)进行设备配置,操作如图 8-44、8-45 所示。选择"虚拟专用网"→"隧道配置"→"添加设备",再按如图 8-45 的配置信息配置。

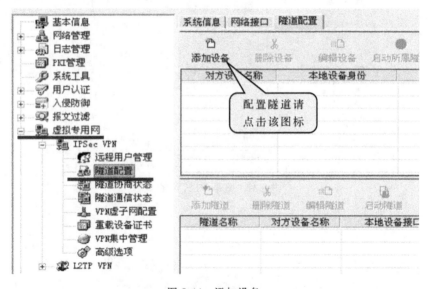

图 8-44 添加设备

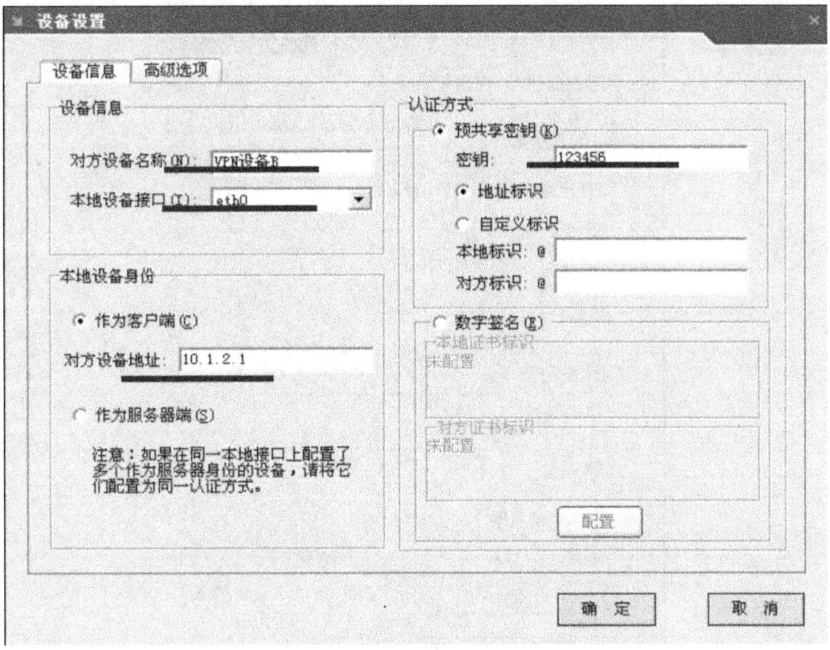

图 8-45　VPN 设备 A 配置信息

注意：此次实验 IKE 的协商选择"预共享密钥"方式（即 PSK 方式），关于"数字签名"的方式将再另外的专题实验中练习。

(2)进行隧道配置，操作如图 8-46、图 8-47 所示。

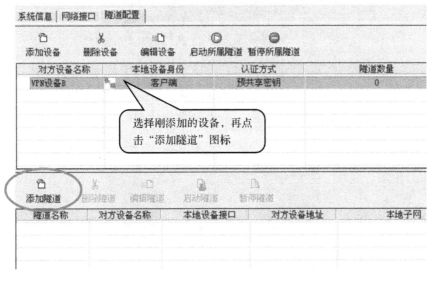

图 8-46　添加隧道

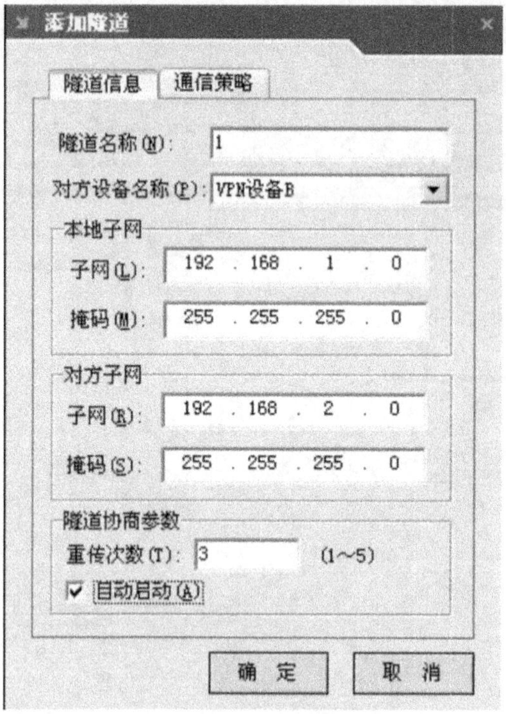

图 8-47 隧道配置信息

通信策略配置如图 8-48 所示。

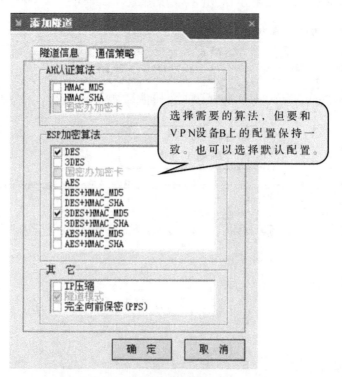

图 8-48 通信策略配置

添加完隧道后的界面截图如图 8-49 所示。

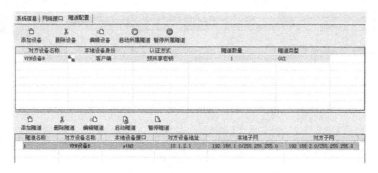

图 8-49　添加完隧道图

2. 在 VPN 设备 B 上进行 IPSec VPN 隧道配置：

(1)进行设备配置，操作如图 8-50、图 8-51、图 8-52 所示。

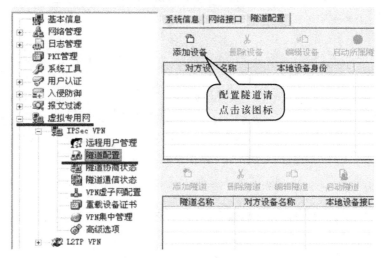

图 8-50　设备 B 添加设备

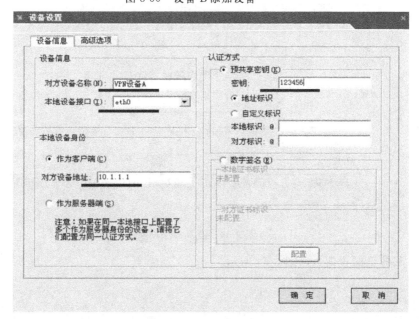

图 8-51　设备 B 配置信息

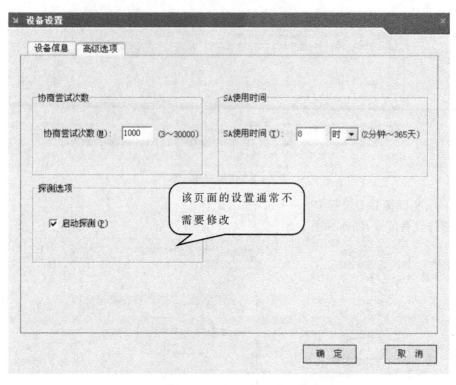

图 8-52　设备 B 高级选项

(2)进行隧道配置,添加隧道如图 8-53 所示。

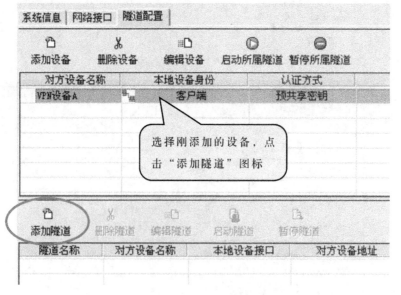

图 8-53　设备 B 添加隧道

设备 B 隧道配置信息如图 8-54 所示。

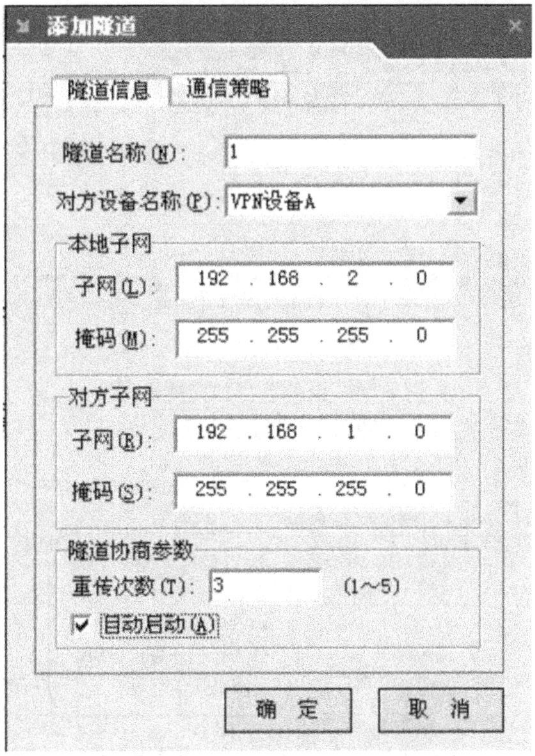

图 8-54 设备 B 隧道配置信息

设备 B 通信策略配置如图 8-55 所示。

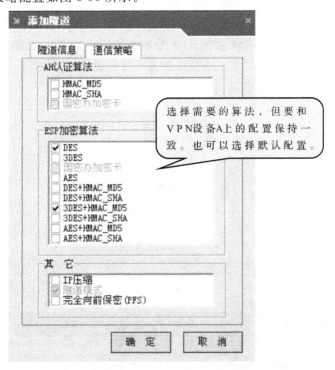

图 8-55 设备 B 通信策略配置

添加完隧道后的界面截图,如图 8-56 所示。

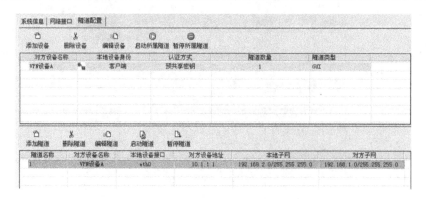

图 8-56 设备 B 添加完隧道图

第 4 步：启动已配置好的隧道，如图 8-57 所示。

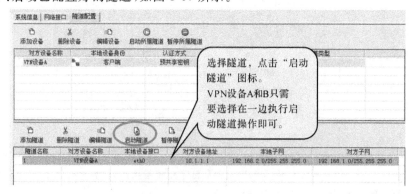

图 8-57 设备 B 启动隧道

验证测试：

隧道启动后可以在"隧道协商状态"栏目下看到隧道的协商状态，如图 8-58 所示。

如果协商的"隧道状态"显示"第二阶段协商成功"，则表示 VPN 设备 A 到 VPN 设备 B 的加密隧道已建立成功。

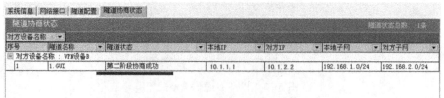

图 8-58 查看隧道协商状态

第 5 步：进行隧道通信

VPN 隧道的通信是可以双向的，因此你即可以从 PC1 去访问 PC2，也可以从 PC2 去访问 PC1。

最简单的访问方式就是 Ping，因此你可以先从 PC1 去 Ping 一下 PC2 的地址，现在因为有了 VPN 隧道所以 Ping 是可以成功的。（没有 VPN 隧道前 Ping 会是失败的）

VPN 隧道的通信情况可以在"隧道通信状态"中查看到，如图 8-59 所示。

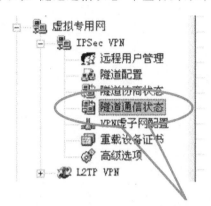

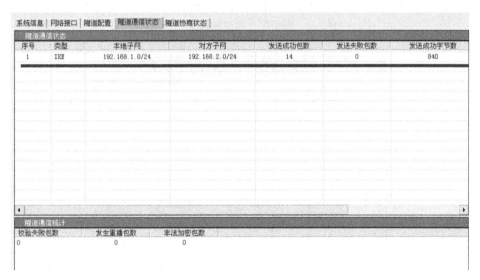

图 8-59　查看设备 B 隧道通信状态

【参考配置】

如何使用 VPN 管理软件？其操作如下：

打开【开始】→【程序】→【锐捷 VPN 管理平台】，启动锐捷 VPN 管理平台。您若是第一次打开 VPN 管理平台，里面是没有任何 VPN 设备的，需要依次添加网关组与网关。

可以从【文件(F)】→【新建(N)】→【网关组(G)】，添加一个网关组，如下图 8-60 所示。

添加完网关组后，便可添加网关，从【文件(F)】→【新建(N)】→【网关(W)】，可以添加网关，在打开的属性框中，填写网关的属性，如下图 8-61 所示。

填写完成后，点【确定】，便回到锐捷 VPN 管理平台的主界面，如下图 8-62。

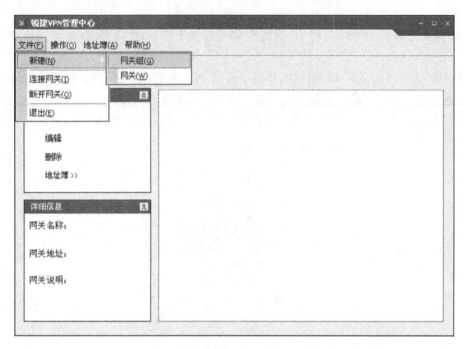

图 8-60　新建网关组

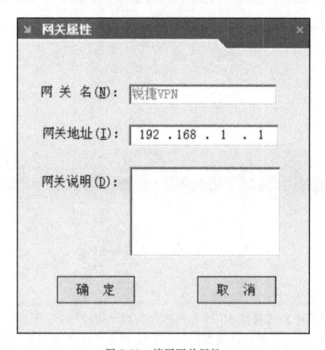

图 8-61　填写网关属性

四、归纳总结

1. 实验环境 IP 可以随意定义,但请不要使用 1.1.1.0 这个网段的 IP,因为某些功能实现的需要,系统内部已占用该网段的部分 IP。

2. VPN 设备 A 和 VPN 设备 B 保护的内部子网不允许有冲突和包含关系。IPSec 协议本

项目八　远程安全接入 VPN 配置与管理

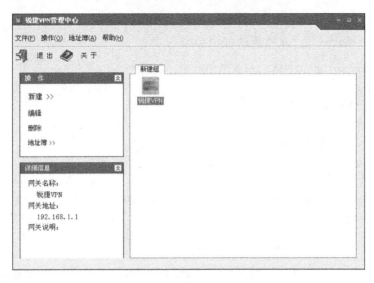

图 8-62　成功添加一个网关

身无法实现相同内部子网间的通信。针对此问题,锐捷 VPN 有自己独有的解决办法,但将在另外的实验中练习。

3. 该实验中,VPN 设备的防火墙规则为全部开放。但在实际的网络环境中,如果 VPN 设备直接连接 Internet 网络,则一定需要启用防火墙规则,关于防火墙规则的使用不在该实验中详述。

五、任务思考

1. 简述 IPSec VPN 的基本原理。
2. 简述 IPSec VPN 的配置步骤。
3. 配置如图所示模拟企业内联网 Intranet VPN(也可以在真实环境中利用思科路由器和锐捷路由器上配置 VPN 实现)。

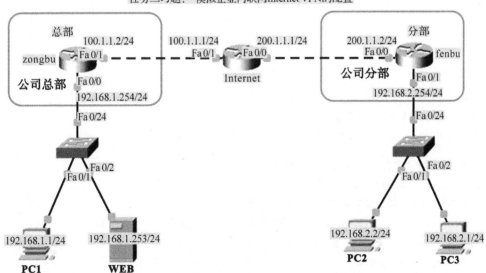

Intranet VPN 配置步骤：
(1)定义建立 ISAKMP SA 所需的各项参数

crypto isakmp policy ISAKMP/IKE 策略优先级
authentication 认证方式
encryption 加密算法
hash 散列算法
lifetime ISAKMP SA 生存时间

(2)定义预共享密钥

crypto isakmp key 预共享密钥 [address 远端对等体 IP 地址 远端对等体子网掩码 | hostname 远端对等体主机名]

(3)定义建立 IPSec SA 所需各项参数

crypto ipsec transform-set 变换集名 { ESP 加密算法及参数 | ESP 验证算法 | AH 验证算法 } [...]

(4)定义与 VPN 匹配的 ACL 流量

命名 ACL | 编号 ACL（例如：access-list 编号 permit）

(5)定义加密图

crypto map 加密图名 加密图条目序号 ipsec-isakmp | ipsec-manual
set peer IP 地址 | 主机名
set transform-set 变换集名
match address 命名 ACL | 编号 ACL

(6)将加密图应用到接口上

interface FastEthernet0/0
crypto map 加密图名

(7)查看 VPN 配置

show crypto isakmp policy
show crypto ipsec transform-set
show crypto map

【参考配置】
(1)实验的基本配置如下：
总部路由器：zongbu

! 配置总部路由器各接口 IP 地址并开启接口
interface FastEthernet0/0
ip address 192.168.1.254 255.255.255.0
ip nat inside   ! 配置该接口为 NAT 的内部接口
no shutdown
interface FastEthernet0/1
ip address 100.1.1.2 255.255.255.0

```
ip nat outside        ！配置该接口为 NAT 的外部接口
no shutdown
！配置到 Internet 的默认路由
ip route 0.0.0.0 0.0.0.0 100.1.1.1      ！配置公司总部到 Internet 的默认路由
！配置总部路由器的 DHCP 功能
ip dhcp excluded-address 192.168.1.253  192.168.1.254   ！配置 DHCP 排除地址
ip dhcp pool zongbu    ！配置 DHCP 地址池名为 zonbu
network 192.168.1.0 255.255.255.0     ！配置 DHCP 分配的网络地址段及子网掩码
default-router 192.168.1.254    ！配置 DHCP 分配的网关地址
dns-server 202.103.96.112     ！配置 DHCP 分配的 DNS 服务器地址
！配置动态 NAPT
ip nat inside source list 100 interface FastEthernet0/1 overload
！配置静态 NAPT
ip nat inside source static tcp 192.168.1.253 80 100.1.1.2 80
！配置与动态 NAPT 匹配的 ACL
access-list 100 deny ip 192.168.1.0 0.0.0.255 192.168.2.0 0.0.0.255
access-list 100 permit ip 192.168.1.0 0.0.0.255 any
```

Internet 路由器：

```
！配置总部各接口 IP 地址并开启接口
interface FastEthernet0/0
ip address 200.1.1.1 255.255.255.0
no shutdown
interface FastEthernet0/1
ip address 100.1.1.1 255.255.255.0
no shutdown
```

分部路由器：fenbu

```
！配置分部各接口 IP 地址并开启接口
interface FastEthernet0/0
ip address 200.1.1.2 255.255.255.0
ip nat outside      ！配置该接口为 NAT 的外部接口
no shutdown
interface FastEthernet0/1
ip address 192.168.2.254 255.255.255.0
ip nat inside    ！配置该接口为 NAT 的内部接口
no shutdown
！配置分部路由器的 DHCP 功能
ip dhcp excluded-address 192.168.2.254   ！配置 DHCP 排除地址
ip dhcp pool fenbu    ！配置 DHCP 地址池名为 zonbu
network 192.168.2.0 255.255.255.0      ！配置 DHCP 分配的网络地址段及子网掩码
default-router 192.168.2.254    ！配置 DHCP 分配的网关地址
dns-server 202.103.96.112    ！配置 DHCP 分配的 DNS 服务器地址
！配置分部到 Internet 的默认路由
ip route 0.0.0.0 0.0.0.0 200.1.1.1       ！配置分部到 Internet 的默认路由
```

! 配置动态 NAPT
ip nat inside source list 100 interface FastEthernet0/0 overload
! 配置与动态 NAPT 匹配的 ACL
access-list 100 deny ip 192.168.2.0 0.0.0.255 192.168.1.0 0.0.0.255
access-list 100 permit ip 192.168.2.0 0.0.0.255 any

(2)总部路由器 Intranet VPN 的配置

! 定义建立 ISAKMP SA 所需的各项参数
crypto isakmp policy 10   ! 定义 ISAKMP 策略的优先级
authentication pre-share   ! 身份认证方式采用预共享密钥进行对等体认证
encryption 3des   ! 对等体通信协商采用 3des 加密
hash md5   ! 对等体通信完整性采用 md5 哈希摘要加密得法加密
! 定义对等体间预共享密钥
crypto isakmp key 123 address 200.1.1.2
! 配置名为 heihei 的变换集
crypto ipsec transform-set heihei ah-sha-hmac   ! 配置名为 heihei 的变换集
! 配置与 VPN 匹配的 ACL
access-list 101 permit ip 192.168.1.0 0.0.0.255 192.168.2.0 0.0.0.255
! 定义加密图,将安全策略与要保护的对象绑定在一起,定义建立 IPSec SA 所需的各项参数
crypto map yang 1 ipsec-isakmp   ! 创建名为 yang 的加密图,加密图条目为 1
set peer 200.1.1.2   ! 配置远端对等体地址
set transform-set heihei   ! 指定该加密图条目 1 绑定的变换集名 heihei
match address 101   ! 配置该加密图条目 1 匹配的 ACL 为 101
! 将加密图应用到接口上
interface FastEthernet0/1
crypto map yang

(3)分部路由器 Intranet VPN 的配置

! 定义建立 ISAKMP SA 所需的各项参数
crypto isakmp policy 10   ! 定义 ISAKMP 策略的优先级
authentication pre-share   ! 身份认证方式采用预共享密钥进行对等体认证
encryption 3des   ! 对等体通信协商采用 3des 加密
hash md5   ! 对等体通信完整性采用 md5 哈希摘要加密得法加密
! 定义对等体间预共享密钥
crypto isakmp key 123 address 100.1.1.2
! 创建变换集
crypto ipsec transform-set haha ah-sha-hmac   ! 配置名为 haha 的变换集
! 配置与 VPN 匹配的 ACL
access-list 101 permit ip 192.168.2.0 0.0.0.255 192.168.1.0 0.0.0.255
! 定义加密图,将安全策略与要保护的对象绑定在一起,定义建立 IPSec SA 所需的各项参数
crypto map lin 1 ipsec-isakmp   ! 创建名为 lin 的加密图,加密图条目为 1
set peer 100.1.1.2   ! 配置远端对等体地址
set transform-set haha   ! 指定该加密图条目 1 绑定的变换集名 haha
match address 101   ! 配置该加密图条目 1 匹配的 ACL 为 101
! 将加密图应用到接口上

```
interface FastEthernet0/0
crypto map lin
```

验证测试:PC1 和 PC2 能相互 Ping 通。(在 Ping 的过程中,会丢掉几个包,因为在建立 IPSec VPN 的协商)。用 show crypto isakmp sa 和 show crypto ipsec sa 能看到 IPSec VPN 协商好的内容状态。

注意:如果初次配置好或者打开文件 ping 不通,先 ping 对等体接口 ip 地址,总部先 ping 200.1.1.2,分部先 ping 100.1.1.2,分别 ping 通后就可以互相 ping 通。

项目九 中小企业网络设备综合配置

本项目以中小企业路由交换网络为案例,综合路由器和交换机的各种配置,以达到全面理解掌握交换机路由器在计算机网络中的功能及配置,通过配置交换机路由器来实现访问控制来解决网络广播风暴,实现网络安全;通过配置交换机的冗余备份来解决网络的高可靠性;通过配置交换机的负载均衡来分担网络带宽提高网络的稳定健壮性。

一、教学目标

最终目标:掌握交换机的基本配置。
促成目标:
1. 掌握网络规划及设备选型;
2. 掌握网络设备 IP 规划及配置;
3. 掌握通过 Telnet 远程管理交换机;
4. 掌握通过 Telnet 远程管理路由器;
5. 掌握单个交换机实现 VLAN 划分;
6. 掌握跨交换机实现 VLAN 划分;
7. 掌握生成树实现交换机链路冗余;
8. 掌握三层交换机 SVI 实现 VLAN 之间通信;
9. 掌握三层交换机动态 RIP_V2 路由协议;
10. 掌握路由器动态 RIP_V2 路由协议;
11. 掌握路由器编号扩展 ACL 实现协议选择;
12. 掌握路由器 NAPT 实现互联网安全接入;
13. 掌握 MSTP 技术原理及配置;
14. 掌握 VRRP 技术原理及配置。

二、工作任务

1. 网络设备互连;
2. 配置计算机 TCP/IP 参数;
3. 安装配置 WEB 服务器;
4. 二层交换机 VLAN 配置、VTP 配置、STP 配置;
5. 三层交换机 Telnet 配置、VLAN 配置、VTP 配置、SVI 配置、STP 配置、RIP_V2 配置;
6. 路由器 Telnet 配置、RIP_V2 配置、访问控制列表 ACL、动态 NAPT 配置;
7. 双核心(MSTP+VRRP)园区网配置。

任务一　中小企业安全接入 Internet 典型案例

一、情境描述

假设你是某公司的网络管理员，公司内部有开发部(kaifa)和销售部(xiaoshou)两个部门，公司网络通过单出口接入 Internet 上网，现要求：

(1)公司内部开发部开发部销售部与能相互访问；

(2)开发部(kaifa)VLAN10 不允许访问外网 WEB 服务器，销售部(xiaoshou)VLAN20 允许访问外网 WEB 服务器；

(3)销售部(xiaoshou)VLAN20 通过公司内部路由器 R1 动态 NAPT 访问外网 WEB 服务器；

(4)公司内部网管 PC 能远程管理公司内部交换机和出口路由器。

二、知识储备

1. 目前局域网接入 Internet 互联网方案

(1)ADSL 接入互联网

ADSL(Asymmetric Digital Subscriber Line,非对称数字用户环路)是一种新的数据传输方式。它因为上行和下行带宽不对称，因此称为非对称数字用户线环路。它采用频分复用技术把普通的电话线分成了电话、上行和下行三个相对独立的信道，从而避免了相互之间的干扰。即使边打电话边上网，也不会发生上网速率和通话质量下降的情况。通常 ADSL 在不影响正常电话通信的情况下可以提供最高 3.5Mbps 的上行速度和最高 24Mbps 的下行速度。

目前，国内的 ADSL 接入类型主要有专线方式(固定 IP)和虚拟拨号方式两种。专线方式连接时计算机用服务商提供的静态 IP 地址。虚拟拨号方式连接时，在虚拟拨号接入 ADSL 接入服务器后，计算机自动获取服务商动态分配的 IP 地址。根据网络性质，有 PPPOE 和 PPPOA 两种虚拟拨号方式，PPPOE 全称为基于以太网的点对点传输协议(Point-To-Point Protocol Over Ethernet)，PPPOA 全称为基于 ATM 的点对点传输协议(Point-To-Point Protocol Over ATM)，目前国内向普通用户提供的是 PPPOE 虚拟拨号方式。

就适用领域而言，ADSL 比较适用于小型或家庭办公室(SOHO)，信息点数量在不超过 10 台的基础之上使用。ADSL 接入互联网拓扑结构如图 9-1 所示。

(2)Cable Modem 接入互联网

目前，Cable Modem 接入技术在全球尤其是北美的发展势头很猛，每年用户数以超过 100%的速度增长，在中国，已有北京、上海、广州、深圳、杭州、南京、淄博等地等省市开通了 Cable Modem 接入。它是电信公司 xDSL 技术最大的竞争对手。在未来，电信公司阵营鼎力发展的基于传统电话网络的 xDSL 接入技术与广电系统有线电视厂商极力推广的 Cable Modem 技术将在接入网市场(特别是高速 Internet 接入市场)展开激烈的竞争。

电缆调制解调器(Cable Modem)技术就是基于 CATV(HFC)网的网络接入技术。光纤同轴电缆混合网(HFC,Hybrid Fiber Coaxial)，是以现有的 CATV 网络为基础，采用光纤到服务区，而在进入用户的"最后 1 公里"采用同轴电缆的新型有线电视网，HFC 的高带宽为数

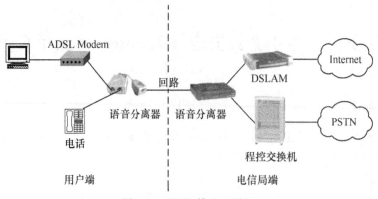

图 9-1 ADSL 接入互联网

据提供了传输空间。

CableModem 也是组建城域网的关键设备,混合光纤同轴网(HFC)主干线用光纤,光结点小区内用树枝型总线同轴电缆网连接用户,其传输频率可高达 550/750MHz。在 HFC 网中传输数据就需要使用 CableModem。

可以看出 CableModem 是未来网络发展的必备之物,但是,目前尚 CableModem 的国际标准,各厂家的产品的传输速率均不相同。因此,高速城域网宽带接入网的组建还有待于 CableModem 标准的出台。

就适用领域而言,Cable Modem 接入也比较适用于小型或家庭办公室(SOHO),信息点数量在不超过 10 台的基础之上使用。Cable Modem 接入互联网拓扑结构如图 9-2 所示。

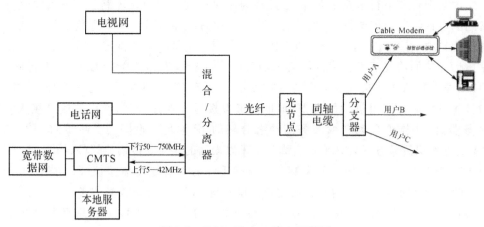

图 9-2 Cable Modem 接入互联网

(3)光纤以太网接入互联网

光纤接入网是指以光纤为传输介质的网络环境。光纤接入网从技术上可分为两大类:有源光网络(AON,Active Optical Network)和无源光网络(PON,Passive Optical Network)。有源光网络又可分为基于 SDH 的 AON 和基于 PDH 的 AON;无源光网络可分为窄带 PON 和宽带 PON。

由于光纤接入网使用的传输媒介是光纤,因此根据光纤深入用户群的程度,可将光纤接入网分为 FTTC(光纤到路边)、FTTZ(光纤到小区)、FTTB(光纤到大楼)、FTTO(光纤到办公室)和 FTTH(光纤到户),它们统称为 FTTx。FTTx 不是具体的接入技术,而是光纤在接入网中的推进程度或使用策略。

随着宽带业务的发展，人们越来越意识到网络的接入部分（最后 1km）存在严重的带宽"瓶颈"。事实上，网络用户端以太网已进入 100Gbit/s 时代，接入部分另一端如城域网等网络传输速率也已达到 2.5Gbit/s～10Gbit/s。它们的速率都比接入部分高出至少 3 个数量级。所以，只有突破接入部分的带宽"瓶颈"，才能使整个网络有效发挥宽带的作用，真正推动宽带业务的发展。

用 xDSL 和 Cable Modem 虽然在一定程度上拓宽了接入带宽，但是它们都先天不足，有很大的局限性，仅适用于小型或家庭办公室（SOHO）。真正解决宽带接入带宽的是 FTTx（光纤到小区、到楼、到家等）。FTTx 是 20 年前人们就已认定的发展目标，随着城域网的快速发展和市场需求的驱动，FTTx 已成为接入网市场的热点，企事业单位、住宅社区、网吧等中小企业都纷纷采用 FTTx＋LAN 的互联网接入方式，而无源光网络 PON 的接入方式也成为运营商及园区网的热门接入方案。光纤以太网 FTTx＋LAN 接入互联网方式网络拓扑如图 9-3 所示。

图 9-3　光纤以太网 FTTx＋LAN 技术接入互联网

PON（Passive Optical Network：无源光纤网络）。PON（无源光网络）是指（光配线网）中不含有任何电子器件及电子电源，ODN 全部由光分路器（Splitter）等无源器件组成，不需要贵重的有源电子设备。一个无源光网络包括一个安装于中心控制站的光线路终端（OLT），一级一批配套的安装于用户场所的光网络单元（ONUs）。在 OLT 与 ONU 之间的光配线网（ODN）包含了光纤以及无源分光器或者耦合器。无源光网络 PON 的接入方式网络拓扑如图 9-4 所示。

(4) DDN 专线接入互联网

DDN（Digital Data Network，数字数据网，即平时所说的专线上网方式）就是将数万、数十万条以光缆为主体的数字电路，通过数字电路管理设备，构成一个传输速率高、质量好，网络延时小，全透明、高流量的数据传输基础网络。

DDN 专线具有优点是：DDN 是同步数据传输网，不具备交换功能；DDN 传输速率高，网络时延小；DDN 为全透明网，可支持网络层以及其上的任何协议。因此 DDN 可满足数据、图像、声音等多种业务的需要。随着电信资费的调整，采用 DDN 专线成为理想的选择。对于大中型企业用户，可以采用 DDN 和帧中继的 Internet 的接入方式。DDN 接入方式网络拓扑如

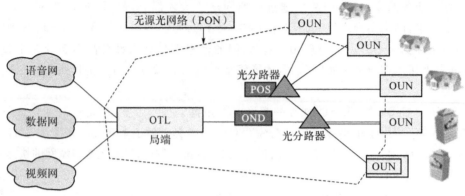

图 9-4　光纤以太网 PON 技术接入互联网

图 9-5 所示。

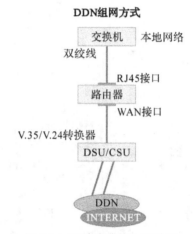

图 9-5　DDN 专线接入互联网

(5) 代理服务器共享接入互联网

对于家庭 SOHO 网络也好,大中小企业办公网络也好,绝大多数都要联上互联网。由于上网费用、通信线路资源有限、IPv4 网络地址资源有限、网络安全等原因,同一局域网中的用户一般都是共享同一账号、同一线路、同一 IP 地址等接入互联网。共享接入互联网的方式很多,主要分为代理服务器(软件路由)和路由器(硬件路由)接入互联网两种方式。其中代理服务器共享上网有代理服务器非路由上网(共享外网网卡)和路由方式上网(安装配置用于路由的代理服务软件)两种方式。代理服务器共享接入互联网方式拓扑如图 9-6 所示。

(6) 路由器 NAT 共享接入互联网

路由器 NAT 共享接入互联网就是将内部的局域网私有 IP 地址转换成公网的唯一 IP 地址进行传输。NAT 顾名思义就是网络 IP 地址的转换。NAT 的出现是为了解决 IP 日益短缺的问题,将多个内部地址映射为少数几个甚至一个公网地址。这样,就可以让我们内部网中的计算机通过 IP 访问 Internet 的资源。

因为 NAT 不仅可以完美地解决 IP 地址不足的问题,而且还能有效地避免来自网络外部的攻击,隐藏并保护网络内部的计算机。虽然 NAT 也可以借助于某些代理服务器实现,但考虑到运行成本,很多时候都是在路由器上实现。

特别网络接入 Internet 必须使用路由器时,采用 NAT 是一种非常经济的选择。需要注

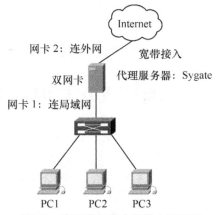

图 9-6　代理服务器共享接入互联网

意的是,由于 NAT 功能并非路由器的特长,所以,当用户数量较大时,NAT 效率将变得很差,甚至会导致系统瘫痪。另外,由于专用路由器的价格比较昂贵,同时,NAT 效率较差,所以,如果仅仅用于 NAT 转换而购置路由器,是非常不明智的。路由器 NAT 共享接入互联网拓扑结构如图 9-7 所示。

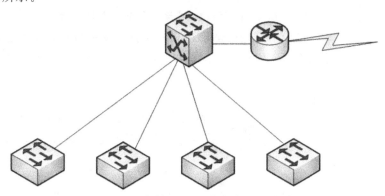

图 9-7　路由器 NAT 共享接入互联网

2. 配置步骤

(1)二层接入交换机 S1 配置

二层接入交换机需要配置划分 VLAN、给 VLAN 分配相应端口、跨交换机端口配置 TRUNK 口、解决环路生成树 RSTP、冗余链路聚合。

(2)三层核心交换机 S2 配置

二层接入交换机需要配置划分 VLAN、给 VLAN 分配相应端口、跨交换机端口配置 TRUNK 口、解决环路生成树 RSTP、冗余链路聚合、给 VLAN 虚接口分配 IP 地址使得交换网络全通、到企业出口路由器配置动态 RIP 路由。

(3)企业内部出口路由器 R1 配置

企业内部出口路由器 R1 需要配置给各接口配置 IP 地址、到企业内部核心交换机和 ISP 路由器之间的动态 RIP 路由、企业内部动态 NAPT 网络地址端口转换、企业上网限制的访问控制列表 ACL。

(4)ISP 路由器 R2 配置

与企业相连的 ISP 路由器 R2 需要配置各接口 IP 地址、到企业路由器 R1 及 INTERNET 服务器之间的动态 RIP 路由。

三、任务实施

分别在思科模拟软件 Packet Tracer5.3 环境和锐捷真实网络环境下配置

【任务目的】

掌握中小企业专线接入互联网,并配置各部门对互联网的远程管理、访问控制、NAPT 等功能。

【任务设备】

1. 思科模拟软件 Packet Tracer5.3 设备

网络设备选择:思科二层交换机 29 系列 1 台,三层交换机 35 系列 1 台,路由器 28 系列 2 台。

PC 机选择:有以太网卡的 PC 机 4 台,有以太网卡 WEB 服务器 1 台

传输设备:直通线 5 条,交叉线 4 条

2. 锐捷真实网络设备

网络设备选择:锐捷交换机 S21(如 RG－2126)和 S37(如:RG－3760)系列交换机各 1 台,路由器 2 台(如 RG－1762)

PC 机选择:以太网卡的 PC 机 4 台,有以太网卡 WEB 服务器 1 台

传输线缆:直通线 5 条,交叉线 3 条(也可用真通线,捷锐交换机系列支持自动交叉功能),路由器与路由器相连模拟专线 V.35 线缆 1 对

【任务拓扑】

网络拓扑结构图如下图 9-8 所示。

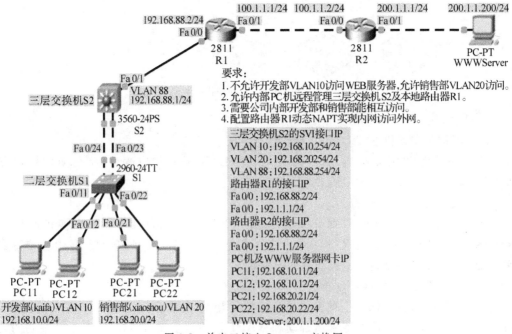

图 9-8　单出口接入 Internet 交换网

【任务步骤】

第 1 步:按网络拓扑结构 9-8 所示连接各网络设备,注意观查灯有没有闪烁,有没有变绿色

第 2 步：接网络拓扑结构图配置 TCP/IP 属性

  PC11 IP 地址：192.168.10.11；子网掩码：255.255.255.0；网关：192.168.10.254

  PC12 IP 地址：192.168.10.12；子网掩码：255.255.255.0；网关：192.168.10.254

  PC21 IP 地址：192.168.20.21；子网掩码：255.255.255.0；网关：192.168.20.254

  PC22 IP 地址：192.168.20.22；子网掩码：255.255.255.0；网关：192.168.20.254

  WWWServer IP 地址：200.1.1.200；子网掩码：255.255.255.0；网关：200.1.1.1

第 3 步：在 WWWServer 服务器上安装并配置 Web 服务器

第 4 步：配置交换机和路由器

【任务步骤】

第 1 步：交换机 S1 配置详解

(1)创建 VLAN 10、VLAN 20

```
Switch>enable
Switch#configure terminal
Switch(config)#hostname S1
S1(config)#vlan 10
S1(config-vlan)#name kaifa
S1(config-vlan)#vlan 20
S1(config-vlan)#name xiaoshou
S1(config-vlan)#exit
```

(2)给 VLAN 10、VLAN 20 分配接口

```
S1(config)#interface range fastEthernet 0/11-12
S1(config-if-range)#switchport mode access
S1(config-if-range)#switchport access vlan 10
S1(config-if-range)#interface range fastEthernet 0/21-22
S1(config-if-range)#switchport mode access
S1(config-if-range)#switchport access vlan 20
```

(3)跨交换机相连接口设为 Trunk

```
S1(config-if-range)#interface range fastEthernet 0/23-24
S1(config-if-range)#switchport mode trunk
S1(config-if-range)#switchport trunk allowed vlan all
S1(config-if-range)#exit
```

(4)生成树解决冗余链路(此处可以采用链路聚合，读者可以自己完成)

```
S1(config)#spanning-tree
S1(config)#spanning-tree mode rstp
```

验证测试：验证 VLAN10、VLAN20 网络连通性，并分析此时网络为什么是非连通状态

第 2 步：交换机 S2 配置详解

(1)创建 VLAN 10、VLAN 20、VLAN 88

```
Switch>enable
Switch#configure terminal
```

```
Switch(config)#hostname S2
S2(config)#vlan 10
S2(config-vlan)#name kaifa
S2(config-vlan)#vlan 20
S2(config-vlan)#name xiaoshou
S2(config-vlan)#vlan 88
S2(config-vlan)#exit
```

(2)给 VLAN 88 分配接口

```
S2(config)#interface fastEthernet 0/1
S2(config-if)#switchport mode access
S2(config-if)#switchport access vlan 88
```

(3)跨交换机相连接口设为 Trunk

```
S2(config-if)#interface range fastEthernet 0/23-24
S2(config-if-range)#switchport mode trunk
S2(config-if-range)#switchport trunk allowed vlan all    ！默认可省略
S2(config-if-range)#exit
```

(4)生成树解决冗余链路

```
S2(config)#spanning-tree
S2(config)#spanning-tree mode rstp
S2config)#spanning-tree priority 4096
```

(5)配置 VLAN 虚接口分配 IP 地址(三层交换机 SVI 技术)

```
S2(config-if)#interface vlan 10
S2(config-if)#ip address 192.168.10.254 255.255.255.0
S2(config-if)#no shutdown
S2(config-if)#interface vlan 20
S2(config-if)#ip address 192.168.20.254 255.255.255.0
S2(config-if)#no shutdown
S2(config-if)#interface vlan 88
S2(config-if)#ip address 192.168.88.1 255.255.255.0
S2(config-if)#no shutdown
```

验证测试：验证 VLAN10、VLAN20、VLAN88 网络连通性,并分析此时 VLAN10、VLAN20、VLAN88 为什么是互相连通状态

(6)配置交换机远程管理功能

```
S2(config-if)#interface vlan 1
S2(config-if)#ip address 192.168.0.138 255.255.255.0
S2(config-if)#no shutdown
S2(config-if)#exit
S2(config)#line vty 0
S2(config-line)#login
S2(config-line)#password start              ！思科模拟环境远程登录密码
```

```
S2(config-line)#exit
S2(config)#enable secret level 1 0 start        ! 锐捷真实环境远程登录密码
S2(config)#enable secret 123456                 ! 思科模拟环境远程进入特权用户密码
S2(config)#enable secret level 15 0 123456      ! 锐捷真实环境远程进入特权用户密码
```

(7)配置三层交换机动态 RIP 动态路由

```
S2(config)#router rip
S2(config-router)#version 2                     ! 注意为什么这里要用 rip v2
S2(config-router)#network 192.168.10.0
S2(config-router)#network 192.168.20.0
S2(config-router)#network 192.168.88.0
S2(config-router)#no summary
S2(config-router)#exit
```

验证测试:验证 VLAN10、VLAN20 与 Internet 连通性,并分析此时 PC 只能 ping 通 192.168.88.1,而 ping 不通 192.168.88.2。

第3步:企业内部路由器 R1 配置详解

(1)给路由器各接口 IP 地址

```
Router>enable
Router#configure terminal
Router(config)#hostname R1
R1(config)#interface fa 0/0
R1(config-if)#ip address 192.168.88.2 255.255.255.0
R1(config-if)#no shutdown
R1(config-if)#interface fa 0/1
R1(config-if)#ip address 100.1.1.1 255.255.255.0
R1(config-if)#no shutdown
R1(config-if)#exit
```

(2)配置路由器动态 RIP 动态路由

```
R1(config)#router rip
R1(config-router)#version 2                     ! 注意为什么这里要用 rip v2
R1(config-router)#network 192.168.88.0
R1(config-router)#network 100.1.1.0
R1(config-router)#no summary
R1(config-router)#exit
```

验证测试:验证 VLAN10、VLAN20 与 Internet 连通性,并分析此时 PC 只能 ping 通 100.1.1.1,而 ping 不通 100.1.1.2。

(3)配置路由器编号扩展访问控制列表 ACL

```
R1(config)#access-list 5 deny tcp 192.168.10.0 0.0.0.255 100.1.1.0 0.0.0.255 eq 80
R1(config)#access-list 5 permit ip any any
R1(config)#interface fa 0/1
R1(config-if)#ip access-group 5 out       ! 注意访问控制列表是否可以配置在其他设备上
```

(4) 配置路由器动态 NAPT 实现内网访问 Internet

R1(config)#ip nat pool source to-internet 100.1.1.1 100.1.1.1 netmask 255.255.255.0
R1(config)#access-list 2 permit any
R1(config)#ip nat inside source list 2 pool to-internet overload
R1(config)#interface fastethernet 0/0
R1(confi-if)#ip nat inside
R1(config-if)#interface fastethernet 0/1
R1(config-if)#ip nat outside
R1(config-if)#exit   ！注意路由器动态 NAPT 配置是否可以在其他路由器上

第 4 步：ISP 路由器 R2 配置详解
(1) 给路由器各接口 IP 地址

Router>enable
Router#configure terminal
Router(config)#hostname R2
R2(config)#interface fa 0/0
R2(config-if)#ip address 100.1.1.2 255.255.255.0
R2(config-if)#no shutdown
R2(config-if)#interface fa 0/1
R2(config-if)#ip address 200.1.1.1 255.255.255.0
R2(config-if)#no shutdown
R2(config-if)#exit

(2) 配置路由器动态 RIP 动态路由

R2(config)#router rip
R2(config-router)#version 2   ！注意为什么这里要用 rip v2
R2(config-router)#network 100.1.1.0
R2(config-router)#network 200.1.1.0
R2(config-router)#no summary
R2(config-router)#exit

验证测试：验证 VLAN10、VLAN20 与 Internet 连通性，并分析此时内网 PC 能 ping 通外网所示 IP 地址，但 VLAN10 不能访问 WEB 服务器，VLAN20 能访问 WEB 服务器。

四、归纳总结

1. 在网络设备综合配置过程中，得一个设备一个设备逐一配置，在保证本设备配置无误后再作下一个设备的配置，在配置下一个设备后需要验证配置正确与否，在验证没通过之前不要作下一设备配置。

2. 在添加安全规则之前要保证全网互通，路由正常。

3. 访问控制列表在添加拒绝条目后，要添加允许所有的条目，并在相应接口下应用。

4. 各接口地址配置及连线要保证正确，注意使用交叉线和直通线不同。

5. 如果路由器与路由器相连模拟专线 V.35 线缆，要在 DCE 接口配置时钟频率。

五、任务思考

1. 配置了生成树协议还需要配置链路由聚合吗？如果需要，请说明什么情况下需要；如果不需要，请说明什么情况下不需要？

2. 访问控制列表 ACL 能否直接配置在企业内部二层交换机或者三层交换机上？如果能，请说明什么情况下能，如果不能，请说明什么情况下不能。

3. 网络地址转换 NAT 有几种配置方式，请将本任务中的网络地址转换 NAT 用其他 NAT 方式配置实现。

任务二　中型企业组建双核心(MSTP＋VRRP)网络

一、情境描述

假设你是某公司的网络管理员，随着你们公司网上业务量的扩大，对 Internet 也越来越依赖，因此公司对网络可靠性、安全性的要求越来越高，为了实现网络的高可靠性和高安全性，你需要在交换机上配置冗余备份和负载均衡，请你使用双核心(MSTP＋VRRP)来解决。

二、知识储备

1. MSTP 技术原理

MSTP(Multi－Service Transfer Platform)是指：基于 SDH 的多业务传送平台，基于 SDH 平台同时实现 TDM、ATM、以太网等业务的接入、处理和传送，提供统一网管的多业务节点。

简单来说，MSTP 就是基于 VLAN 的 RSTP，MSTP 是在传统的 STP、RSTP 的基础上发展而来的新的生成树协议，包含了 RSTP 的快速 Forwarding 机制。MSTP 把一台交换机的一个或多个 vlan 划分为一个 instance，有着相同 instance 配置的交换机就组成一个域(MST region)，运行独立的生成树(IST，internal spanning－tre)；这个 MST region 就相当于一个大的交换机，与其他 MST region 再进行生成树算法运算，得出一个整体的生成树，称为 CST (common spanning tree)。

2. VRRP 技术原理

虚拟路由器冗余协议 VRRP(Virtual Router Redundancy Protocol)是一种选择协议，它可以把一个虚拟路由器的责任动态分配到局域网上的 VRRP 路由器中的一台。控制虚拟路由器 IP 地址的 VRRP 路由器称为主路由器，它负责转发数据包到这些虚拟 IP 地址。一旦主路由器不可用，这种选择过程就提供了动态的故障转移机制，这就允许虚拟路由器的 IP 地址可以作为终端主机的默认第一跳路由器。使用 VRRP 的好处是有更高的默认路径的可用性而无需在每个终端主机上配置动态路由或路由发现协议。VRRP 包封装在 IP 包中发送。

随着 Internet 的发展，人们对网络可靠性，安全性的要求越来越高。对于终端用户来说，希望时时与网络其他部分保持通信。VRRP 是一种容错协议，它保证当主机的下一跳路由器失效时，可以及时由另一台路由器代替，从而保持通信的连续性和可靠性。VRRP 是一种容错协议,它保证当主机的下一跳路由器失效时,可以及时的由另一台路由器来替代,从而保持通讯的连续性和可靠性。为了使 VRRP 工作,要在路由器上配置虚拟路由器号和虚拟 IP 地址,同时会产生一个虚拟 MAC(00-00-5E-00-01-[VRID])地址,这样在这个网络中就加入了一个虚拟路由器。一个虚拟路由器由一个主路由器和若干个备份路由器组成,主路由器实现真正的转发功能。当主路由器出现故障时,一个备份路由器将成为新的主路由器,接替它的工作。

三、任务实施

【任务目的】

掌握双核心(MSTP+VRRP)园区网解决网络冗余备份和负载均衡,实现网络高可靠性。

【任务设备】

锐捷真实网络环境:(思科模拟软件 Packet Tracer5.3 环境无法实现 MSTP+VRRP)

网络设备选择:锐捷交换机 S21(如 RG-2126)系列交换机各 2 台,锐捷交换机 S57(如 RG-S57A)系列交换机 3 台

PC 机选择:有以太网卡的 PC 机若干台,注意 PC 所属 VLAN 的 TCP/IP 配置

传输线缆:交叉线和直通线若干,锐捷系列交换机支持自动交叉功能,可全用直通线,注意连线错误,必须严格按拓扑结构连线

【任务拓扑】

双核心起到了两个效果,一个是冗余备份,另一个是负载均衡。网络拓扑结构图如下图 9-9 所示。

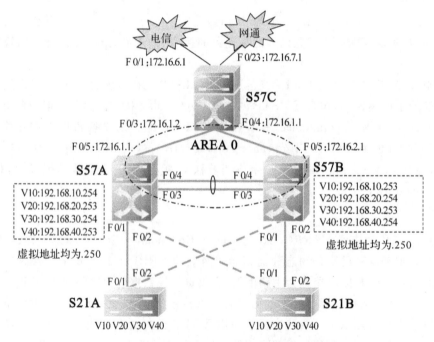

图 9-9　双核心(MSTP+VRRP)园区网

【任务步骤】

第 1 步:按网络拓扑结构 9-9 所示连接各网络设备,注意观查灯有没有闪烁,有没有变绿

色。注意连线错误,必须严格按拓扑结构连线。

第 2 步:接网络拓扑结构图 PC 机配置 TCP/IP 属性。

　　VLAN 10　IP 地址:192.168.10.0/24;网关:192.168.10.250

　　VLAN 20　IP 地址:192.168.20.0/24;网关:192.168.20.250

　　VLAN 30　IP 地址:192.168.30.0/24;网关:192.168.30.250

　　VLAN 40　IP 地址:192.168.40.0/24;网关:192.168.40.250

第 3 步:配置各交换机解决网络冗余备份和负载均衡,实现网络高可靠性。

【任务步骤】

第 1 步:交换机 S21A 配置详解

(1)创建 VLAN 10、VLAN 20、VLAN 30、VLAN 40

```
Switch>enable
Switch#configure terminal
Switch(config)#hostname S21A
S21A(config)#vlan 10
S21A(config-vlan)#vlan 20
S21A(config-vlan)#vlan 30
S21A(config-vlan)#vlan 40
S21A(config-vlan)#exit
```

(2)给 VLAN 10、VLAN 20、VLAN 30、VLAN 40 分配接口

```
S21A(config)#interface range fastEthernet 0/11-12
S21A(config-if-range)#switchport mode access
S21A(config-if-range)#switchport access vlan 10
S21A(config-if-range)#interface range fastEthernet 0/13-14
S21A(config-if-range)#switchport mode access
S21A(config-if-range)#switchport access vlan 20
S21A(config-if-range)#interface range fastEthernet 0/15-16
S21A(config-if-range)#switchport mode access
S21A(config-if-range)#switchport access vlan 30
S21A(config-if-range)#interface range fastEthernet 0/17-18
S21A(config-if-range)#switchport mode access
S21A(config-if-range)#switchport access vlan 40
```

(3)跨交换机相连接口设为 Trunk

```
S21A(config-if-range)#interface range fastEthernet 0/1-2
S21A(config-if-range)#switchport mode trunk
S21A(config-if-range)#switchport trunk allowed vlan all
S21A(config-if)#exit
```

(4)开启生成树解决环路

```
S21A(config)#spanning-tree
S21A(config)#spanning-tree mode mstp
```

第 2 步:交换机 S21B 配置详解

(1)创建 VLAN 10、VLAN 20、VLAN 30、VLAN 40

Switch>enable
Switch#configure terminal
Switch(config)#hostname S21B
S21B(config)#vlan 10
S21B(config-vlan)#vlan 20
S21B(config-vlan)#vlan 30
S21B(config-vlan)#vlan 40
S21B(config-vlan)#exit

(2)给 VLAN 10、VLAN 20、VLAN 30、VLAN 40 分配接口

S21B(config)#interface range fastEthernet 0/11-12
S21B(config-if-range)#switchport mode access
S21B(config-if-range)#switchport access vlan 10
S21B(config-if-range)#interface range fastEthernet 0/13-14
S21B(config-if-range)#switchport mode access
S21B(config-if-range)#switchport access vlan 20
S21B(config-if-range)#interface range fastEthernet 0/15-16
S21B(config-if-range)#switchport mode access
S21B(config-if-range)#switchport access vlan 30
S21B(config-if-range)#interface range fastEthernet 0/17-18
S21B(config-if-range)#switchport mode access
S21B(config-if-range)#switchport access vlan 40

(3)跨交换机相连接口设为 Trunk

S21B(config-if-range)#interface range fastEthernet 0/1-2
S21B(config-if-range)#switchport mode trunk
S21B(config-if)#switchport trunk allowed vlan all
S21B(config-if)#exit

(4)开启生成树解决环路

S21B(config)#spanning-tree
S21B(config)#spanning-tree mode mstp

第 3 步:交换机 S57A 配置详解
(1)创建 VLAN 10、VLAN 20、VLAN 30、VLAN 40

Switch>enable
Switch#configure terminal
Switch(config)#hostname S57A
S57A(config)#vlan 10
S57A(config-vlan)#vlan 20
S57A(config-vlan)#vlan 30
S57A(config-vlan)#vlan 40
S57A(config-vlan)#exit

(2)跨交换机相连接口设为 Trunk

```
S57A(config)#interface range fastEthernet 0/1-2
S57A(config-if-range)#switchport mode trunk
S57A(config-if-range)#switchport trunk allowed vlan all
```

(3)配置聚合口解决链路冗余

```
S57A(config-range)#interface range fastEthernet 0/3-4
S57A(config-if-range)#port-group 4
S57A(config-if-range)#interface aggregateport 4
S57A(config-if)#switchport mode trunk
```

(4)开启二层交换端口为三层路由端口

```
S57A(config-if)#interface fa 0/5
S57A(config-if)#no switchport
S57A(config-if)#ip address 172.16.1.1 255.255.255.0
S57A(config-if)#no shutdown
```

(5)配置三层交换机 SVI 虚接口 IP 地址

```
S57A(config-if)#interface vlan 10
S57A(config-if)#ip address 192.168.10.254 255.255.255.0
S57A(config-if)#no shutdown
S57A(config-if)#interface vlan 20
S57A(config-if)#ip address 192.168.20.253 255.255.255.0
S57A(config-if)#no shutdown
S57A(config-if)#interface vlan 30
S57A(config-if)#ip address 192.168.30.254 255.255.255.0
S57A(config-if)#no shutdown
S57A(config-if)#interface vlan 40
S57A(config-if)#ip address 192.168.40.253 255.255.255.0
S57A(config-if)#no shutdown
S57A(config-if)#exit
```

(6)配置三层交换机 MSTP 解决冗余备份

```
S57A(config)#spanning-tree                          ! 开启生成树
S57A(config)#spanning-tree mode mstp                ! 生成树类型为多生成树
S57A(config)#spanning-tree mst configuration        ! 配置多生成树
S57A(config-mst)#instance 1 vlan 10,30              ! 将vlan10、30放入实例1中一个实例生成
```
一个树,该树可以和其他实例生成的树的路径不一样,达到负载均衡的作用
```
S57A(config-mst)#revision 1                         ! 配置多生成树的版本号
S57A(config-mst)#instance 2 vlan 20,40              ! 将vlan20、40放入实例2中
S57A(config-mst)#revision 1
S57A(config-mst)#exit
S57A(config)#spanning-tree mst 1 priority 4096      ! 实例1在35A的优先级为4096
S57A(config)#spanning-tree mst 2 priority 8192      ! 实例2在35A的优先级为8192
```

(7)配置三层交换机 VRRP 解决上行负载均衡

S57A(config-if)#interface vlan 10
S57A(config-if)#standby 10 ip 192.168.10.250
S57A(config-if)#standby 10 preempt
S57A(config-if)#standby 10 priority 200
S57A(config-if)#interface vlan 20
S57A(config-if)#standby 20 ip 192.168.20.250
S57A(config-if)#standby 20 preempt
S57A(config-if)#interface vlan 30
S57A(config-if)#standby 30 ip 192.168.30.250
S57A(config-if)#standby 30 preempt
S57A(config-if)#standby 30 priority 200
S57A(config-if)#interface vlan 40
S57A(config-if)#standby 40 ip 192.168.40.250
S57A(config-if)#standby 40 preempt

(8)配置三层交换机动态 OSPF 区域路由实现全网互通

S57A(config)#router ospf 1
S57A(config-router)#network 192.168.10.0 0.0.0.255 area 0
S57A(config-router)#network 192.168.20.0 0.0.0.255 area 0
S57A(config-router)#network 192.168.30.0 0.0.0.255 area 0
S57A(config-router)#network 192.168.40.0 0.0.0.255 area 0
S57A(config-router)#network 172.16.1.0 0.0.0.255 area 0

第 4 步:交换机 S57B 配置详解

(1)创建 VLAN 10、VLAN 20、VLAN 30、VLAN 40

Switch>enable
Switch#configure terminal
Switch(config)#hostname S57B
S57B(config)#vlan 10
S57B(config-vlan)#vlan 20
S57B(config-vlan)#vlan 30
S57B(config-vlan)#vlan 40
S57B(config-vlan)#exit

(2)跨交换机相连接口设为 Trunk

S57B(config)#interface range fastEthernet 0/1-2
S57B(config-if-range)#switchport mode trunk
S57B(config-if-range)#switchport trunk allowed vlan all

(3)配置聚合口解决链路冗余

S57B(config-range)#interface range fastEthernet 0/3-4
S57B(config-if-range)#port-group 4
S57B(config-if-range)#interface aggregateport 4

```
S57B(config-if)#switchport mode trunk
```

(4)开启二层交换端口为三层路由端口

```
S57B(config-if)#interface fa 0/5
S57B(config-if)#no switchport
S57B(config-if)#ip address 172.168.2.1 255.255.255.0
S57B(config-if)#no shutdown
```

(5)配置三层交换机 SVI 虚接口 IP 地址

```
S57B(config-if)#interface vlan 10
S57B(config-if)#ip address 192.168.10.253 255.255.255.0
S57B(config-if)#no shutdown
S57B(config-if)#interface vlan 20
S57B(config-if)#ip address 192.168.20.254 255.255.255.0
S57B(config-if)#no shutdown
S57B(config-if)#interface vlan 30
S57B(config-if)#ip address 192.168.30.253 255.255.255.0
S57B(config-if)#no shutdown
S57B(config-if)#interface vlan 40
S57B(config-if)#ip address 192.168.40.254 255.255.255.0
S57B(config-if)#no shutdown
S57B(config-if)#exit
```

(6)配置三层交换机 MSTP 解决冗余备份

```
S57B(config)#spanning-tree                              !开启生成树
S57B(config)#spanning-tree mode mstp                    !生成树类型为多生成树
S57B(config)#spanning-tree mst configuration            !配置多生成树
S57B(config-mst)#instance 1 vlan 10,30                  !将vlan10、30放入实例1中一个实例生成
一个树,该树可以和其他实例生成的树的路径不一样,达到负载均衡的作用
S57B(config-mst)#revision 1                             !配置多生成树的版本号
S57B(config-mst)#instance 2 vlan 20,40                  !将vlan20、40放入实例2中
S57B(config-mst)#revision 1
S57B(config-mst)#exit
S57B(config)#spanning-tree mst 1 priority 8192          !实例1在35A的优先级为8192
S57B(config)#spanning-tree mst 2 priority 4096          !实例2在35A的优先级为4096
```

(7)配置三层交换机 VRRP 解决上行负载均衡

```
S57B(config-if)#interface vlan 10
S57B(config-if)#standby 10 ip 192.168.10.250
S57B(config-if)#standby 10 preempt
S57B(config-if)#interface vlan 20
S57B(config-if)#standby 20 ip 192.168.20.250
S57B(config-if)#standby 20 preempt
S57B(config-if)#standby 20 priority 200
S57B(config-if)#interface vlan 30
```

```
S57B(config-if)#standby 30 ip 192.168.30.250
S57B(config-if)#standby 30 preempt
S57B(config-if)#interface vlan 40
S57B(config-if)#standby 40 ip 192.168.40.250
S57B(config-if)#standby 40 preempt
S57B(config-if)#standby 40 priority 200
S57B(config-if)#exit
```

(8)配置三层交换机动态 OSPF 区域路由实现全网互通

```
S57B(config)#router ospf 1
S57B(config-router)#network 192.168.10.0 0.0.0.255 area 0
S57B(config-router)#network 192.168.20.0 0.0.0.255 area 0
S57B(config-router)#network 192.168.30.0 0.0.0.255 area 0
S57B(config-router)#network 192.168.40.0 0.0.0.255 area 0
S57B(config-router)#network 172.16.2.0 0.0.0.255 area 0
```

注意：以上配置做完，则上行数据可实现负载均衡，而下行数据完全依靠 35C 的路由表进行转发。为了实现下行同样可以负载均衡，要为路由协议作出优先级配置。

(9)配置三层交换机 S35A 和 S35B 的 OSPF 路由开销实现下行数据负载均衡

```
S35A(config)#interface vlan 20
S35A(config-if)#ip ospf cost 65535        ！在 35A 上将 vlan20 的 ospf 开销值置为>1
S35A(config)#interface vlan 40
S35A(config-if)#ip ospf cost 65535        ！在 35A 上将 vlan40 的 ospf 开销值置为>1
S35B(config)#interface vlan 10
S35B(config-if)#ip ospf cost 65535        ！在 35A 上将 vlan10 的 ospf 开销值置为>1
S35B(config)#interface vlan 30
S35B(config-if)#ip ospf cost 65535        ！在 35A 上将 vlan30 的 ospf 开销值置为>1
```

四、归纳总结

1. 双核心起到了两个效果，一个是冗余备份，另一个是负载均衡。

2. RS57A(config—if)#standby 1 preempt   ！设为抢占模式

抢占模式：正常状况下，VLAN10 的数据由 57A 传输。当 57A 发生故障时，则由 57B 担负起传输任务。若不配置抢占模式，当 35A 恢复正常后，数据仍由 35B 传输；配置抢占模式后，正常后的 35A 会再次夺取对 VLAN10 的控制权。

3. S57A(config—if)#standby 1 priority 200   ！VLAN10 的 standby 优先级设为 200

优先级：在同一个 VLAN 中，优先级较高的设备成为 master，较低的设备成为 backup，master 的虚拟网关生效，Standby 默认优先级为 100。

4. 配置较高优先级是为了使 S57A 被选作 mst 1 的根节点。一方面是因为它的性能比 S21 强，防止 S21 被选做根节点；更重要的是，如果默认优先级更高的为 S57B，则 vlan10、30 也会通过 S57B 传输，与我们的期望结果相违背，产生冲突。

五、任务思考

1. 简述 MSTP 实现冗余备份的技术原理及步骤。

2. 简述 VRRP 实现负载均衡的技术原理及步骤。

3. 综合配置题

图 9-10 是模拟某学校网络拓扑结构。在该学校网络接入层采用 S2126，接入层交换机划分了办公网 VLAN20 和学生网 VLAN30，VLAN20 和 VLAN30 通过汇聚层交换机 S3550 与路由器 A 相连，另 3550 上有一个 VLAN80 存放一台网管机。路由器 A 与 B 通过路由协议获取路由信息后，办公网可以访问 B 路由器后的 FTPserver。为了防止学生网内的主机访问重要的 FTPserver，A 路由器采用了访问控制列表的技术作为控制手段。

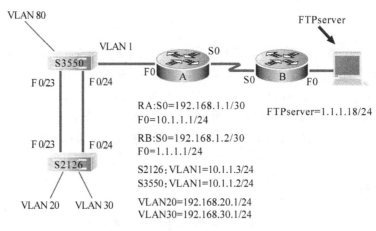

图 9-10　模拟某学校网络拓扑结构

实验要求：

(1) 根据拓扑图分别在 S2126 和 S3550 创建相应 VLAN，并在 S2126 上将 F0/10－15 加入 VLAN20，将 F0/16－20 加入 VLAN30，在 S3550 上将 F0/10－12 加入 VLAN80。

(2) 在两台交换机之间配置实现冗余链路，解决环路问题。

(3) S3550 通过 SVI 方式和 RA 互联。

(4) S3550 配置实现 VLAN 间互联。

(5) 在全网运应 RIP_V2 实现全网互联。

(6) 通过访问列表控制所有人可以正常访问服务器，只有 VLAN4 不可以访问 FTP 服务。

(7) 通过相关命令显示相关配置结果，并进行验证。

项目十　管理升级交换机和路由器

假如你是某个公司网络管理员,你们公司使用的是锐捷交换机和路由器(思科网络设备和神州数码网络设备配置大同小异,可以查看网络设备的配置手册),为了管理方便管理网络,网络设备配置文件需要进行备份以便于今后出现故障后进行恢复;假如交换机和路由器操作系统已经不能支持网络中新的功能的需要,为了满足网络需求,要升级交换机和路由器的操作系统;假如公司的交换机或者路由器的操作系统因为某种原因丢失了或者损坏了,交换机或者路由器不能正常工作,你需要为交换机或者路由器重新写入新的操作系统。

一、教学目标

最终目标:能利用 TFTP 传输软件对交换机和路由器的配置文件进行备份和恢复;能利用 TFTP 传输软件对交换机和路由器操作系统进行升级;能直接通过 ROM 方式重写交换机和路由器的操作系统。

促成目标：
1. 了解什么是网络设备的文件备份及备份方法;
2. 了解 TFTP 服务器的用法以及备份与恢复的命令;
3. 掌握交换机和路由器升级操作系统的方法;
4. 能够利用 TFTP 软件从交换机和路由器中备份和恢复配置文件;
5. 能够利用 ROM 方式重写交换机和路由器的操作系统。

二、工作任务

1. 利用 TFTP 备份和恢复交换机配置文件;
2. 利用 TFTP 升级路由器操作系统;
3. 利用 ROM 方式重写交换机操作系统。

任务一　利用 TFTP 备份和恢复交换机配置文件

一、情境描述

假如你是某公司的网络管理员,为了保证你公司交换机配置文件的安全,你需要对交换机的配置文件进行备份,然后在交换机由于误操作或其他某种原因被破坏时,能够及时恢复原来的配置文件。

二、知识储备

1. 选择传输协议

（1）随机存储器 RAM(Random Access Memory)：为常见的系统内存，用于运行交换机开机后所有主机程序，只能运行程序，不能保存程序。相当于 PC 机的内存。

（2）闪速存储器 FLASH：用于存放交换机的操作系统 IOS 主体程序。相当于 PC 机的硬盘。

（3）非易失性随机存储器 NVRAM(Non-Volatile Random Access Memory)：用于存放交换机的配置文件(config.text)。相当于 PC 机的 BIOS。

2. 保存当前配置文件

Switch# write
Switch# write memory
Switch# copy running-config startup-config   ！三条命令功能相同

3. 备份配置文件到 tftp 服务器中

Switch# copy running-config tftp   ！将当前配置保存到 tftp 服务器中
Switch# copy startup-config tftp   ！将初始配置保存到 tftp 服务器中

4. 恢复配置文件到交换机中

Switch# copy startup-config running-config   ！从初始配置文件中恢复
Switch# copy tftp startup-config   ！从 tftp 服务器中恢复到初始配置文件中
Switch# copy tftp running-config   ！从 tftp 服务器中恢复到当前运行的配置文件中

5. 删除初始配置文件

Switch# write erase
Switch# erase startup-config
Switch# delete flash:

例如：

Switch# delete ?
　WORD　　File to be deleted
　flash:　File to be deleted

6. 显示配置文件

Switch# show running-config   ！显示保存 RAM 中的当前配置文件
Switch# show startup-config   ！显示保存在 NVRAM 中的初始配置文件

7. 显示交换机当前文件系统相关信息

Switch# show flash:
Switch# dir flash:

例如：

Switch# dir ?
　WORD　　Directory or file name
　flash:　Directory or file name

nvram: Directory or file name

三、任务实施

【任务目的】

1. 掌握交换机配置文件备份方法。
2. 掌握 TFTP 服务器软件使用方法。
3. 能够通过 TFTP 从交换机中备份配置文件,并能够熟悉地将备份配置文件从 TFTP 中恢复到交换机内,保证交换机正常运行。

【任务设备】

1. 网络设备选择:路由器 2—3 台(思科、锐捷、神州数码均可),本实验使用的是锐捷二层交换机 S2126
2. PC 机选择:有 NIC 口及 RS232 口的 PC 机 1 台
3. 传输设备:配置线 1 条,网线 1 条

【任务拓扑】

网络拓扑结构图如下图 10-1 所示。

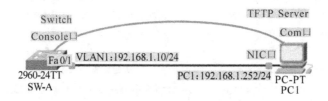

图 10-1　备份和恢复交换机配置文件

【任务步骤】

第 1 步:配置交换机的主机名和管理 IP 地址,验证配置并保存

```
Switch>enable
Switch#configure terminal
Switch(config)#hostname SW－A        ！配置交换机的主机名
SW－A(config)#interface vlan 1
SW－A(config-if)#ip address 192.168.1.10 255.255.255.0    ！配置交换机的管理 IP 地址
SW－A(config-if)#no shutdown
SW－A(config-if)#end
SW－A#show ip interface
Interface : VL1
Description : Vlan 1
OperStatus : up
ManagementStatus : Enabled
Primary Internet address:192.168.1.10/24
Broadcast address : 255.255.255.255
PhysAddress : 00d0.f88b.ca33
SW－A#copy running-config startup-config
Building configuration...
```

[OK]
SW-A#

第 2 步:打开 TFTP 服务器,验证和 TFTP 服务器的连通性

安装 TFTP Server 的计算机 IP 地址为 192.168.1.252/24,打开 TFTP Server,验证交换机和 TFTP Server 的连通性

SW-A#ping 192.168.1.252　　!验证和 TFTP 服务器
Sending 5, 100-byte ICMP Echos to 192.168.1.252,
timeout is 2000 milliseconds.
!!!!!
Success rate is 100 percent (5/5)
Minimum = 1ms Maximum = 5ms, Average = 2ms

第 3 步:备份交换机配置文件并验证

SW-A#copy startup-config tftp　　!备份交换机配置文件
Address of remote host []192.168.1.252
Destination filename [config.text]? s2126g-config.text
!
% Success : Transmission success,file length 129

此时在 TFTP Server 的安装目录下可以看到文件 s2126g-config.text,如图 10-2 所示:已经将交换机配置文件备份到 TFTP 服务器(文件名为 s2126g-config.text)。(TFTP Server 服务器软件和所在目录由实验者来配置,本服务器软件是否 Sta TFTP,所在根目录是 C:\Program Files\Star TFTP)。

图 10-2　配置文件备份到 TFTP 服务器

第 4 步:删除交换机配置文件并重新启动交换机

```
SW-A#delete flash:config.text       !删除交换机配置文件
SW-A#reload     !重新启动交换机
System configuration has been modified. Save?[yes/no]:n
Proceed with reload?[confirm]
```
！交换机重新启动后失去配置文件,会提示是否进入对话模式,选择"n"进入命令行模式配置交换机的管理 IP 地址,保证和 TFTP 服务器的连通性：

```
At any point you may enter a question mark '?' for help.
Use ctrl-c to abort configuration dialog at any prompt.
Default settings are in square brackets '[]'.
Continue with configuration dialog?[yes/no]:n
Switch>enable
Switch# configure terminal
Switch(config)#interface vlan 1
Switch(config-if)#ip address 172.16.1.1 255.255.255.0
Switch(config-if)#no shutdown
Switch(config-if)#end
Switch#
Switch#ping 172.16.1.1
Sending 5, 100-byte ICMP Echos to 172.16.1.1,
timeout is 2000 milliseconds.
!!!!!
Success rate is 100 percent (5/5)
Minimum = 1ms Maximum = 12ms, Average = 3ms
Switch#
```

第 5 步：从 TFTP 服务器恢复配置文件到交换机 FLASH 中

```
Switch#copy tftp://192.168.1.252/s2126g-config.text  startup-config
!
%Success : Transmission success,file length 129
```
！将配置文件的备份复制到 startup-config 之后,用 show configure 查看结果,可以看到已经成功恢复配置文件：

```
Switch#show configure
Using 129 out of 6291456 bytes
!
version 1.0
!
hostname SW-A
vlan 1
!
interface vlan 1
4
no shutdown
ip address 192.168.1.10 255.255.255.0
!
```

```
end
! 用 show running-config 可以看到此时内存中生效的配置却是当前的配置:
Switch# show running-config
System software version : 1.68 Build Apr 25 2007 Release
Building configuration...
Current configuration : 130 bytes
!
version 1.0
!
hostname Switch
vlan 1
!
interface vlan 1
no shutdown
ip address 172.16.1.1 255.255.255.0
!
End
```

第6步:重新启动交换机使恢复的配置文件生效

```
Switch# reload
System configuration has been modified. Save? [yes/no]:n
Proceed with reload? [confirm]
RG21 Ctrl Loader Version 03-11-02
Base ethernet MAC Address: 00 : D0 : F8 : 8B : CA : 33
Initializing File System...
DEV[0]: 25 live files, 59 dead files.
DEV[0]: Total bytes: 32456704
DEV[0]: Bytes used: 5690681
DEV[0]: Bytes available: 26765855
DEV[0]: File system initializing took 7 seconds.
Executing file: flash : s2126g.bin CRC ok
Loading "flash : s2126g.bin"................................................OK
Entry point: 0x00014000
executing...
RuiJie Internetwork Operating System Software
S2126G(50G26S) Software (RGiant-21-CODE) Version 1.68
Copyright (c) 2001-2005 by RuiJie Network Inc.
Compiled Apr 25 2007, 14 : 51 : 50.
Entry point: 0x00014000
Initializing File System...
DEV[1]: 25 live files, 59 dead files.
DEV[1]: Total bytes: 32456704
DEV[1]: Bytes used: 5690681
DEV[1]: Bytes available: 26765855
```

```
Initializing...
Done
20010-12-12 10:25:04 @5-WARMSTART:System warmstart
20010-12-12 10:25:05 @5-LINKUPDOWN:Fa0/1 changed state to up
20010-12-12 10:25:05 @5-LINKUPDOWN:VL1 changed state to up
SW-A>enable
SW-A#show running-config
System software version:1.68 Build Apr 25 2007 Release
Building configuration...
Current configuration:129 bytes
!
version 1.0
!
hostname SW-A
vlan 1
!
interface vlan 1
no shutdown
ip address 192.168.1.10 255.255.255.0
!
end
SW-A#
```

四、归纳总结

1. 备份配置文件到 tftp 服务器中。

```
Switch# copy running-config tftp      ！将当前配置保存到 tftp 服务器中
Switch# copy startup-config tftp      ！将初始配置保存到 tftp 服务器中
```

2. 恢复配置文件到交换机中。

```
Switch# copy startup-config running-config    ！从初始配置文件中恢复
Switch# copy tftp startup-config              ！从 tftp 服务器中恢复到初始配置文件中
Switch# copy tftp running-config              ！从 tftp 服务器中恢复到当前运行的配置文件中
```

3. 在备份和恢复交换机配置文件之前，必须先保证交换机与 TFTP Server 服务器具有连通性。

五、任务思考

1. 交换机的存储器有哪几种？各自的功能是什么？请与 PC 机进行比较。
2. 简述交换机配置文件备份和恢复的步骤。
3. 交换机配置文件的备份与恢复的命令是什么？

任务二　利用 TFTP 备份和恢复路由器配置文件

一、情境描述

假设你是某公司的网络管理员，你们公司网络设备交换机和路由器是锐捷网络产品，你的交换机或者路由器的操作系统比较老，已经不能支持网络中新的功能的需要，为了满足网络需求，要升级交换机或者路由器操作系统。

二、知识储备

1. 选择传输协议

升级或恢复 IOS 的方法可以有 3 种：TFTP、XMODEM 和 FTP，但前面两种比较常用。在实验室升级网络设备的操作系统还是比较简单的，风险只存在实验网络，但在生产网络中升级 IOS 的风险是无处不在的。在高端设备的升级中，很有可能会发生一些意想不到的事，比如，用 TFTP 传输 Cisco 6509 交换机 IOS 就会出现问题，这是因为 TFTP（Trivial File Transfer Protocol）普通文件传输协议最大就支持传输 32MB 的文件，而新的 IOS 要超过这个限制，所以需要使用 FTP 进行升级。

(1) TFTP

TFTP（Trivial File Transfer Protocol，简单文件传输协议）是 TCP/IP 协议集中的一个用来在客户机与服务器之间进行简单文件传输的协议，提供不复杂、开销不大的文件传输服务。TFTP 承载在 UDP 上，提供不可靠的数据流传输服务，不提供存取授权与认证机制，使用超时重传方式来保证数据的到达。可以从它名称上看出，它适合传送"简单"的文件。与 FTP 不同的是：它使用的是 UDP 的 69 接口，因此它可以穿越许多防火墙。不过它也有缺点，比如传送不可靠、没有密码验证等。虽然如此，它还是非常适合传送小型文件的，就比如网络设备的 IOS 文件。

(2) XMODEM

XMODEM 协议是最早出现的两台计算机间通过 RS232 异步串口进行文件传输的通信协议标准，相对于 YMODEM、ZMODEM 等其他文件传送协议来说，XMODEM 协议实现简单，适合于那些存储器有限的场合。XMODEM 文件发送方将文件分解成 128 字节的定长数据块，每发送一个数据块，等待对方应答后才发送下一个数据块，数据校验采用垂直累加和校验，也可以采用 16 位的 CRC 校验。属于简单 ARQ（自动请求重发）协议，所以也适合于 2 线制的半双工的 RS485 网络中使用。

2. 升级准备

操作系统作为一个复杂系统，不论在发布之前多么仔细地进行测试，总会有缺陷产生的。出现缺陷后的唯一办法就是尽快给系统打上补丁；如果是网络设备的操作系统，它与其他通用操作系统（Windows 和 Linux）的区别在于 IOS 需要将整个系统更换为打过补丁的系统。IOS 的恢复也不存在恢复部分文件的情况，因为 IOS 本身就是一个镜像文件。

(1) 获取最新的 IOS 版本

新版本的 IOS 可以从供应商官方网站及一些第三方工具等渠道获得。例如 IOSHunter，IOSHunter 是一款可以在网上自动查找对于路由器或交换机合适的 IOS Image 的工具，操作方法非常简单。

在选择新的 IOS 软件时应该考虑其运行稳定。新的 IOS 如果刚刚问世不久，也许会有新的安全漏洞和不稳定因素。对于企业生产网络来说，稳定、连续运行才是我们追求的目标，而不是功能齐全但暂时超出我们所需的软件，更不必说这些太新的软件会带给生产网的潜在风险。所以，最新的软件不一定稳定可靠，我们需要的是被广泛使用了一段时间并且被证明能够稳定运行、消除了大量 BUG 的软件，而且尽量选择与现有软件主版本号一致的软件。

(2) 确认升级范围与顺序

根据企业网络环境、数据流向及业务特点分析，需要确定升级原则，即首先升级次要节点中的次要设备，再升级主要节点中的次要设备，然后升级次要节点中的主要设备，依此类推。之所以先升级次要节点的次要设备，是因为无法预测在实际升级后的网络运行期间会出现什么未知问题，以此来达到升级过程带来的网络潜在危险，把损失降到最低。

3. 升级步骤

(1) 部署 TFTP

将 IOS 文件放在 TFTP Server 所在目录的根目录下，如果 TFTP Server 软件在机器装的是 Cisco TFTP Server 目录，那么就把新的 IOS 文件放在 Cisco TFTP Server 目录下就可以了。也可以自行指定 IOS 文件的存放位置。

(2) 连接 Console 线和直通网线

用 Console 连接交换机的 Console 口与电脑的 COM1 口（或 USB 口，依据配置线不同而定），网线连接交换机 Fast Ethernet0/1 口与计算机的以太网口，打开 TFTP 服务器软件，并将其根目录设为 IOS 文件所在的目录。

(3) 配置 IP 地址

为使交换机能与 TFTP 服务器相互通信，需要为交换机和 TFTP 服务器设置同一网段的 IP 地址。三层交换机即可以针对接口设置 IP 地址也可以设置 VLAN 的 IP 地址，而二层交换机需要针对升级用 VLAN 设置 IP 地址。

(4) 备份旧 IOS（以思科 c2950 为例）

```
Switch#copy flash tftp
Source filename []? c2950-c3h2s-mz.120-5.3.WC.1.bin       ! 输入 IOS 文件名
Address or name of remote host []? 192.168.0.1   ! 输入 TFTP 地址
Destination filename [c2950-c3h2s-mz.120-5.3.WC.1.bin]? ! 可以更改名称或使用默认
```

(5) 删除旧 IOS（以思科 c2950 为例）

```
Switch#delete flash:c2950-c3h2s-mz.120-5.3.WC.1.bin      ! 复制文件从 Flash 到 tftp
Delete filename [c2950-c3h2s-mz.120-5.3.WC.1.bin]         ! 确认，回车
Delete flash:c2950-c3h2s-mz.120-5.3.WC.1.bin? [confirm]   ! 确认，回车
```

(6) 升级新 IOS（以思科 c2950 为例）

```
Switch#copy tftp flash:            ! 复制文件从 tftp 到 flash
Address or name of remote host []? 192.168.0.1    ! 输入 TFTP 地址
```

```
Source filename []? c2950-i6k2l2q4-mz.121-22.EA8a.bin   ！输入升级的新版 IOS 名称
Destination filename [c2950-i6k2l2q4-mz.121-22.EA8a.bin]?！确认,回车
```

新的 IOS 文件成功复制到 Flash 之后,输入 reload 重启交换机。如果交换机能够正常的重启动,查看 Flash 中的 IOS 文件已经变成 c2950－i6k2l2q4－mz.121－22.EA8a.bin。至此,IOS 的升级工作完成,最后可以删除临时性的 VLAN。

三、任务实施

【任务目的】
1. 理解升级交换机和路由器操作系统的工作原理。
2. 能够利用 TFTP 升级现有路由器操作系统。

【任务设备】
锐捷 R1762 路由器 1 台,console 线(1 条),直连线或交叉线(1 条)

【任务拓扑】
网络拓扑结构图,如图 10-3 所示。

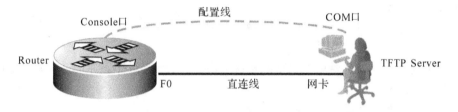

图 10-3 升级路由器操作系统拓扑

【任务步骤】
第 1 步:将新的路由器操作系统版本放到 TFTP 服务器所在目录下,如图 10-4 所示。

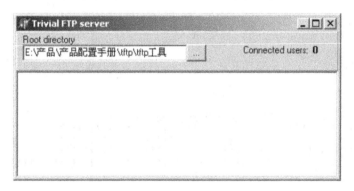

图 10-4 Trivial FTP server 设置窗口

第 2 步:超级终端下调整 COM 口属性,如图 10-5 所示。

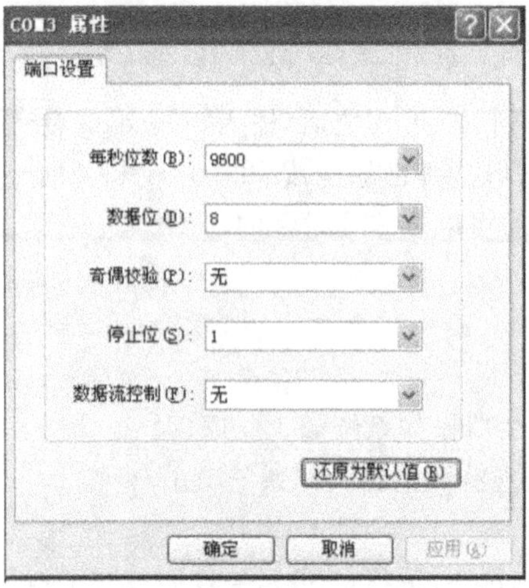

图 10-5 超级终端还原默认值

第 3 步：建立路由器和 TFTP 服务器的连接。

Red – Giant(config)♯ int fa1/0
Red – Giant(config – if)♯ ip address 172.16.1.1 255.255.255.0
Red – Giant(config – if)♯ no shutdown

TFTP 服务器所在 PC 要可以和路由器通信，一般与路由器配置在同一网段，这里 PC 的地址为 172.16.1.55/24。

第 4 步：检查路由器操作系统版本 show version。

Red – Giant Operating System Software
RGNOS (tm) RELEASE SOFTWARE, Version 8.3(building 17)

第 5 步：从 TFTP 服务器下载新版本的操作系统，如图 10-6 所示。

Red – Giant♯ copy tftp flash
Address or name of remote host []? 172.16.1.55
Source filename []? rgnos832_b5.bin
Destination filename [rgnos.bin]?
Accessing tftp://172.16.1.55/rgnos832_b5.bin...

图 10-6 下载新版本操作系统过程

第 6 步：重新启动路由器。

Red-Giant#reload
Processed with reload?[no] y

第 7 步：检查路由器新的版本 show version。

Red-Giant#show version
Red-Giant Operating System Software
RGNOS(tm) RELEASE SOFTWARE, Version 8.32(building 53)

四、归纳总结

1. 要保证路由器和 TFTP 的连通性，如果不通，请检查 TFTP 服务器（PC 机）的 IP 地址是否与路由器相连端口 IP 地址在同一网段、是否用了交叉线、是否开启了防火墙等因素。

升级交换机操作系统，如果不通，请检查 TFTP 计算机（PC 机）是否与交换机管理 IP 在同一网段、是否接入交换机管理 VLAN 所在的端口、是否用了直通线、是否开启了防火墙等因素。

2. TFTP 工具软件很多种，不管哪一种都只需要把升级的操作系统文件放入 TFTP 所在的根目录，执行拷贝可以用完整路径及文件名。

Red-Giant#copy tftp flash   ！简写
Red-Giant#copy tftp://172.16.1.55/rgnos832_b5.bin flash;   ！完整命令格式

3. 在网络设备（无论是路由器还是交换机）操作系统过程中，一定得保持连通状态，绝对不对拔掉网线或者关闭电源，否则操作系统未升级成功，破坏了配置文件或操作系统，导致设备不可用。

五、任务思考

1. 观察升级 IOS 不会修改配置文件，说明原因。
2. 写出备份 IOS、删除 IOS 和升级 IOS 的操作命令。
3. 利用 TFTP 升级交换机操作系统 IOS。

任务三　利用 ROM 方式重写交换机操作系统

一、情境描述

假设你是某公司的网络管理员，你们公司网络设备交换机和路由器是锐捷网络产品，你的交换机的操作系统因某种原因丢失了，交换机不能正常工作，你需要为交换机重新写入新的系统。

二、知识储备

1. 交换机系统文件介绍

交换机系统文件包括三类文件：引导文件、系统映像文件和出厂配置文件，其中系统映像文件是指交换机硬件驱动和软件支持程序等的压缩文件,即交换机的操作系统,存放在交换机的闪存 flash 中,而系统配置文件存放在 NVRAM 中,所以重写操作系统不会影响到系统配置文件的修改。

2. 重写交换机操作系统准备工作

在交换机系统文件重写之前需要一些准备工作:
(1)查询系统当前运行的 BootROM 版本和操作系统映像文件版本;
(2)备份当前引导文件,便于重写失败时能够进行版本回退;
(3)备份当前系统的配置文件,便于不同版本命令行存在差异时能够及时恢复到原有的配置。

3. BootROM 下重写操作系统步骤

在 BootROM 操作重写交换机操作系统有两种方式:TFTP 和 FTP 可通过 BootROM 下的命令选择重写方式,具体步骤如下:

第 1 步:进行交换机操作控制台 console 端口,PC 上安装 TFTP 服务器软件。

第 2 步:交换机启动过程中按住 Ctrl+B 组合键,直接交换机进入 BootROM 监控制模式,此时出现提示符[Boot]。

第 3 步:执行 setconfig 命令设置网络接口参数,包括 BootROM 模式下的 IP 地址,TFTP 服务器 IP 地址,选择 TFTP 重写方式。

第 4 步:执行 saveconfig 命令保存网络接口参数。

第 5 步:使用 ping 检查 TFTP 服务器与交换机的连通性,确保网络连通。

第 6 步:执行 load 命令从 TFTP 服务器下载文件到交换机中,然后执行 write 命令将文件写入到交换机的 flash 中。

三、任务实施

【任务目的】
1. 了解重写交换机和路由器操作系统的工作原理。
2. 掌握当交换机操作系统丢失后,能够利用 ROM 方式重写交换机操作系统。

【任务设备】
S2126G 或 S3760-24(1 台)、console 线(1 条)、直连线(1 条)

【任务拓扑】
网络拓扑结构图如下图 10-7 所示。

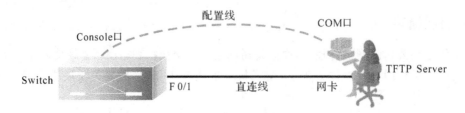

图 10-7 重写交换机 IOS 拓扑

【任务步骤】
第 1 步:将新的路由器操作系统版本放到 TFTP 服务器所在目录下,如图 10-8 所示。

项目十 管理升级交换机和路由器

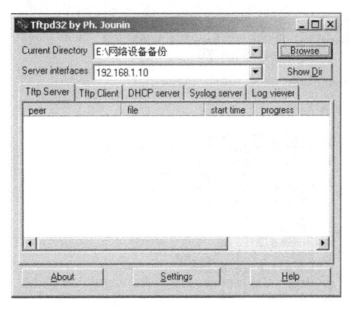

图 10-8 TFTP 服务器目录设置

第 2 步:设置超级终端的每秒位数为 9600,如图 10-9 所示。

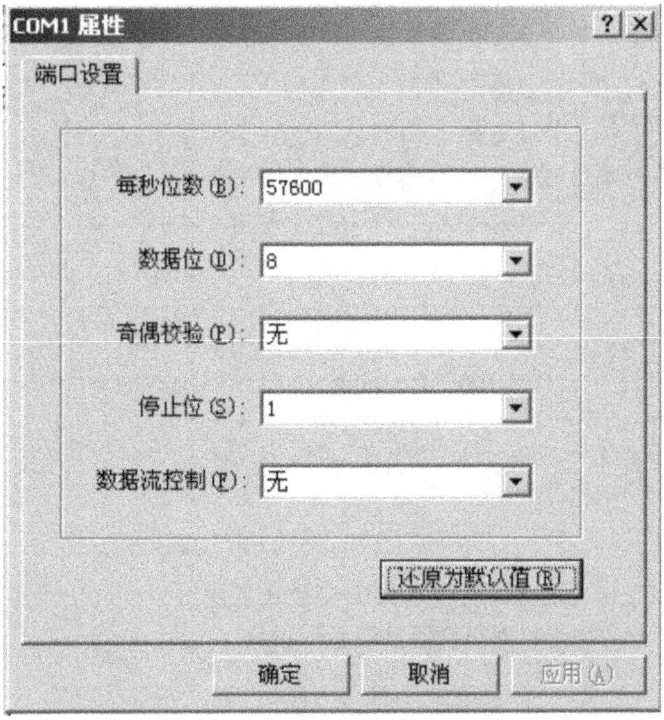

图 10-9 超级终端 COM 端口设置

第 3 步:在交换机启动过程中,按住 ctrl+b 键,直到交换机进入 BootROM 监控模式,如图 10-10 所示。

第 4 步:选择如图 10-10 中的 2 选项,从 TFTP 服务器下载并写入文件到交换机,写入文件过程如图 10-11 所示;File name 应填写 TFTP 服务器操作系统文件名;Local IP 后填写本

```
Parallel FLASH ID: 0000C2CB , Size 1024 kbytes
Parallel FLASH ID(bank1): 0000C2CB
        Size :7104 KB

The wired nand flash checking!

Main Menu:

   1. TFTP Download & Run
   2. TFTP Download & Write Into File
   3. X-Modem Download & Run
   4. X-Modem Download & Write Into File
   5. List Active Files
   6. List Deleted Files
   7. Run A File
   8. Delete A File
   9. Rename A File
   a. Squeeze File System
   b. Format File System
   c. Other Utilities
   d. hardware test

Please select an item:_
```

图 10-10　BootROM 监控模式

交换器 IP；Remote IP 后填写 TFTP 服务器 IP。

```
Please select an item:2
File name[2]:rgnos832_b5.bin
Local IP[]:172.16.1.1
Remote IP[♥]:172.16.1.55

TFTP download ethernet port is UP!(100M Full-Duplex)
Read Mac Addr from eeprom =00-D0-F8-88-2B-E1

           %Now Begin Download File rgnos832_b5.bin From 172.16.1.55

send download request.!!!!!!!!!!!!!!!!!!!!!!!!!!!!!!!!!!!!!!!!!!!!!!!!!!
!!!!!!!!!!!!!!!!!!!!!!!!!!!!!!!!!!!!!!!!!!!!!!!!!!!!!!!!!!!!!!!!!!!!!!!!
!!!!!!!!!!!!!!!!!!!!!!!!!!!!!!!!!!!!!!!!!!!!!!!!!!!!!!!!!!!!!!!!!!!!!!!!
!!!!!!!!!!!!!!!!!!!!!!!!!!!!!!!!!!!!!!!!!!!!!!!!!!!!!!!!!!!!!!!!!!!!!!!!
Enter File Name(Input ESC to quit):[rgnos.
There is a file already existing with this name and the same content.
Write file to flash successfully!
```

图 10-11　TFTP 模式下的配置

　　第 5 步：也可以直接进入交换机启动 reboot 模式下使用 setconfig 命令进行配置，具体配置如图 10-12 所示，此为神州数据交换器重写操作系统。

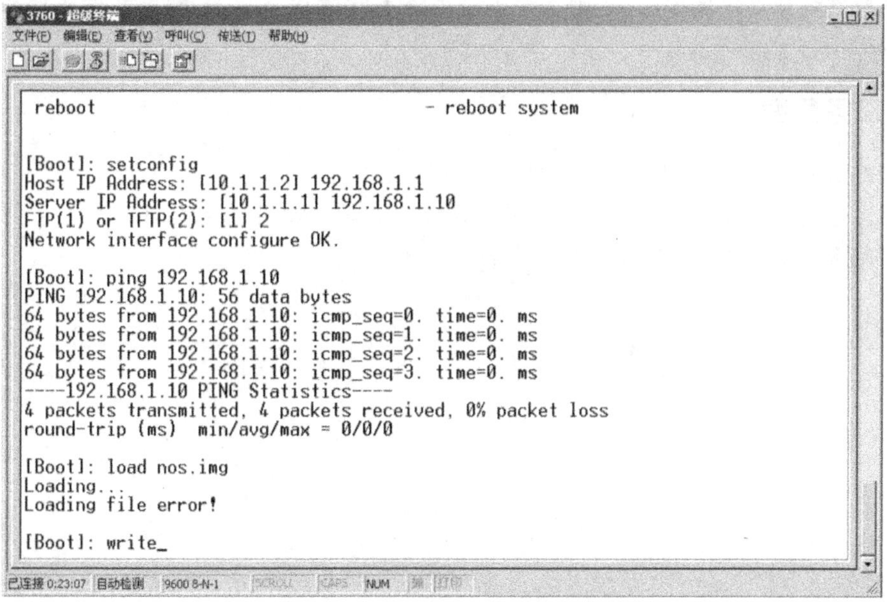

图 10-12　神码交换机重写操作系统

[Boot]: setconfig　　!进行配置模式

Host IP Address: [10.1.1.2] 192.168.1.1　　!设置本交换机 IP 地址

Server IP Address: [10.1.1.1] 192.168.1.10　　!设置 TFTP 服务器 IP 地址,必须与 TFTP 服务器 IP 一致

FTP(1) or TFTP(2): [1] 2　　!选择通过 TFTP 服务器传输

Network interface configure OK.

[Boot]: ping 192.168.1.10　　!测试交换机与 TFTP 服务器连通性

PING 192.168.1.10: 56 data bytes

64 bytes from 192.168.1.10: icmp_seq = 0. time = 0. ms

64 bytes from 192.168.1.10: icmp_seq = 1. time = 0. ms

64 bytes from 192.168.1.10: icmp_seq = 2. time = 0. ms

64 bytes from 192.168.1.10: icmp_seq = 3. time = 0. ms

- - - - 192.168.1.10 PING Statistics - - - -

4 packets transmitted, 4 packets received, 0 % packet loss

round - trip (ms)　min/avg/max = 0/0/0

[Boot]: load nos.img

Loading...

Loading file error!

[Boot]: write

[Boot]: reboot

四、归纳总结

1. 要保证交换机和 TFTP 服务器的连通性,如果不通,请检查 TFTP 服务器(PC 机)的 IP 地址是否与交换机相连端口 IP 地址在同一网段、是否用了交叉线、是否开启了防火墙等因素。

2. 在重写网络设备(无论是路由器还是交换机)操作系统过程中,一定得保持连通状态,绝对不对拔掉网线或者关闭电源,否则重写操作系统不能成功,破坏了配置文件或操作系统,导致设备不可用必须继续重写。

五、任务思考

1. 观察重写 IOS 不会修改配置文件,说明原因。
2. 写出通过 ROM 方式重写交换机操作系统的配置步骤及命令。
3. 利用 ROM 方式重写路由器操作系统 IOS。